中原科技创新青年拔尖人才计划资助出版
“十三五”国家重点研发计划项目（2018YFC0604502）资助出版
河南理工大学创新科研团队（T2022-2）资助出版

特厚煤层群组放煤理论及智能放煤控制研究

王祖洸　王文　著

北京
冶金工业出版社
2024

内 容 提 要

本书共6章，从智能化综放开采的国内外研究现状出发，着重介绍了特厚煤层综放面连续和间隔群组放煤方法、采放协调控制方法及智能放煤控制方法，剖析了特厚煤层综放面群组放煤时的顶煤放出规律、顶煤放出率和放煤效率，阐释了采放循环各工序之间的协调作业机理，分析了智能放煤技术的现场应用及效果。

本书可供矿业工程、安全工程的工程、管理、生产、研发等人员参考，也可供矿业工程、安全工程等相关专业的本科生及研究生阅读。

图书在版编目(CIP)数据

特厚煤层群组放煤理论及智能放煤控制研究/王祖洸，王文著. —北京：冶金工业出版社，2024.6

ISBN 978-7-5024-9814-6

Ⅰ.①特…　Ⅱ.①王…　②王…　Ⅲ.①特厚煤层—煤矿开采　Ⅳ.①TD823.25

中国国家版本馆CIP数据核字（2024）第064451号

特厚煤层群组放煤理论及智能放煤控制研究

出版发行	冶金工业出版社	**电　　话**	(010)64027926
地　　址	北京市东城区嵩祝院北巷39号	**邮　　编**	100009
网　　址	www.mip1953.com	**电子信箱**	service@mip1953.com

责任编辑　刘璐璐　美术编辑　彭子赫　版式设计　郑小利

责任校对　李欣雨　责任印制　禹　蕊

北京建宏印刷有限公司印刷

2024年6月第1版，2024年6月第1次印刷

710mm×1000mm　1/16；13.25印张；256千字；202页

定价79.00元

投稿电话　(010)64027932　投稿信箱　tougao@cnmip.com.cn

营销中心电话　(010)64044283

冶金工业出版社天猫旗舰店　yjgycbs.tmall.com

（本书如有印装质量问题，本社营销中心负责退换）

前　　言

煤炭作为我国能源供给体系中的“压舱石”，其安全高效智能开发对我国能源安全保障具有重要意义。综放开采是我国特厚煤层（煤层厚度大于8 m）高产高效开采的主要方法，但其工序复杂，智能放煤理论、煤矸识别、智能决策与控制难题突出。目前，我国已在智能化综放开采技术领域进行了大量研究和实践，采用多种模式实现了不同程度的自动化和智能化放煤，但大多数仅处于“自动化放煤+智能化综采”或单机智能化的阶段，尚无法实现完全“无人”智能化综放。特厚煤层智能化综放技术存在3个工程难题需要解决：（1）如何实现特厚煤层在自动放煤条件下高效高回收率采出；（2）如何实现自动放煤与自动割煤协调运行；（3）如何实现顶煤放出过程的精细化控制。为解决上述工程难题，本书在进行大量现场调研和监测的基础上，从3个方面进行了探索：

（1）剖析特厚煤层群组放煤条件下的顶煤运移规律。本书采用Bergmark-Roos放煤模型和颗粒离散元数值模拟方法，研究了群组放煤方法下的顶煤放出体演化规律、煤岩分界面发育特征和两者的空间关系，以及不同开采阶段顶煤放出规律和周期放煤期间采空区的遗煤特征，总结不同放煤方法下的顶煤放出规律（顶煤放出率和顶煤放出效率），为特厚煤层高效放煤工艺参数的合理选择提供理论依据。

（2）阐释特厚煤层综放面采放循环各工序之间的协调作业机理。本书基于现场调研观测和理论分析，剖析特厚煤层综放面的采放作业“时-空-强”协调作业关系，建立特厚煤层综放面采放协调控制模型，为智能放煤条件下采煤作业和放煤作业的协同运行提供理论基础。

(3) 探究特厚煤层综放面智能放煤控制方法。本书基于综放面开采装备的配套关系和液压支架运动特征及后部刮板运输机煤量与电机电流的关联关系，建立了基于D-H矩阵的低位放顶煤液压支架放煤机构末端运动学模型和基于Elman神经网络的后部刮板运输机负载预测模型，提出了基于姿态反馈的支架放煤机构闭环控制方法，为智能化放煤过程的精细化控制提供理论支撑。

本书共6章，第1章为绪论，第2章和第3章分别重点介绍了特厚煤层综放面连续群组放煤和间隔群组放煤方法下的顶煤放出规律，第4章重点介绍了特厚煤层综放面采放协调控制方法及理论控制模型，第5章重点介绍了液压支架放煤机构开口度控制方法和后部刮板运输机负载预测方法，第6章重点介绍了特厚煤层综采面智能放煤决策软件在塔山煤矿8222智能化综放面的应用和效果。本书可供煤矿生产企业和相关科研院所的技术人员和管理人员阅读参考，也可作为高等院校矿业工程、安全工程专业本科生和研究生的教学参考书。

本书在撰写过程中得到河南理工大学李化敏教授、李东印教授、李振华教授、袁瑞甫教授、王伸副教授、彭维平教授、张国澎副教授、张旭和高工等同仁建议和帮助，在此对所有为本书的出版做过贡献的老师表示衷心的感谢。同时，感谢“十三五”国家重点研发计划项目(2018YFC0604502)对本书研究内容的资助。感谢晋能控股煤业集团有限公司塔山煤矿、同忻煤矿的各位领导及技术人员对现场调研和测试提供的帮助，感谢北京天地玛珂电液控制系统有限公司的技术人员对书中涉及的智能放煤测试的大力配合。

由于作者水平有限，书中不足之处，敬请专家、学者不吝指教。

作　者

2024年1月

目　　录

1 绪　　论

1.1 智能化综放开采现状概述

我国化石能源具有“富煤、贫油、少气”的禀赋特征，基于该特征和现阶段经济社会的发展实际（尚未完成现代化建设），短期内仍离不开煤炭[1]。目前，煤炭在我国能源产业结构中占据主导地位，我国化石能源禀赋结构如图 1.1 所示。根据国家统计局核算，2020 年煤炭消费在能源消费总量中的占比为 56.8%[2]（见图 1.2）。在“双碳”目标下，我国能源结构必将发生重大改变，煤炭消费占比将有所下降，但其在能源体系中仍发挥着“压舱石”和“稳定器”的作用，智能、绿色、低碳是未来煤炭开发利用的发展方向，以煤矿智能化为标志的煤炭技术革命、技术创新将成为行业发展的核心驱动力[3]。

图 1.1　我国化石能源禀赋结构

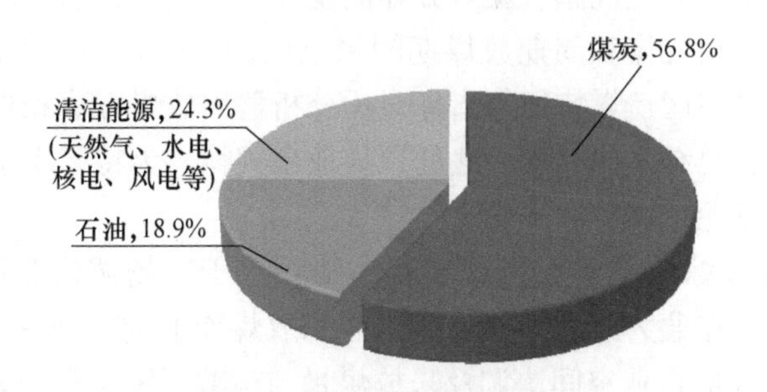

图 1.2　2020 年全国能源消费结构

经过 20 年的探索和发展，我国工作面智能化开采经历了“跟跑”“并跑”“领跑”3 个发展阶段[4-5]。截至 2020 年，全国已经建成 494 个智能化工作面，实现了不同工作面条件下智能化开采技术的研究与工程应用。目前，薄及厚煤层一次采全高综采工作面智能化开采技术日趋成熟，且在多种开采条件下进行了试验和应用[6-9]，厚及特厚煤层智能化综放开采技术也在晋能控股煤业集团有限公司塔山煤矿和同忻煤矿（分别简称塔山煤矿和同忻煤矿）、中煤华晋集团有限公司王家岭等煤矿进行了实践[11]。但是，囿于综放面采放协调难度大、放煤工艺及参数受控因素多、外部环境复杂多变等，且支架后方的煤矸识别技术仍处于室内试验和现场试应用阶段，短时间内基于煤矸精准识别的智能放煤技术尚难成熟应用，因此基于顶煤放出规律和放煤经验的以“设备智能控制为主，人工干预控制为辅”的智能化综放模式成为主要研究方向之一[6]。

目前特厚煤层综放开采仍采用人工放煤方式，放煤的智能化是制约智能化综放开采的主要技术瓶颈，除了煤矸智能识别技术外，在智能放煤理论、智能放煤控制等关键技术领域尚未取得突破[10]。现阶段智能化综放虽在现场进行了不同模式的实践且实现了不同程度的自动化或智能化放煤[12-14]，尚无法实现完全“无人”智能化综放。

因此，特厚煤层智能化综放技术的研究任重而道远，且智能放煤基础理论需要不断完善，针对特厚煤层智能化综放开采存在的难题，本书主要集中 3 方面进行研究：(1) 研究智能化放煤条件下特厚煤层群组放煤方法下的顶煤放出特征；(2) 研究特厚煤层综放面采放协调控制理论，为智能化工作面的采放工序合理高效地配合作业提供理论基础；(3) 研究智能化放煤条件下支架放煤机构精准控制与后部刮板运输机负载均衡控制的方法。并将研究成果在现场进行初级智能化放煤试验和试应用，具体研究内容如下：

(1) 特厚煤层综放面群组放煤方法下的顶煤放出规律。根据特厚煤层群组放煤条件下放煤口的位置关系，将群组放煤方法划分为连续群组放煤和间隔群组放煤。采用 Bergmark-Roos 放煤模型和颗粒离散元数值模拟方法，研究群组放煤方法下的顶煤放出体演化规律、煤岩分界面发育特征和两者的空间关系，以及不同开采阶段顶煤放出规律和周期放煤期间采空区的遗煤特征。采用顶煤放出率、顶煤放出效率和采空区遗煤特征等指标对比分析群组放煤方法和单煤口放煤方法的顶煤放出效果，总结不同放煤方法的顶煤放出规律，为特厚煤层放煤工艺参数的合理选择提供理论依据。

(2) 特厚煤层综放面采放协调控制方法。基于现场调研观测和理论分析，以采煤和放煤平行作业为原则，从采煤作业和放煤作业的作业时间协调、“采—支—运—放”工序的作业空间协调及采放煤量与运输系统运载能力的协调等 3 方面进行分析，剖析特厚煤层综放面的协调作业关系，建立特厚煤层综放面采放协调控制模型，为智能放煤条件下采煤作业和放煤作业的协同运行提供理论基础。

(3) 低位放顶煤支架放煤机构开口度控制模型。在分析低位放顶煤支架的结构特征及支架姿态对放煤机构与后部刮板运输机空间关系的影响规律的基础上，构建液压支架关键构件姿态感知系统，采用机器人正向运行分析方法，建立基于D-H模型的低位放顶煤支架放煤机构运动学模型，获得在统一坐标系内不同支架姿态下放煤机构与后部刮板输送机的空间关系，进而建立低位放顶煤液压支架放煤机构开口度计算公式，为智能放煤控制提供基础支撑。

（4）后部刮板运输机负载均衡控制方法。分析特厚煤层综放面群组放煤方法下后部刮板运输机煤量分布规律，基于后部刮板输送机电机的工作特性，得到后部刮板运输机负载与电机电流的关联关系，然后根据放煤过程中电机电流的时序特征，建立基于Elman神经网络算法的后部刮板运输机负载预测模型。结合放煤机构开口度控制方法和运输机负载预测方法，提出一种基于小时段放煤的后部刮板运输机煤量自适应控制方法，实现放煤精细控制和后部刮板运输机负载均衡。

（5）特厚煤层智能放煤现场工业性试验及应用。结合提出的群组放煤工艺模型及智能化放煤控制方法，开发特厚煤层综放面智能放煤决策软件，在塔山煤矿8222工作面进行“远程自动放煤、人工巡检干预”模式的智能化放煤测试，对比智能放煤与人工放煤的顶煤放出效果，为智能化放煤技术的优化提供现场经验。

1.2 国内外研究进展

1.2.1 智能化开采技术发展现状

1.2.1.1 国外智能化开采技术发展现状

国外对于综采自动化开采技术的研究开展较早，发展较为成熟，目前美国、澳大利亚、德国等国的煤炭科技发展处于领先位置[5]，其中美国于1984年开始应用电液控支架，1995年自动长壁系统正式投入生产，标志着自动化综采关键技术的兴起[5,15]。在经历了单机自动化、系统自动化和远程控制3个发展阶段后，美国已经实现工作面自动化开采，代表技术包括采煤机牵引支架前移系统、采煤机记忆割煤技术、采煤机远程控制技术等，但由于自身需求、市场压力及社会环境等，近十几年其自动化技术无重大改进[15-16]。德国在2018年彻底关停井工煤矿[17]，但其智能化开采技术及装备仍处于世界先进水平，依托“采矿4.0”战略，打造了以机械化、自动化、信息化为基础的新型智能化生产模式和产业结构[5]。目前德国的智能化综采装备（如Eickhoff采煤机），在世界市场的占比仍有优势。相对于上述国家，澳大利亚在智能化开采方面投入了大量研究工作，其煤炭开采智能化程度也处于世界先进水平[18]，其中最具代表性的智能化开采技术有LASC（长壁自动化控制）和ExScan（防爆激光扫描雷达）技术[5,18-19]，并利用上述技术在 Oak Creek North 等矿进行无人开采试验，在采用远程控制开采后，工作面实现 14 天连续无人化开采[18]。

1.2.1.2 我国智能化开采研究现状

我国自动化及智能化技术起步较晚，在 2010 年之前我国井工煤矿开采技术整体上处于“跟跑”和“并跑”阶段[5]，直到 2005 年，我国自主研发的电液控系统才逐步在国内煤矿推广应用[20]。但是，我国煤炭开采技术在国家、行业专家及现场技术人员的共同努力下，在短短 20 年内，完成了由“跟跑”“并跑”阶段到部分技术领域进入“领跑”阶段的蜕变[4-5]。目前，我国不但成功实现了薄、厚、特厚煤层及复杂煤层条件下的智能化开采技术应用[6-10]，而且形成了由顶层到具体技术的理论体系[21-30]及建设智能化采煤工作面的相关标准[31-32]。总体而言，我国的智能化开采水平已经达到了世界领先水平[20]。

智能化开采的特点是工作面系统和装备具有智能感知、智能决策和智能控制 3 个智能化要素[23]。智能感知是智能化开采技术的基础，煤矿生产系统是复杂而开放的系统，不但包含多种类、多层次的子系统，且各子系统之间存在强烈的非线性耦合关系，生产大数据为智能化综采装备系统行为决策、环境动态预测、预警控制及虚拟再现等提供数据基础。为实现生产系统的泛在感知，开发了基于各类传感器、惯性导航、红外感知等技术的开采装备状态感知技术[33-35]、基于激光雷达、视频监测、虚拟建模等技术的工作面建模和重构技术[36-38]及构建了融合 5G、无线通信、物联网等技术的工作面通信系统[39-40]。智能控制技术方面，形成了以液压支架电液控制技术、采煤机远程遥控智能控制技术及刮板运输机软启动及自动张紧技术[41-43]为基础，以采煤机记忆割煤、液压支架自动跟机移架、刮板运输机智能调速[4,19,28]为主要特征的智能开采控制技术体系。虽然相对于其他两个方面，智能决策技术发展相对滞后[4]，但是行业内也在努力将互联网+、人工智能、数据分析、云计算等技术与煤炭开采技术深度融合，积极探索开采过程多源、多维度、多模态数据间的关联规律，发现开采环境、生产装备与开采行为之间的内在逻辑关系，以实现生产装备的系统作业和自动运行，其中包括基于大数据、人工智能和动态数值开采试验的智能岩层控制方法[29]，基于双层规划的支架群组跟机推进行为智能决策方法[44]，基于多模态控制的综采设备群全局最优推进路径规划及控制策略[45]，基于光纤光栅、大数据与云计算智能技术的多参量感知与决策系统[46]，基于粒子群优化算法的自适应钻进控制策略[47]等。

在理论层面，众多学者从不同角度分析了智能化开采的内涵及特征。谢和平等人[21]指出智能生产技术变革的战略路径为“自动化—智能化—无人化”，实现以提升科学产能为目标的科学开采。王国法等人[22-23,48]总结了不同煤层赋存及开采条件下的智能化开采时间，认为能化开采的三要素为智能感知、智能决策和智能控制。宋振骐等人[24]认为智能化开采是在完善与掌握采场上覆岩层运动和应力场应力大小分布为核心的煤矿智能开采决策理论的基础上，实现煤矿开采理论与现代信息技术的结合，把煤矿智能开采决策和实施管理推进到信息化、智能化和可视化。康红普等人[25]基于千米深井巷道和采场围岩控制技术及方法，建立了深井超长工作面智能开采指标体系，形成了超长工作面多信息融合的智能开采模式。葛世荣[26]认为智能化开采是指在不需要人工直接干预情况下，通过采掘环境的智能感知、采掘装备的智能调控、采掘作业的自主巡航，由采掘装备独立完成的回采作业过程，其具备3个特征：（1）采掘设备的自主作业能力；（2）采掘工艺信息实时获取能力；（3）采掘过程自主调控能力。袁亮等人[27]指出实现无人矿山的两大技术体系是基于透明地球的煤炭精准开采和基于物联网的智能感知，其中精准开采是技术核心，物联网是技术保障。李首滨[28]认为智能化开采是分阶段逐步实现的，并将智能化开采分为4个阶段：1.0阶段是“自动控制+远程干预”的智能开采阶段；2.0阶段是综采面常态化自动化生产阶段；3.0阶段是基于生产信息“一张图”的“透明采煤”阶段；4.0阶段是全智能自适应开采阶段，形成“感知—分析—决策—控制”全智能化开采策略。

虽然我国在智能化开采理论研究与技术应用方面成果显著，但是整体仍处于智能化开采1.0阶段[28]。总体而言，在智能化开采3要素中，我国智能感知发展相对充分，智能控制也有一定程度发展，而智能决策发展则相对滞后[4]。智能化开采的研究与应用应继续在深化智能感知和智能控制优势的同时，弥补智能决策的短板，充分利用煤矿生产大数据，采用以深度数据挖掘、大数据关联分析、强化学习等为代表的人工智能方法，实现生产数据间关联规律的自我发现，建立能够描述生产系统与开采环境的耦合关系模型，实现“数据驱动+物理指导”的数据认知[30]，真正实现无人化开采。

1.2.1.3 智能化综放技术发展现状

综采放顶煤开采技术发源于欧洲，但在20世纪80年代后，由于诸多因素影响，该技术在国外逐步被停止使用[11]，而在智能化综放开采领域，国外更是鲜有开展相关研究。目前国外仅有澳大利亚等少数国家有相关应用且大多为国内综放技术的输出应用，如兖矿能源集团股份有限公司将综放开采技术应用到其澳大利亚澳思达煤矿，并探索了基于时间控制的自动化放煤方式[10,49-50]。

我国从1982年引入综放开采技术开始[11]，经过几十年的探索与发展，在经历了探索阶段、推广应用阶段、拓展阶段及成熟与输出阶段后，综采放顶煤技术已经成为我国煤矿开采领域具有世界影响力的标志性技术[50]。随着以煤矿智能化为代表的第四次煤炭技术革命浪潮的袭来，厚及特厚煤层智能化综放开采已经成为煤炭行业的研究重点和热点。由于综放工作面（综放面）比综采工作面（综采面）增加了放煤过程，使采放作业工序更为烦琐，人工干预更为频繁，智能化综放技术应用的进展更为缓慢。目前尚未出现完全智能化的综采放顶煤工作面，尤其是在智能放煤控制、煤量动态监测、煤矸识别等领域存在诸多难题，因此智能化综放开采是智能化开采的难点。

近年来，国内外诸多学者开展了综放开采自动化和智能化技术研究，主要围绕在自动化放煤理论、工作面智能装备群研发、综放液压支架智能控制系统和煤矸识别技术等方面。煤矸识别过程十分复杂，受到的影响因素较多，尚处于室内试验阶段，因此基于煤矸识别的智能化综放技术尚没有充分的现场应用经验，目前现场多数智能化放煤技术多采用记忆放煤、时序放煤或程序放煤等方法。总体来看，现阶段的智能化综放技术处于“设备智能控制为主，人工干预控制为辅”的智能化综放开采阶段。

智能化综放技术的发展得益于智能化综采（放）装备及控制系统的研发，在“十五”到“十三五”国家科技支撑计划的强力支持下，我国完成了“千万吨级矿井大采高成套设备及关键技术”和“特厚煤层大采高综放开采成套技术与装备研发”[51]，并在多个煤矿进行了智能化综放技术的应用。

2016 年，同忻煤矿 8202 综放面首次进行智能化放煤技术的应用，通过搭建基于千兆环网的井上下监测监控子系统集成，建立基于多传感器融合的智能放煤控制系统，实现了基于人工经验或理论分析的支架自动放煤决策[30,52]；2018 年，在前期实践的基础上，同忻煤矿在 8309 和 8102 综放面进行了智能化升级，通过优化智能放煤决策模型，实现了具有多种自动放煤模式的“远程自动控制为主、有人巡视辅助作业”的智能化放煤模式[53]。2018 年，国家“十三五”重点研发计划项目“千万吨级特厚煤层智能化综放开采关键技术及示范”在塔山煤矿 8222 综放面进行试验，通过攻克智能群组放煤机理、智能放煤方法、煤矸精准识别技术、智能放煤控制技术及装备等关键技术难题，实现了年产 1500 万吨的特厚煤层智能化综放开采工程示范[10]。2019 年，中煤华晋集团有限公司王家岭煤矿 12309 智能化综放试验面顺利试运行，通过搭建综采放顶煤工作面智能化控制系统，实现了基于煤矸识别和人工放煤过程大数据分析的全自动放煤及液压支架精准放煤控制，同时实现了综放面“采—支—放—运”系统智能协调[54]。2019 年，兖矿能源集团股份有限公司鲍店煤矿 7302 常态化智能综放面井下试运行并取得成功，通过集成现有成熟智能化子系统，形成以“设备智能控制为主，远程干预控制为辅”的智能化生产新模式[11]。近年来，山西潞安矿业（集团）有限责任公司常村煤矿，陕西煤业集团建新煤矿、建庄煤矿，新汶矿业集团（伊犁）能源开发有限责任公司能源伊犁四矿，淮北矿业（集团）有限责任公司朱仙庄矿、袁店一矿等多个矿井都在积极进行智能化综放面的预研或试运行[11]。

多年来，行业内对智能放煤的控制方法进行了积极探索，在智能化综放技术应用早期，众多学者提出了记忆放煤、时序放煤及基于煤矸识别的智能放煤技术。马英[55]提出一种基于记忆放煤时序控制的智能放煤模式，并结合基于神经网络的自适应算法，对连续放煤时间进行智能控制。刘清等人[56]提出了一种应用于放煤工作面的支架姿态记忆控制方法，通过倾角传感器监测支架在人工放煤操作时的姿态变化并作为记忆参数储存在电液控主机内，在下个放煤循环支架执行记忆参数进行自动放煤。牛剑峰[57]提出一种以传感器感知控制为主、时间控制为保护值、地面调度室远程干预控制为辅的自动化放煤控制方法，以人工放煤过程采用的煤矸判别方法为基础，采集和记忆放煤过程中振动、声波等信号，采用机器学习方法对放煤工序进行决策。马英[58]通过建立基于液压支架尾梁冲击振动信号的煤矸识别模型和关联支架电液控系统实现智能化放煤。崔志芳等人[59]提出基于融合姿态传感器、云台摄像仪、红外发射器和图像灰度识别技术等感知技术和手段的智能放煤方法，可以实现支架精准放煤、后部刮板运输机煤量检测及煤矸识别。宋庆军等人[60-61]将振动、声波等多种感知信息进行融合，建立基于多传感器数据融合算法的放煤规则知识库，用于判别煤矸含量检测及堵煤、卡煤等故障的识别。这些智能放煤控制方法在智能化综放技术应用前期作出了巨大贡献，在不同煤矿实现了一定程度的智能化应用，并取得了阶段性成果[62-64]，为智能化综放技术的进步和突破积累了大量经验。

随着智能化放煤技术应用的深入，综放面智能化装备和智能感知系统在逐步升级，智能化放煤理念也在不断地发展，众多学者开始尝试从基于生产中大数据的关联分析或者基于顶煤运移规律的放煤控制等角度研究放煤控制方法。范志忠等人[65]采用神经网络学习并记忆放煤过程中液压支架立柱压力和位态的变化特征，与实际的顶煤放出量和放煤时间进行拟合，建立基于支架压力和位态变化模糊识别的综放自动化放煤模式。Yang 等人[66]针对智能放煤决策算法存在的建模困难、学习样本难获取等问题，在放煤口动作决策中引入强化学习思想，提出了一种基于 Q-learning 模型的智能化放煤口控制策略。张守祥等人[67]在实现以电液控制系统为核心的定时放煤和记忆放煤的基础上，建立放煤前、放煤中和放煤后的全阶段感知体系，实时判断顶煤的放出量及刮板机上煤矸的混合状态，以实现精准放煤的目的。潘卫东等人[68]在顶煤不同层位放置基于射频识别技术（RFID）的顶煤运移跟踪仪，通过放置于放煤口附近的识别器读取顶煤运移跟踪仪的信息，来判别顶煤的放出状态，以此实现放煤过程的自动化控制。许永祥等人[69]提出了基于破碎顶煤分布状态的“纯煤段自动化记忆放煤-煤矸分界模糊段人工反馈式干预放煤”相结合的自动放煤方法，并建立智能放煤算法，对自动放煤过程进行自学习和实时反馈，以达到放煤过程的自适应控制。李化敏、郭金刚等人[30,70]基于现场人工放煤作业经验和环境影响特征，建立了基于人-机-环多源信息数据库的放煤工艺决策模型，并结合支架精准控制算法和后部刮板运输机负载预测算法，实现基于数据驱动的智能化放煤控制。

综上所述，放煤智能化是智能化综放技术的核心，同时也是制约智能化综放开采的主要技术瓶颈。放煤环境和放煤过程具有复杂性，完全智能化或自适应的放煤技术仍然难以实现。受制于煤矸识别原理的复杂性，目前基于煤矸识别的智能化放煤技术难以广泛应用于现场生产，时序控制放煤和记忆放煤方法又难以适应煤层复杂的赋存条件，因此，“自动放煤控制为主，人工干预为辅”的放煤模式仍是主流。放煤的控制过程不仅要控制顶煤的放出，还要考虑诸如放煤口堵塞、刮板运输机超载、顶煤放出率低等情况，因此需要进一步充分发挥生产装备感知信息融合的优势，在结合顶煤运移放出规律和采放工序协调作业的基础上，实现放煤机构的精准自适应控制，以达到自动精准放煤的目的。

1.2.2 综放面采放协调研究现状

智能化综放相较于智能化综采更难实现，是因为除放煤智能化控制技术难以实现外，还有智能化采放协调作业困难的因素。综采放顶煤是由多系统、多设备、多工序、多环节组成的复杂作业流程，人工放煤时期，工人基于标准化采放工序可根据现场实际生产状况而灵活调整，采放协调问题可从提高工人作业素质及数量、积累生产经验等方面得到解决。但对于智能化综放开采，采放协调关系是一个复杂的采矿系统工程问题，涉及采放比、割煤速率与放煤流量的合理关系、放煤口开启个数与间距、多放煤口追机放煤工艺、进刀期间的采放时空关系、割煤速率变化及放煤联动响应机制等因素。

在人工放煤时期，采放工序的时空协调主要依赖于人工调节，这种调节方式机动性高但主观性较大，难以适应复杂的采放工艺。因此，此时对采放协调的研究主要集中于两部分：（1）采放平行作业前提下的前、后刮板运输机的运输能力最优配套问题；（2）研究不同采放工序组合条件下顶煤回收率和顶煤放出质量，以获得采煤工序与放煤工序合理参数的最优组合方式。

传统综放面采放工序平行作业的研究，一方面集中于前、后部刮板运输机能力匹配的研究[71-74]，另一方面主要集中于采放各工序的合理协调及优化[75-76]。智能放煤条件下，采放作业工序采用程序或智能判断的形式进行，大大减少了人工干预，因此更需要采放工序建立协调作业逻辑模型。目前智能化综放技术尚处于初期应用阶段，部分智能化采煤与放煤功能仍不完善，因此采访协调的研究仍处于起步阶段。采放协调工艺原理是基于现有开采技术条件，通过在规定时间内合理规划工作面采放工艺，使采放产能协调和时间协调，而采煤机割煤时间与放煤时间的不协调也是放顶煤工作面高效推进的制约因素[69,77]。

采放工序协调性是制约放顶煤工作面产量和开采效率的关键点，而以往研究虽然采用现场调研、数值计算和理论计算等多种方法对采放工序进行了优化设计，但采放协调的科学内涵、时空模型及理论体系仍未建立。采放协调控制机理与方法是实现特厚煤层智能化综放的重要科学问题[10]，是采放工序智能程序逻辑和算法构建的重要前提。因此，在充分考虑采放时空顺序及刮板运输机运载能力等外部约束条件的基础上，亟须对特厚煤层综放面采放协调制约因素展开研究，阐明各制约因素的耦合关系和层级特征，为后续构建采放协调数学模型和智能控制算法奠定基础。

1.2.3 顶煤放出规律研究现状

综放开采技术的关键在于如何选取放煤参数使顶煤高产高效放出，顶煤运移及放出规律是影响合理放煤参数选取的重要因素。因此，从放顶煤技术引入国内以来，顶煤放出体形态、煤矸分界面特征等顶煤放出规律的研究一直是放顶煤理论研究中的热点与重点。

顶煤放出规律理论研究早期主要集中于椭球体放矿理论和类椭球体放矿理论。其中，椭球体放矿理论认为，松散煤体的放出过程与其他散体的放出过程有着基本相同的规律，与普通旋转椭球体相比，放顶煤工作面由于顶煤常存在一个小于90°的垮落角，成为松散顶煤的固定边界，因此顶煤放出体的发育受该固定边界影响，中轴发生偏转，放出体形成一个偏转的椭球缺[78]。类椭球体放矿理论认为，放出体的形态为旋转的、截头的近似椭球体，并通过立体模型试验总结了放出体的母线理论方程，并分别构建了二次松散系数 $\eta=1$ 和二次松散系数 $\eta>1$ 条件下散体放出的移动场和速度场方程。上述学者的研究均是基于金属矿山的放矿椭球体理论，但是放煤过程，尤其是低位放煤过程，与金属放矿有着明显的区别，一方面放煤口随工作面推进需要不断连续前移，另一方面顶煤放出受支架尾梁结构影响较大[11,79]。

随着国内学者对低位顶煤放出过程研究的深入，顶煤放出规律和理论在不断完善和丰富。于斌、陶干强等人[80-81]采用随机介质理论对顶煤的放出规律进行研究，提出松散顶煤和矸石为一种“随机介质”，将松散顶煤和矸石在重力作用下的移动过程视为一种连续流动的随机过程，认为工作面倾向顶煤放出体保持较为标准的椭球体，而工作面走向受支架尾梁和放煤口的影响，放出体呈下部被尾梁切割的类椭球体形态。王家臣、张锦旺等人[82-83]发现顶煤的流动和放出过程符合散体介质的运动规律，提出了顶煤放出的散体介质流理论，认为支架尾梁上方的顶煤和直接顶为完全松散体，放煤口打开后，松散顶煤和矸石会以阻力最小路径向放煤口移动，形成类似牵引流动的运动场，在工作面走向方向，支架的存在影响了顶煤的运移规律，使放煤口中心线两侧的放出体形态和煤岩分界面形态呈现不对称现象，工作面倾向方向顶煤放出体和煤岩分界面形态符合椭球体放矿特征。同时，将顶煤放出体、煤岩分界面、顶煤放出率、含矸率这 4 个影响顶煤放出规律的要素统一起来进行研究，创立了综放开采顶煤放出规律的 BBR 研究体系。

目前，顶煤放出规律包括煤岩分界面形态、顶煤放出体演化特征、顶煤放出效果等，基本以上述放顶煤理论为基础，结合不同的煤层厚度、煤层倾角、顶煤性质、放煤工艺等开采条件，国内外学者对放顶煤技术的适用性进行了大量研究。顶煤的运动过程及形态特征难以直观地监测或观测，目前，人们多采用物理相似模拟试验、数值模拟实验、现场实测来对顶煤的运移过程、放出体形态、煤岩分界面的演化过程及顶煤放出率等进行研究。

传统放煤以人工放煤为主，受放煤条件和人工控制手段影响，多以单放煤口放煤为主，因此过去的研究多集中于单放煤口条件下的顶煤放出体形态、煤矸分界面的特征及影响条件，包括顶煤垮落角、放煤口位置、放煤高度、直接顶的悬顶宽度、顶煤厚度、顶煤强度、直接顶岩性及垮落特征、煤层结构、支架尾梁倾角、放煤步距、放煤口形状、工作面倾角、顶煤块度级配等煤层赋存及开采条件[84-91]。

随着综放开采设备能力水平和智能化综放技术的提升，尤其是特厚煤层条件下，单放煤口放煤已经难以满足采放协调作业的要求，因此，多放煤口群组放煤方法逐渐受到重视。多放煤口群组放煤改变了单放煤口放煤的模式，配合方法和组合形式多种多样，目前对多放煤口群组放煤条件下的顶煤放出体发育特征和煤矸分界面演化规律的研究较少，尤其缺乏对多放煤口连续放煤下煤岩分界面、顶煤放出体发育、顶煤回收率三者的相关性研究。目前，国内少数学者已经开始对多放煤口或放煤口尺寸条件的放煤规律进行研究，研究成果为进一步深入研究提供了良好的借鉴。富强、陶干强等人[92-93]研究了放煤口大小对顶煤放出体形态及放煤规律的影响特征，指出当放出体高度大于放矿口宽度 5 倍以上高度时，放矿口对散体移动规律的影响范围小，反之影响范围较大。同时，多个放煤口同时放煤的方式也逐渐被提出和应用，包括“同时开启逆次关闭”的多放煤口协同放煤、倾斜煤层动态群组放煤、独立分段群组放煤、连续多架同时放煤等群组放煤理论研究[94-97]，以及晋能控股集团有限公司麻家梁煤矿将群组放煤和分段间隔放煤相结合形成单轮分组间隔放煤方法并成功试用[98]，与单轮间隔放煤法相比，该方法煤岩分界面更少，混矸率更低，煤炭回收率更高，在允许含矸率为 7.2%的条件下，顶煤回收率可达到 97.0%。

综上所述，群组放煤相较于单放煤口放煤的优势在于放煤口宽度的增加可使顶煤松动区域增加，单位时间内可放出更多的顶煤，顶煤松散颗粒之间的挤压力相对减小，整体的放煤效率大大增加，同时可有效降低顶煤放出过程中成拱的概率，大大提高放煤过程的连续性。基于群组放煤在单次放煤量大和放煤效率高的优势，以及自动化和智能化放煤控制系统的不断完善，可以摆脱人工放煤的掣肘，丰富特厚煤层高产高效放煤工艺的组合方式。因此，群组放煤是未来自动化和智能化放煤的必然选择，目前仍然缺乏对群组放煤的理论研究和工程实践，需要对群组放煤的放煤规律和群组放煤工艺的优化做进一步研究。

2　特厚煤层综放面连续群组放煤方法

特厚煤层条件下，使用单放煤口放煤方法时顶煤放出效率较低，影响工作面的整体开采效率；使用分段放煤方法时，人工放煤的随意性较大，煤岩分界面控制困难，易造成顶煤产出率低、含矸率高等情况。自动化及智能化放煤打破了人工放煤的局限性，可以实现不同放煤口个数、不同放煤位置、不同放煤顺序的协同控制，为特厚煤层群组放煤方法的实现提供有利条件。

特厚煤层群组协同放煤方法，是指在每个采煤循环内的工作面布置方向上同时打开 n 个放煤口（$n≥2$）进行放煤。根据同时打开的放煤口间的位置关系，可将群组协同放煤方法分为同时打开连续的 n 个放煤口（以下简称连续群组放煤）和同时打开间隔的 n 个放煤口（以下简称间隔群组放煤）两类，其目的在于提高顶煤放出效率、使煤岩分界面平缓下降或煤岩分界面下的放出体充分发育，以使顶煤采出率和整体放煤效率达到最优。本章集中介绍特厚煤层连续群组放煤条件下，顶煤放出体演化规律、煤岩分界面发育特征及两者之间的影响关系，同时从顶煤放出率、遗煤分布特征、顶煤放出效率等角度分析顶煤放出效果，为自动化及智能化放煤工艺参数的选择提供理论依据。

2.1　连续群组放煤方法理论基础

在综放面放顶煤的开采过程中，随着工作面的推进，顶煤由原始固体状态渐进过渡到堆积在放煤口上方的散体状态。该过程受煤体强度、裂隙分布、矿山压力、支架阻力等多因素共同作用。顶煤冒落后分裂成大小不等的块体并堆积在支架尾梁上方，此时可将顶煤视为松散介质。顶煤放出规律就是冒落后的散体顶煤在放出过程中的运动和放出规律。此时，无论冒落块度大小、块度分布如何，均可将冒落后的顶煤视为可以流动的松散介质[82,99]。当放煤口打开后，散体顶煤在自重和上覆冒落岩层的作用下自动流入放煤口，其运动形式具有散体介质流动的特征，且该过程可以用散体介质力学和离散元等方法进行研究[99]。

据顶煤放出规律的 BBR 研究体系可知，煤岩分界面和顶煤放出体的形态及发育特征是影响顶煤放出率和含矸率的重要因素[83]。其中，初始放煤时顶煤放出体的发育特征将直接决定煤岩分界面的形态，进而对周期放煤过程中煤岩分界面和顶煤放出体的相互关系产生影响，因此初始顶煤放出体形态特征是顶煤放出规律研究的重要内容。

在综放开采中，放煤支架对顶煤的作用主要体现在工作面的推进方向上，而工作面布置方向上顶煤的放出规律与金属放矿有共通之处。基于顶煤放出过程的散体介质流特性，可采用散体介质力学中的 Bergmark-Roos 模型（以下简称 B-R 模型）对连续群组放煤条件下散体顶煤的放出体理论形态进行研究[88,101]。

2.1.1 B-R 模型的基本原理

B-R 模型对散体介质颗粒的流动作出如下假设[88,101]：(1) 散体介质颗粒为均质材料；(2) 散体介质颗粒的初始状态为静止状态；(3) 散体介质颗粒从初始位置向放煤口运行的过程是连续的，且其移动迹线为直线；(4) 散体介质颗粒在移动过程中仅受重力和颗粒间的摩擦力；(5) 任意散体介质颗粒在运动过程中具有恒定的加速度大小和方向。

假设散体顶煤的放出类型为点放源，D 为放煤口宽度，散体顶煤由初始位置向放煤口移动过程中的 B-R 模型如图 2.1 所示。

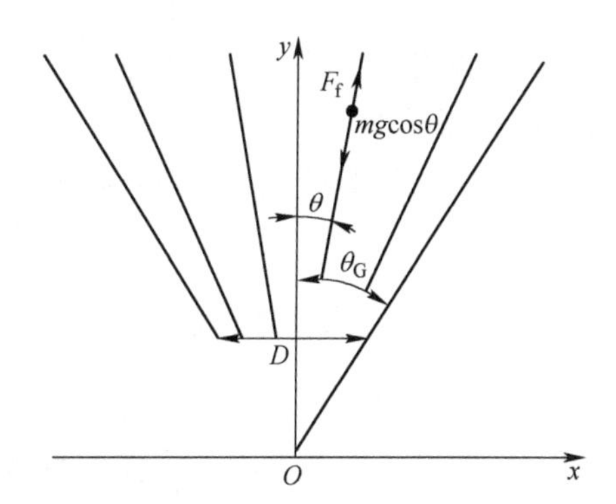

图 2.1 散体顶煤由初始位置向放煤口移动过程中的 B-R 模型示意图

散体顶煤颗粒在运动过程中所受合力为 F，F 受颗粒位置和摩擦力的影响。根据散体顶煤颗粒的特性，其存在移动临界角，位于移动临界角边界上的颗粒处于受力平衡状态，即重力在该角度方向的分力与颗粒所受的摩擦力大小相等，即：

$$mg\cos\theta_{G} = F_{f} \tag{2.1}$$

式中，m 为散体顶煤颗粒质量；g 为重力加速度；F_f 为散体顶煤颗粒移动过程中受到的摩擦力；θ_G 为散体顶煤颗粒的移动临界角，其值取决于颗粒内摩擦角 φ_0，$\theta_G = 45° - \varphi_0/2$。则移动迹线与垂直方向的夹角为 $\theta(\theta < \theta_G)$ 的散体顶煤颗粒在向放煤口移动过程中的加速度 a 为：

$$a = \frac{mg\cos\theta - F_{f}}{m} = g(\cos\theta - \cos\theta_{G}) \tag{2.2}$$

根据牛顿第二定律，散体顶煤颗粒由初始位置移动至放煤口的距离 s 为：

$$s = \frac{at^2}{2} = \frac{g(\cos\theta - \cos\theta_G)t^2}{2} \tag{2.3}$$

式中，t 为散体顶煤颗粒由初始位置移动至放煤口所用的时间。

$\theta=0°$ 时，散体顶煤颗粒的移动距离为顶煤最大放出高度 H，即：

$$H = \frac{g(1-\cos\theta_G)t^2}{2} \tag{2.4}$$

将式（2.4）代入式（2.3）即可得到基于 B-R 模型的顶煤放出体迹线方程为：

$$s = \frac{H}{1-\cos\theta_G}(\cos\theta - \cos\theta_G) \tag{2.5}$$

取 $H=12$ m、$\theta_G=30°$，可以得到该条件下初始放煤后顶煤放出体的发育形态。放煤口宽度为零时的顶煤放出形态如图 2.2 所示。

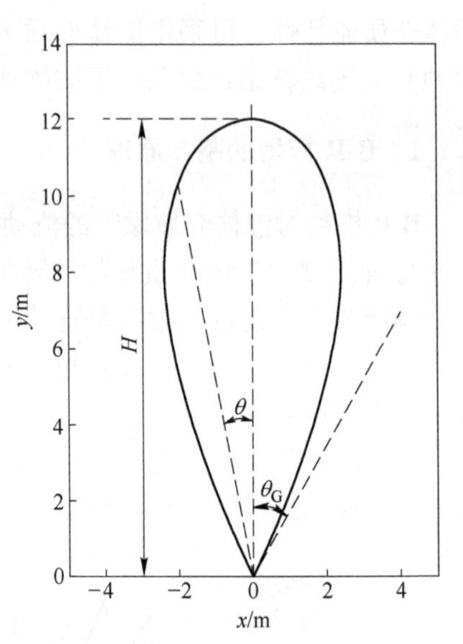

图 2.2　放煤口宽度为零时的顶煤放出体形态

2.1.2　放煤口宽度为非零时的顶煤放出体理论形态

上述基于 B-R 模型的放出体形态是假设放出口宽度为零时的情况，而在实际放煤过程中，放煤口具有一定宽度，因此需改进传统模型建立放煤口宽度非零的 B-R 模型。放煤口宽度非零时的放出体形态示意图如图 2.3 所示，设 D 为放煤口宽度。延长放煤口中线（即 $\theta=0°$）和散体移动边界线（即 $\theta=\theta_G$）相交于点 O，令点 O 到放煤口中心的垂直距离为 L_1，点 O 到放煤口边界点的距离为 L_2，其值分别为：

$$L_1 = \frac{0.5D}{\tan\theta_G} \tag{2.6}$$

$$L_2 = \frac{0.5D}{\sin\theta_G} \tag{2.7}$$

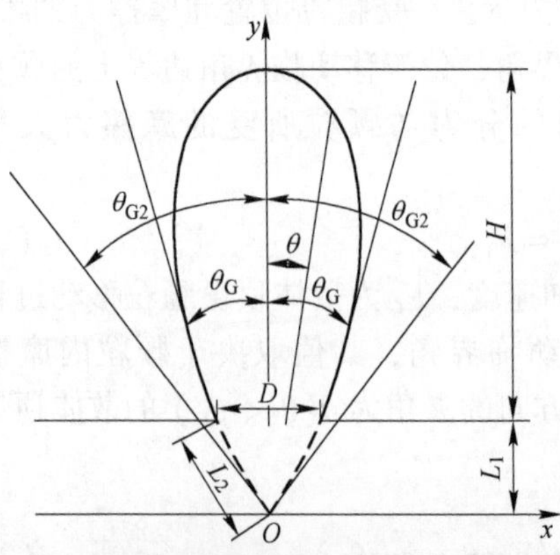

图 2.3　放煤口宽度非零时的放出体形态示意图

此时，基于 B-R 模型可以获得以交点 O 为顶点的放出体形态为：

$$s = \frac{(H + L_1)}{1 - \cos\theta_{G2}}(\cos\theta - \cos\theta_{G2}) \tag{2.8}$$

式中，θ_{G2}为过原点 O 与放出体相切的移动迹线与垂直方向的夹角。

当 $\theta=\theta_G$ 时，$s=L_2$，联立可得：

$$L_2 = \frac{0.5D}{\sin\theta_G} = \frac{H + L_1}{1 - \cos\theta_{G2}}(\cos\theta_G - \cos\theta_{G2}) \tag{2.9}$$

则：

$$\cos\theta_{G2} = \frac{0.5D - \sin\theta_G\left(H + \dfrac{0.5D}{\tan\theta_G}\right)}{0.5D - \sin\theta_G\cos\theta_G\left(H + \dfrac{0.5D}{\tan\theta_G}\right)} \tag{2.10}$$

联立式（2.8）和式（2.10）即可得到放煤口宽度非零时的理论放出体的表达式。

取 $H=12$ m、$\theta_G=30°$、$D=1.75$ m，可以得到该条件下初始放煤后顶煤放出体的发育形态。单放煤口条件下放出体形态示意图如图 2.4 所示。

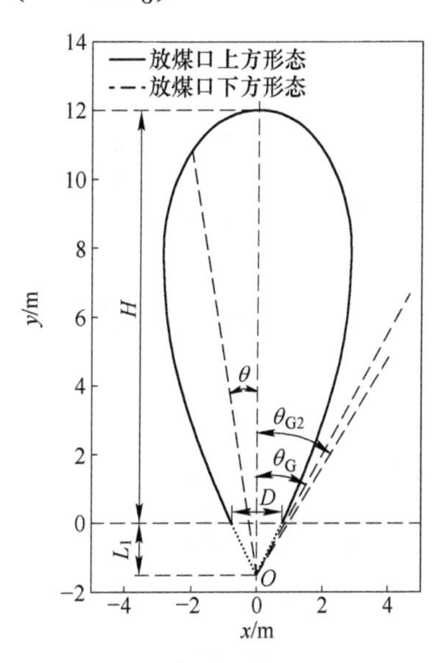

图 2.4 单放煤口条件下放出体形态示意图

连续群组放煤时，放煤口宽度增加势必会引起顶煤放出体发育形态的变化。同样取 $H=12$ m，$\theta_G=30°$，$D=1.75$ m、5.25 m（同时打开 3 个放煤口）、10.50 m（同时打开 6 个放煤口）时，分别计算得到不同条件下初始放煤后顶煤放出体的发育形态。连续群组放煤条件下顶煤放出体理论形态（$H=12$ m）如图 2.5 所示。

为了对比连续群组放煤方法在不同顶煤厚度条件下对顶煤放出体形态的影响，计算顶煤高度 $H=4$ m、其他参数不变时，初始放煤后顶煤放出体的发育形态。连续群组放煤条件下顶煤放出体理论形态（$H=4$ m）如图 2.6 所示。

由图 2.5 和图 2.6 可以看出，单放煤口条件下，顶煤放出体形态受顶煤厚度的影响较小，均呈现传统的椭球体形态。但是在连续群组放煤条件下，顶煤放出体呈现不一样的形态特征。随着同时打开放煤口个数的增加，顶煤放出体逐渐由竖向椭球体形态向类圆形态甚至横向椭球体演变，且放煤口宽度的变化对较薄顶煤的影响要大于较厚顶煤。由此可见，顶煤放出体形态受顶煤厚度和放煤口宽度的影响，放出体形态的变化会对煤岩分界面的形态及后续顶煤的放出特征产生影

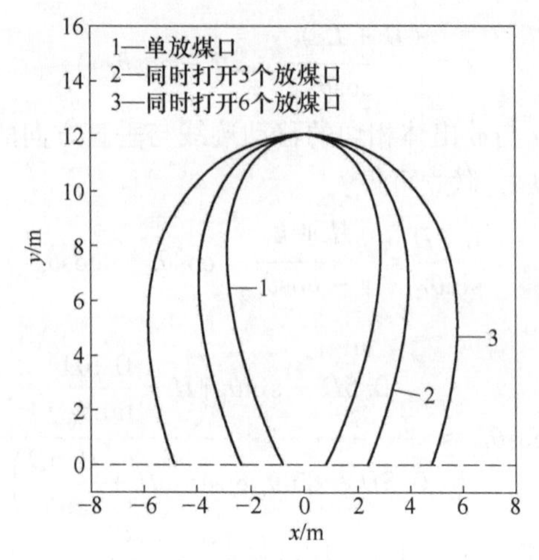

图 2.5 连续群组放煤条件下顶煤放出体理论形态（$H = 12$ m）

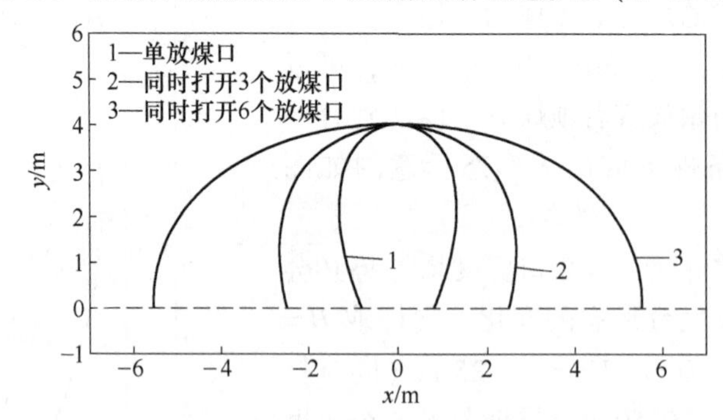

图 2.6 连续群组放煤条件下顶煤放出体理论形态（$H = 4$ m）

响。为此，后续将采用离散元数值模拟的方法对连续群组放煤条件下顶煤的放出规律进行研究。

2.2 初始放煤顶煤放出体发育规律

2.2.1 连续群组放煤数值模拟模型建立及模拟方案

为研究连续群组放煤条件下顶煤的放出规律，本节以塔山煤矿 8222 特厚煤层综放工作面为工程背景，采用 CDEM（连续-非连续单元方法）模拟软件中的颗粒流离散元模型来模拟顶煤放出过程。8222 工作面主采 3-5 号煤，煤层倾角为 1°~4°，平均为 2°，为近水平工作面；煤层厚度为 8.17~29.21 m，平均为 15.76 m，采集现场近 3 个月的顶煤厚度探测数据发现，在试验段平均的顶煤厚度约为 16.10 m，顶煤厚度探测数据见表 2.1；工作面直接顶的平均厚度为8.22 m，岩性为砂质泥岩、碳质泥岩、泥岩互层，基本顶的平均厚度为 8.16 m，岩性为粗砂岩。3-5号煤层及顶板物理力学参数见表2.2。

表2.1 顶煤厚度探测数据

时间及参数	顶煤厚度/m	时间及参数	顶煤厚度/m	时间及参数	顶煤厚度/m
2019年3月7日	15.24	2019年4月1日	16.60	2019年5月2日	16.55
2019年3月9日	15.89	2019年4月3日	16.15	2019年5月4日	16.23
2019年3月11日	16.00	2019年4月8日	15.52	2019年5月6日	16.55
2019年3月14日	16.08	2019年4月10日	16.01	2019年5月8日	16.10
2019年3月15日	16.01	2019年4月13日	15.85	2019年5月10日	16.27
2019年3月17日	15.86	2019年4月15日	16.04	2019年5月12日	15.73
2019年3月20日	15.84	2019年4月18日	16.30	2019年5月13日	15.41
2019年3月27日	16.51	2019年4月21日	16.27	2019年5月15日	16.16
2019年3月30日	16.37	2019年4月23日	16.20	2019年5月17日	16.19
		2019年4月27日	16.29	2019年5月19日	16.02
		2019年4月30日	16.28	2019年5月21日	16.31
				2019年5月24日	16.24
				2019年5月26日	16.12
				2019年5月28日	16.12
				2019年5月30日	16.27
平均煤厚	15.98	平均煤厚	16.14	平均煤厚	16.15

表2.2 3-5号煤层及顶板物理力学参数

煤岩层	密度/g·cm^{-3}	弹性模量/GPa	泊松比	抗拉强度 /MPa	黏聚力/MPa	内摩擦角/(°)
直接顶	2.394	4.67	0.19	0.93	12.85	30.5
3-5号煤层	1.450	2.05	0.28	1.22	6.15	32.0

8222工作面的割煤高度为3.80 m，平均放煤高度为11.96 m，采放比为1∶3.14，采用一刀一放的放煤方式，放煤步距为1.00 m，采用自然垮落法管理采空区顶板；工作面倾向长度为230.50 m，工作面头部3台和尾部5台支架不放煤，中部布置125台ZF17000/27.5/42D型放顶煤支架，支架中心距为1.75 m。

基于8222工作面煤岩层赋存特征及开采条件建立特厚煤层综放面数值模拟模型，如图2.7所示。模型总长度为125 m，煤岩层倾角为0°，左、右预留边界为10 m，中间为105 m的放煤段，共设置60个放煤口，每个放煤口宽度为1.75 m。根据该工作面煤层赋存特征和探顶煤数据，按照采高为4 m，采放比为1∶1、1∶2、1∶3及大于1∶3的条件，将顶煤厚度分别设置为4 m、8 m、12 m、16 m，直接顶厚度均为8 m。顶煤在矿山压力作用下破断并成为不连续的块体，顶煤破断块度是矿山压力、支架特性与煤的自然条件的综合反映，顶煤沿厚度方向的破断块度由煤层下位、中位到上位依次增大，为简化模型。一般可在煤层方向均分煤层厚度以布置不同粒径的颗粒[84]，此模拟中按照 4 m 间隔划分顶煤粒径，即顶煤厚度为 4 m 时仅设 1 种粒径的颗粒，顶煤厚度为 8 m、12 m、16 m 时分别各取其厚度的 1/2、1/3、1/4 布置不同粒径的颗粒，为方便观测，不同顶煤层位在图中采用不同颜色表示。

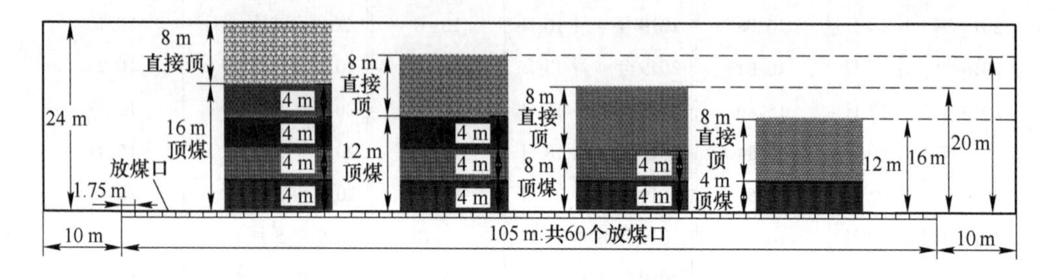

图 2.7 特厚煤层综放面数值模拟模型

模型两侧及底部不放煤区采用刚性板作为位移约束边界，颗粒整体位移速度约束采用底部边界颗粒位移速度约束方式，原始模型顶煤及直接顶颗粒为静止状态，速度和加速度均为零，颗粒仅受自重和上方颗粒的重力作用，重力加速度 $g=10\ \mathrm{m/s^2}$，通过控制刚性板来模拟放煤口的打开与关闭，以见矸关窗作为停止放煤的条件。

基于前期对塔山煤矿 8222 工作面煤岩层物理力学参数测试及顶煤破碎程度现场观测结果[103-104]，放出煤岩体可视为破碎后的松散颗粒，其抗拉强度和黏聚力设置为零，顶煤及直接顶颗粒力学参数及粒径划分见表 2.3。

表 2.3 顶煤及直接顶颗粒力学参数及粒径划分

顶煤厚度/m	煤岩层	厚度/m	颗粒半径/m	密度/kg·m^{-3}	弹性模量/GPa	泊松比	抗拉强度/MPa	黏聚力/MPa	内摩擦角/(°)
4	煤层	4	0.10	1450	2	0.28	0	0	32.6
	直接顶	8	0.20	2394	5	0.19	0	0	30.5
8	煤层 1	4	0.10	1450	2	0.28	0	0	32.6
	煤层 2	4	0.15	1450	2	0.28	0	0	32.6
	直接顶	8	0.25	2394	5	0.19	0	0	30.5
12	煤层 1	4	0.10	1450	2	0.28	0	0	32.6
	煤层 2	4	0.15	1450	2	0.28	0	0	32.6
	煤层 3	4	0.20	1450	2	0.28	0	0	32.6
	直接顶	8	0.30	2394	5	0.19	0	0	30.5

续表 2.3

顶煤厚度/m	煤岩层	厚度/m	颗粒半径/m	密度/kg·m^{-3}	弹性模量/GPa	泊松比	抗拉强度/MPa	黏聚力/MPa	内摩擦角/(°)
16	煤层 1	4	0.10	1450	2	0.28	0	0	32.6
	煤层 2	4	0.15	1450	2	0.28	0	0	32.6
	煤层 3	4	0.20	1450	2	0.28	0	0	32.6
	煤层 4	4	0.25	1450	2	0.28	0	0	32.6
	直接顶	8	0.35	2394	5	0.19	0	0	30.5

基于塔山煤矿 8222 工作面煤层性质及工作面装备配套情况，在分析了顶板稳定性、瓦斯含量、后部刮板运输机能力对同时打开多放煤口的制约后[102]，得出在该工作面条件下最多可以同时打开 6 个放煤口。因此基于研究目标，本节分别模拟了顶煤厚度分别为 4 m、8 m、12 m、16 m，放煤口宽度分别为 1.75 m、3.50 m、5.25 m、7.00 m、8.75 m、10.50 m 条件下顶煤放出体的演化规律、煤岩分界面发育特征及两者之间的影响关系，同时从顶煤放出特征、顶煤回收率、顶煤放出效率等方面分析单放煤口和连续群组放煤条件下单轮放煤和多轮放煤的顶煤放出效果，特厚煤层群组放煤数值模拟方案见表 2.4。

表 2.4 特厚煤层群组放煤数值模拟方案

放煤方法		放煤顺序
单放煤口	单轮顺序	1—2—3—…—58—59—60
	单轮间隔	1—3—5—…—57—59—2—4—…—56—58—60
同时打开 2 个放煤口	单轮顺序	(1, 2) — (3, 4) … (57, 58) — (59, 60)
同时打开 3 个放煤口	单轮顺序	(1, 2, 3) — (4, 5, 6) … (55, 56, 57) — (58, 59, 60)
同时打开 4 个放煤口	单轮顺序	(1, 2, 3, 4) — (5, 6, 7, 8) … (53, 54, 55, 56) — (57, 58, 59, 60)
同时打开 5 个放煤口	单轮顺序	(1, 2, 3, 4, 5) — (6, 7, 8, 9, 10) … (51, 52, 53, 54, 55) — (56, 57, 58, 59, 60)
同时打开 6 个放煤口	单轮顺序	(1, 2, 3, 4, 5, 6) — (7, 8, 9, 10, 11, 12) … (49, 50, 51, 52, 53, 54) — (55, 56, 57, 58, 59, 60)
多轮顺序		顶煤厚度为 4 m 时为 2 轮，其他条件为 2 或 3 轮放煤，每轮放煤顺序同各条件下的单轮顺序

注：多轮放煤时每轮放出高度约为顶煤厚度的 $1/n$；表中数字代表支架编号。

2.2.2　初始顶煤放出体形态特征

连续群组放煤采用顺序放煤方式，按照支架顺序将同时打开的放煤口划作为一个放煤单元，每次放煤打开一个放煤单元，见矸后关闭该放煤单元，依次打开后续放煤单元进行放煤，依此顺序直至整个工作面支架上方顶煤全部放出。因此，连续群组放煤方式下工作面倾向的顶煤放出过程可分为初始放煤和周期放煤两个阶段。初始放煤是指首个放煤口打开后顶煤放出直至见矸关窗的过程，顶煤放出后形成对称的煤岩分界面，顶煤放出体为该顶煤厚度下的完整椭球体。周期放煤则是在初始煤岩分界面下进行放煤，由第二个放煤口开始直至工作面放煤结束。后续两节主要针对初始放煤后顶煤放出体及煤岩分界面的发育特征进行研究。

采用散体介质力学中的 Bergmark-Roos（B-R）模型对顶煤放出体形态进行分析后发现，顶煤厚度和放煤口宽度是影响放出体形态的主要因素。因此，为了研究不同顶煤厚度和不同放煤口宽度条件下顶煤放出体的演化规律，在模型初次放煤结束后对顶煤放出体进行反演并提取放出体轮廓颗粒的坐标（x，y）信息，通过对轮廓点进行拟合来分析顶煤放出体的形态特征。以顶煤厚度为 12 m 时单放煤口放煤为例，顶煤放出体的反演及轮廓点提取过程示意图如图 2.8 所示。

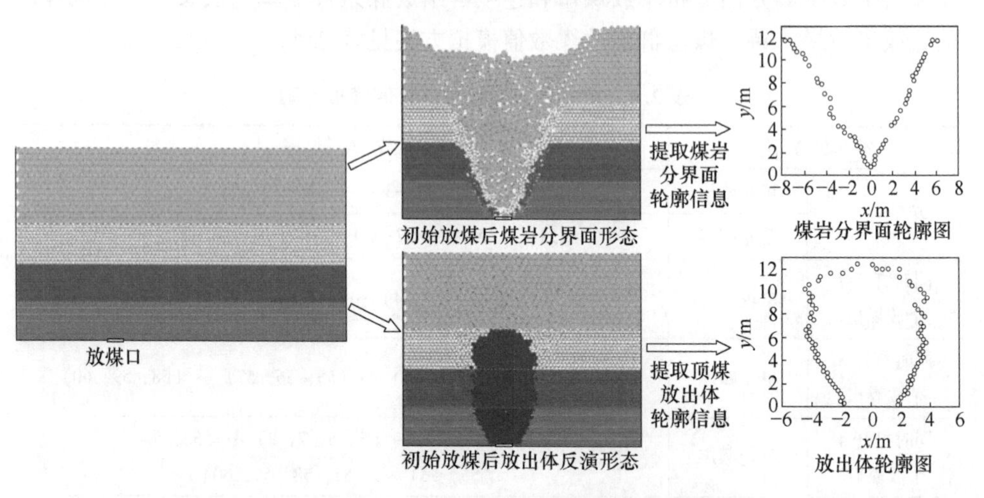

图 2.8　顶煤放出体的反演及轮廓点提取过程示意图

通过提取连续群组放煤条件下顶煤放出体轮廓点并进行拟合后发现，顶煤放出体均可以采用椭圆方程进行拟合，采用椭圆长轴和短轴的位置及偏心率作为分类依据，拟合后的放出体形态类型除传统的竖椭圆型放出体外，还出现了类圆型放出体和横椭圆型放出体。具体分类结果如下。

2.2.2.1　横椭圆型顶煤放出体

根据放出体拟合形态特征，将放出体拟合曲线的长轴位于水平方向、短轴位于竖直方向、椭圆偏心率在0.1~1.0之间的放出体形态类型称为横椭圆型。具有代表性的结果有顶煤厚度为4 m，放煤口宽度分别为5.25 m、7.00 m、8.75 m和10.50 m的横椭圆型顶煤放出体和顶煤厚度为8m、放煤口宽度为10.5m的横椭圆型顶煤放出体。横椭圆型顶煤放出体代表结果如图2.9所示。

由图2.9可以看出，横椭圆型顶煤放出体主要出现在顶煤较薄且放煤口较宽的条件下。顶煤在放出过程中，顶煤散体以旋转椭球体的形式不断放出，放出体

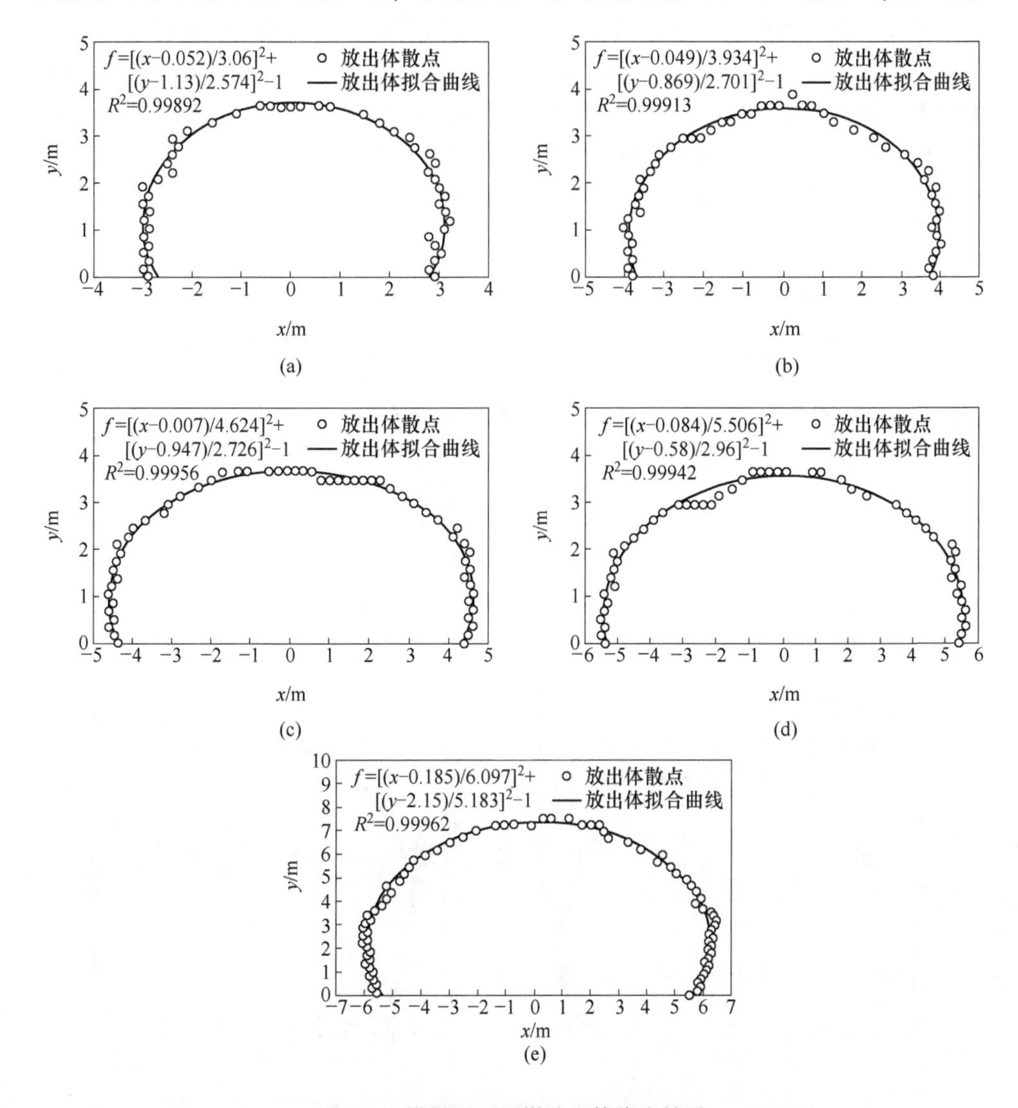

图2.9 横椭圆型顶煤放出体代表结果

(a) 顶煤厚度为4 m、放煤口宽度为5.25 m；(b) 顶煤厚度为4 m、放煤口宽度为7.00 m；(c) 顶煤厚度为4 m、放煤口宽度为8.75 m；(d) 顶煤厚度为4 m、放煤口宽度为10.50 m；(e) 顶煤厚度为8 m、放煤口宽度为10.50 m

的发育包含横向发育和纵向发育，顶煤放出体的纵向发育速度大于横向发育速度，且横向宽度更容易达到极限宽度。顶煤较薄条件下，放出体纵向发育较快，直接顶颗粒到达放煤口时，放出体难以发育成完整椭球体，但随着放煤口尺寸的增加，放出体横向起始宽度较大，放出体的纵向发育高度小于放出体的横向发育宽度，因此呈现横向椭球体的放出体形态。

2.2.2.2 类圆型顶煤放出体

通过拟合曲线分析，类圆型顶煤放出体是横向椭球体向竖向椭球体发展的一个过渡形态，其特征在于拟合椭圆曲线的长轴与短轴长度接近相等，具有代表性的结果有顶煤厚度为 4 m、放煤口宽度为 3.50 m，顶煤厚度为 8 m、放煤口宽度为 7.00 m 和 8.75 m 及顶煤厚度为 12 m、放煤口宽度为 10.50 m 的类圆型顶煤放出体。类圆型顶煤放出体代表结果如图 2.10 所示。

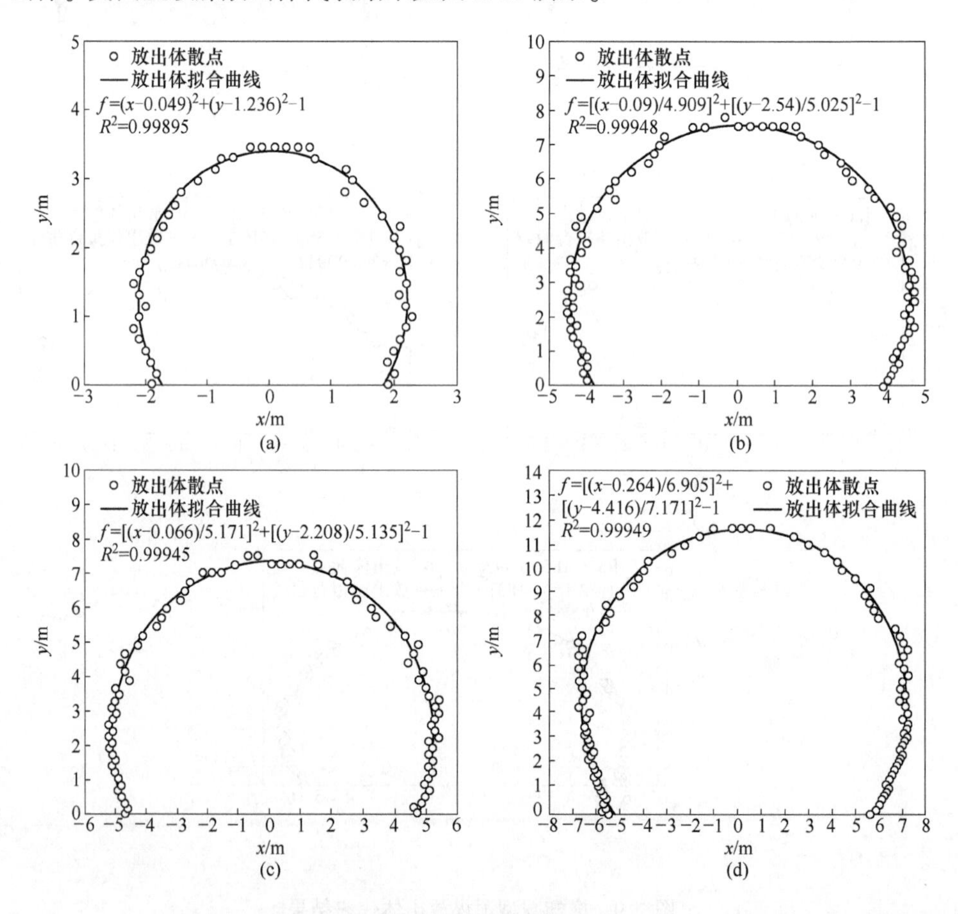

图 2.10 类圆型顶煤放出体代表结果

(a) 顶煤厚度为 4 m、放煤口宽度为 3.50 m；(b) 顶煤厚度为 8 m、放煤口宽度为 7.00 m；(c) 顶煤厚度为 8 m、放煤口宽度为 8.75 m；(d) 顶煤厚度为 12 m、放煤口宽度为 10.50 m

随着顶煤厚度的增加，类圆型顶煤放出体纵向发育高度逐渐增加，与放出体横向发育宽度的差值越来越小，在某个临界条件下放出体椭圆的长轴和短轴接近一致，此时即形成了类圆型放出体。

2.2.2.3 竖椭圆型顶煤放出体

竖椭圆型顶煤放出体是传统放煤理论研究最多的放出体，其形态是顶煤放出模拟过程中出现最多的放出体形态，其特征主要是椭圆长轴位于竖直方向，短轴位于水平方向，椭圆偏心率在0.1~1.0之间。除上述横椭圆型和类圆型顶煤放出体外，其余均为竖椭圆型顶煤放出体。竖椭圆型顶煤放出体代表结果如图2.11所示。

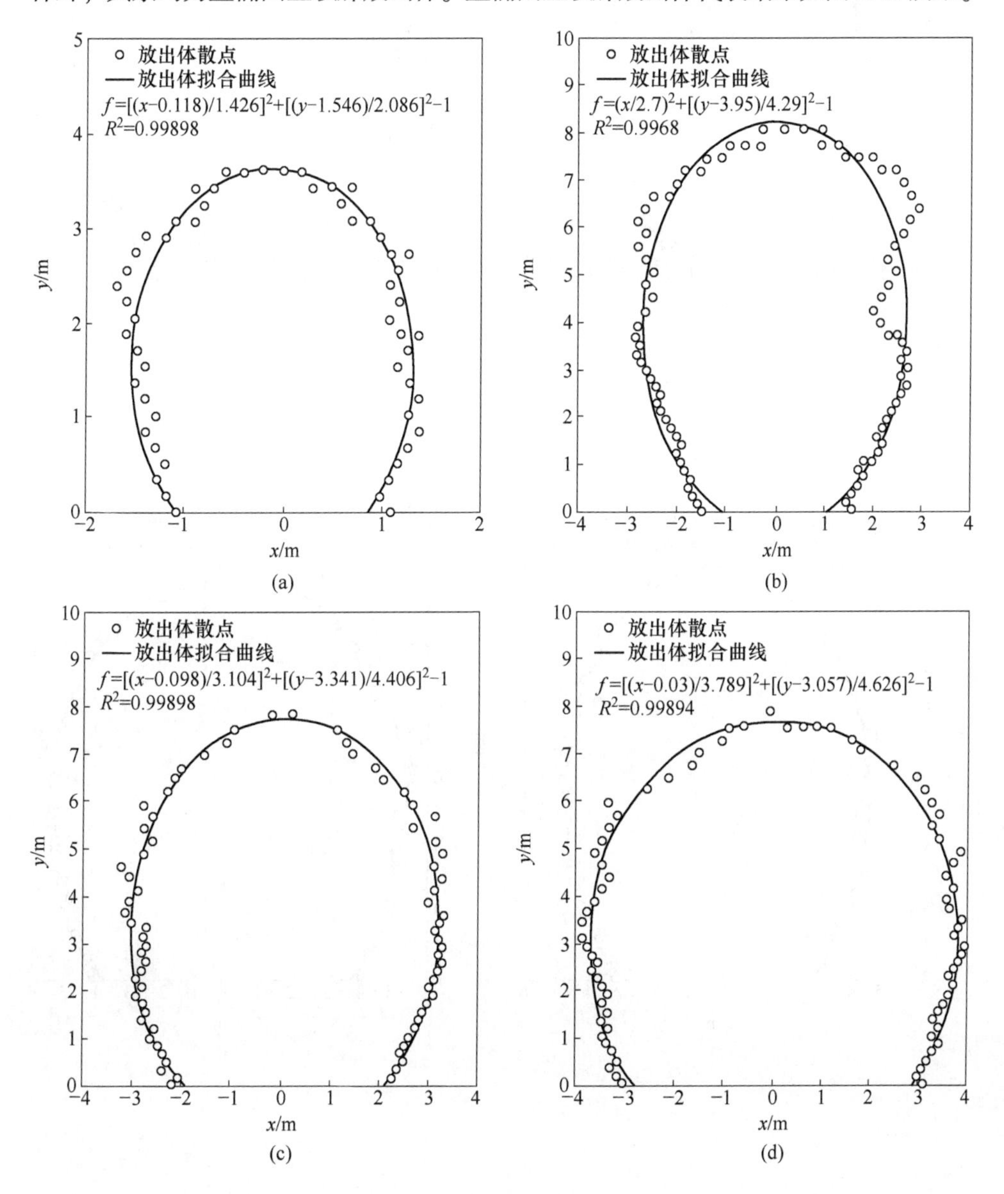

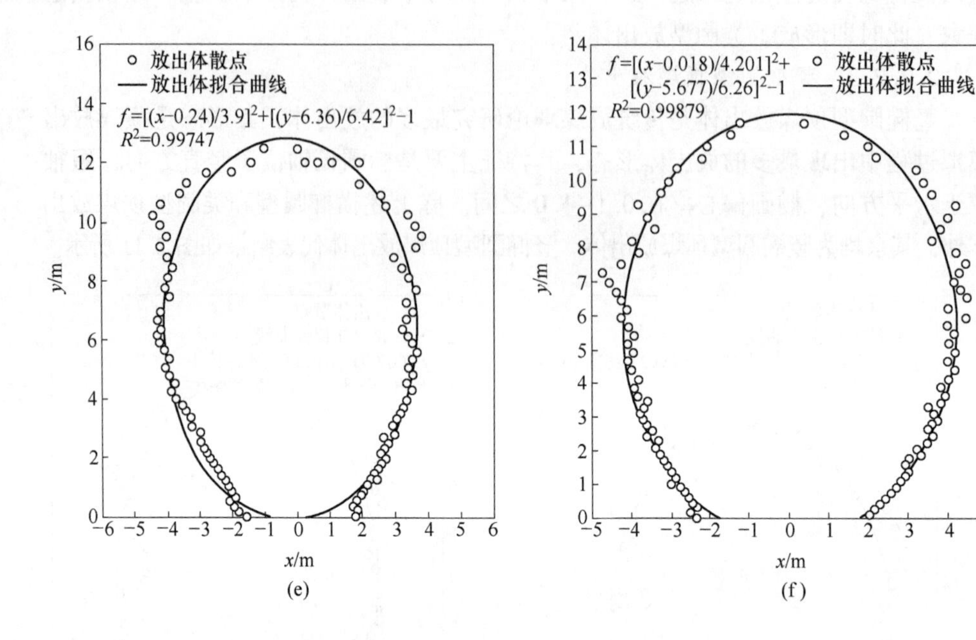

放出体散点
放出体拟合曲线
$f=[(x-0.24)/3.9]^2+[(y-6.36)/6.42]^2-1$
$R^2=0.99747$
y/m
x/m
(e)
$f=[(x-0.018)/4.201]^2+$
$[(y-5.677)/6.26]^2-1$
$R^2=0.99879$
放出体散点
放出体拟合曲线
y/m
x/m
(f)

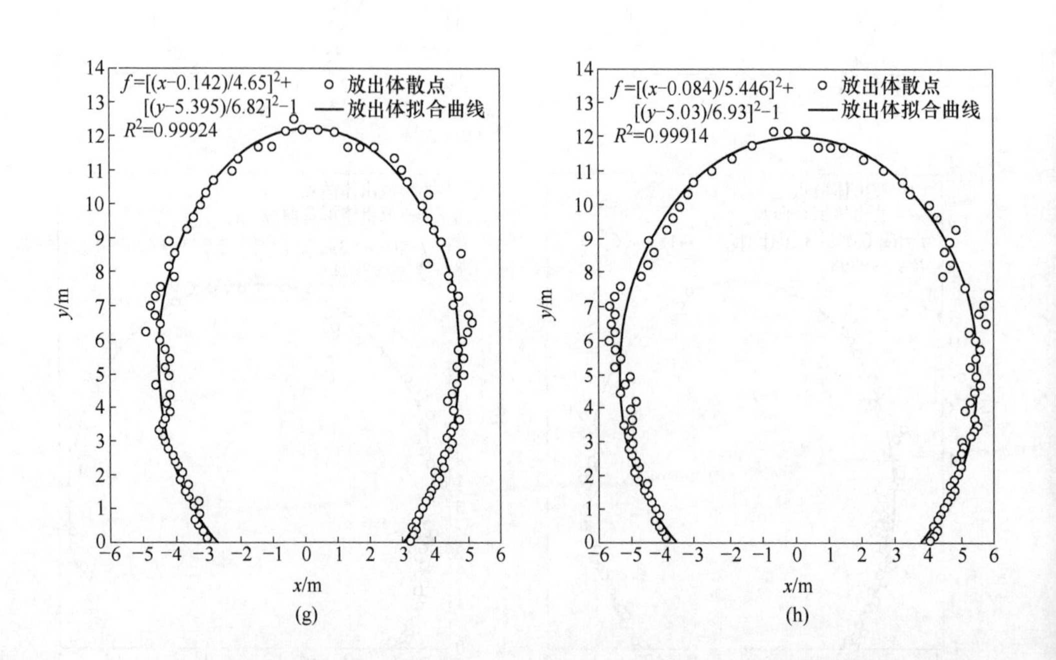

$f=[(x-0.142)/4.65]^2+$
$[(y-5.395)/6.82]^2-1$
$R^2=0.99924$
放出体散点
放出体拟合曲线
y/m
x/m
(g)
$f=[(x-0.084)/5.446]^2+$
$[(y-5.03)/6.93]^2-1$
$R^2=0.99914$
放出体散点
放出体拟合曲线
y/m
x/m
(h)

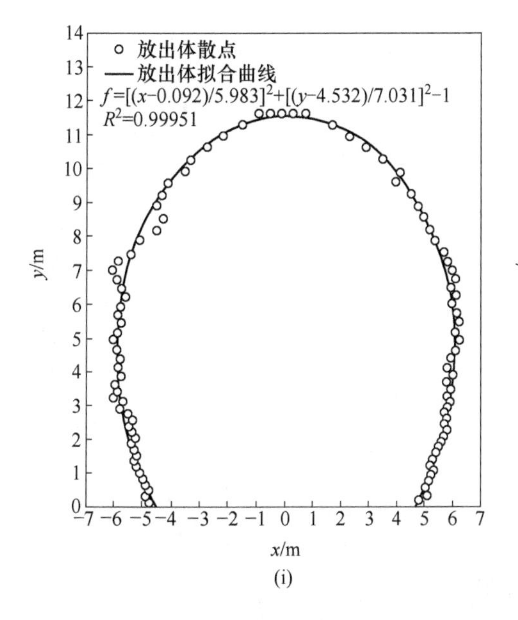

放出体散点
放出体拟合曲线
f=[(x-0.092)/5.983]²+[(y-4.532)/7.031]²-1
R²=0.99951
y/m
x/m

(i)

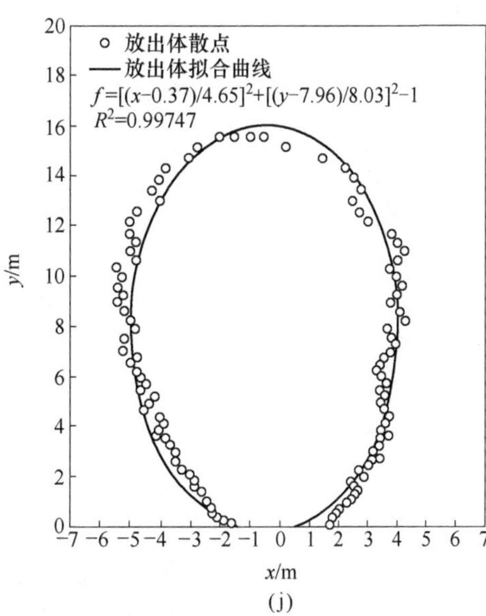

放出体散点
放出体拟合曲线
f=[(x-0.37)/4.65]²+[(y-7.96)/8.03]²-1
R²=0.99747
y/m
x/m

(j)

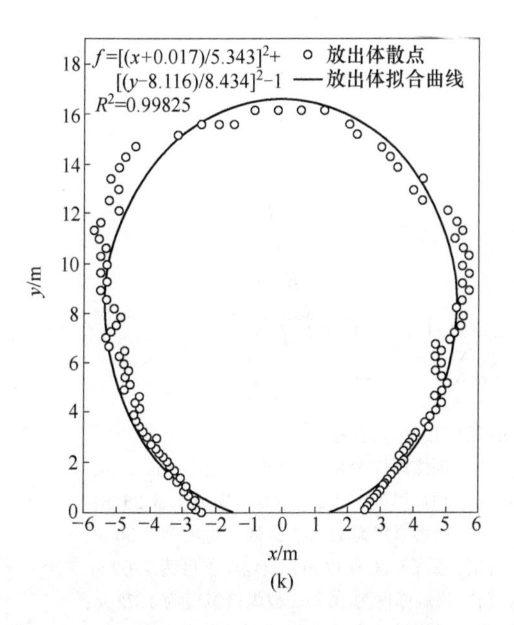

f=[(x+0.017)/5.343]²+
[(y-8.116)/8.434]²-1
R²=0.99825
放出体散点
放出体拟合曲线
y/m
x/m

(k)

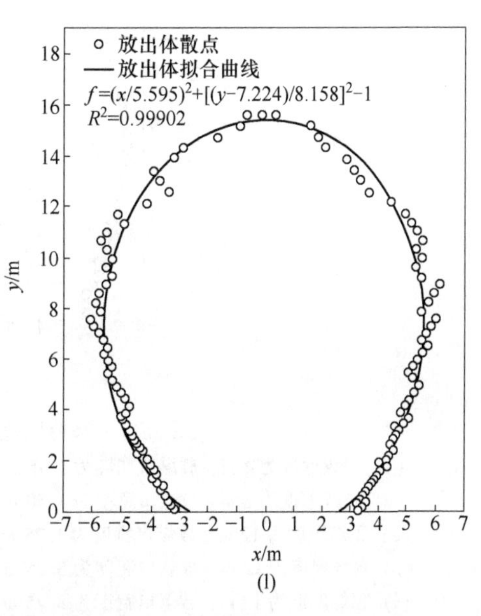

放出体散点
放出体拟合曲线
f=(x/5.595)²+[(y-7.224)/8.158]²-1
R²=0.99902
y/m
x/m

(l)

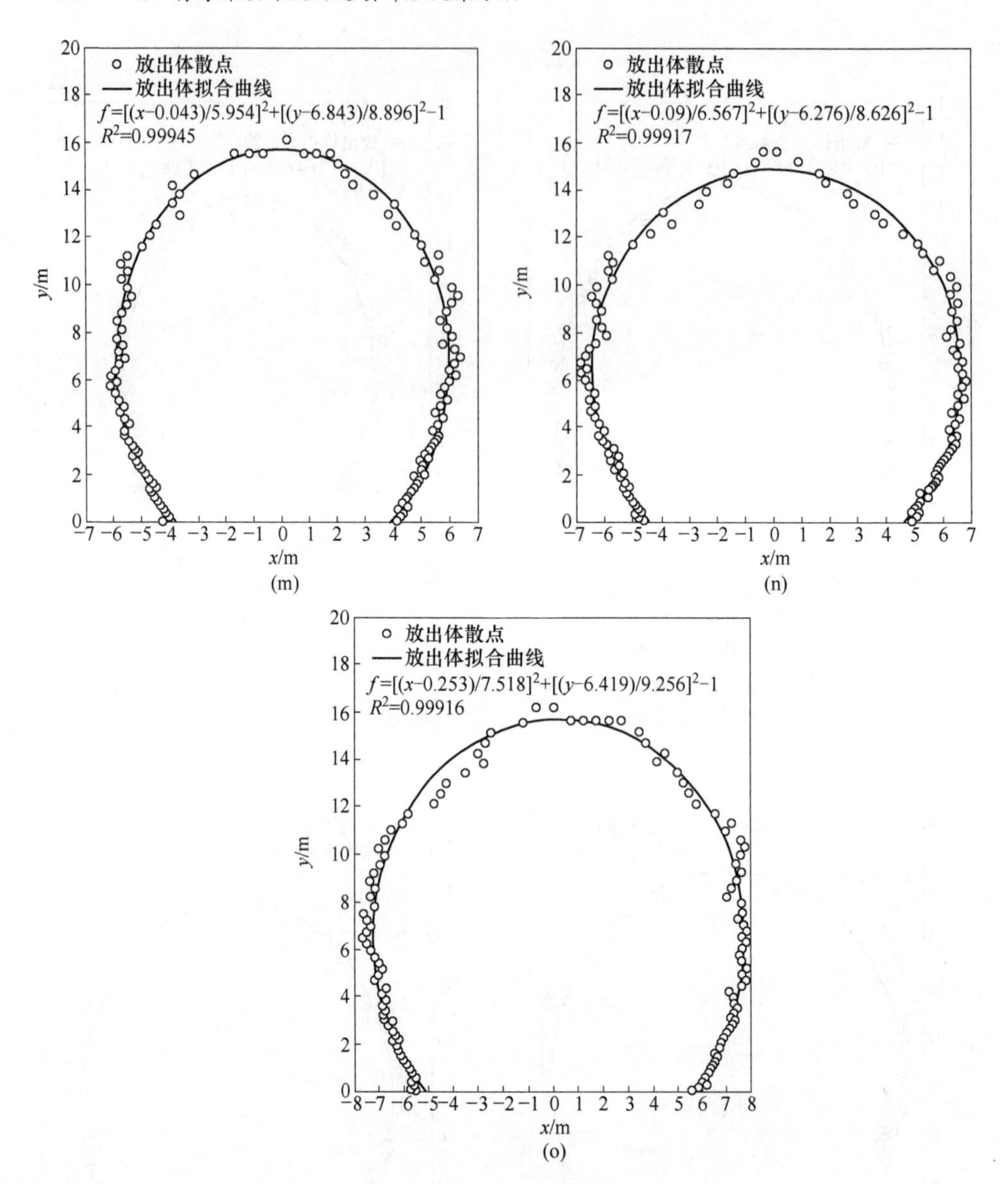

图 2.11 竖椭圆型顶煤放出体代表结果

(a) 顶煤厚度为 4 m、放煤口宽度为 1.75 m；(b) 顶煤厚度为 8 m、放煤口宽度为 1.75 m；(c) 顶煤厚度为 8 m、放煤口宽度为 3.50 m；(d) 顶煤厚度为 8 m、放煤口宽度为 5.25 m；(e) 顶煤厚度为 12 m、放煤口宽度为 1.75 m；(f) 顶煤厚度为 12 m、放煤口宽度为 3.50 m；(g) 顶煤厚度为 12 m、放煤口宽度为 5.25 m；(h) 顶煤厚度为 12 m、放煤口宽度为 7.00 m；(i) 顶煤厚度为 12 m、放煤口宽度为 8.75 m；(j) 顶煤厚度为 16 m、放煤口宽度为 1.75 m；(k) 顶煤厚度为 16 m、放煤口宽度为 3.50 m；(l) 顶煤厚度为 16 m、放煤口宽度为 5.25 m；(m) 顶煤厚度为 16 m、放煤口宽度为 7.00 m；(n) 顶煤厚度为 16 m、放煤口宽度为 8.75 m；(o) 顶煤厚度为 16 m、放煤口宽度为 10.50 m

通过上述对顶煤放出体拟合形态的分类分析可知，顶煤厚度（也指放煤高度）和放煤口宽度是影响顶煤放出体形态的关键参数，以顶煤厚度 H 和放煤口宽度 D（放煤口宽度为每台支架的宽度（1.75 m）与同时打开放煤口个数 n 的乘积）的比值 δ 为顶煤放出体形态的判别指标，可以得到 δ 值与放出体偏心率的关系及顶煤放出体形态划分结果。不同 δ 值下顶煤放出体形态划分结果如图 2.12 所示。

由图 2.12 可知，随着 δ 值的变化，顶煤放出体的偏心率也发生着规律性变化。当 $\delta \leqslant 0.76$ 时，随着 δ 值的增大，放出体偏心率逐渐减小，即顶煤放出体形态逐渐由横椭圆型向类圆型转变；当 $0.91 \leqslant \delta \leqslant 1.14$ 时，顶煤放出体处于类圆型的临界状态；当 $\delta \geqslant 1.37$ 时，放出体偏心率不断增大，即顶煤放出体形态逐渐由类圆型向竖椭圆型转变，放出体偏心率趋于一个稳定值，该规律与文献 [105] 中的结果一致。

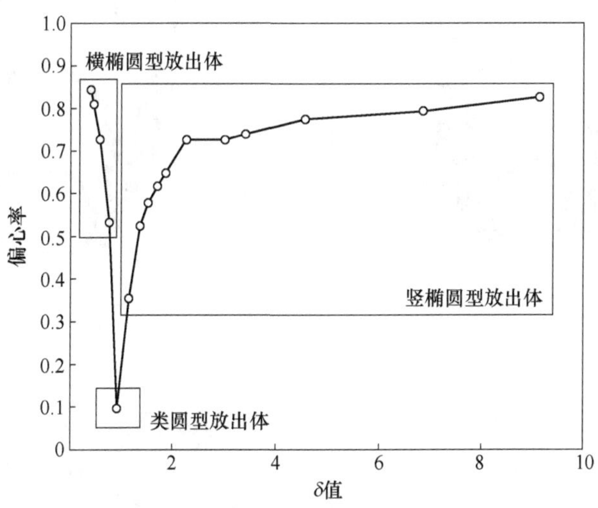

图 2.12 不同 δ 值下顶煤放出体形态划分结果

2.2.3 顶煤厚度对顶煤放出体形态的影响规律

上述结果表明，顶煤厚度和放煤口宽度是影响顶煤放出体发育形态的两个重要因素，本节重点分析顶煤厚度对顶煤放出体形态的影响。为更加清晰地显示并比较放出体形态特征，提取顶煤放出体轮廓颗粒的坐标 (x, y) 进行反演，得到不同顶煤厚度下放出体形态轮廓图如图 2.13 所示。

由图 2.13 可知，当放煤口宽度一定时，随着顶煤厚度的增加，顶煤放出体的形态变化反映了顶煤放出体的发育过程，即放出体形态类型在发育初期为横椭圆型顶煤放出体，经过类圆型顶煤放出体的过渡形态后，逐渐发育成竖椭圆型顶煤放出体的完整形态。随着顶煤厚度的增加，放出体向纵向高度发展，同时横向发育宽度也呈增加趋势，且放出体最大横向发育宽度与顶煤厚度呈线性正相关

(见图 2. 14)。根据 B-R 放煤模型的假设，顶煤颗粒在向放煤口移动过程中，越靠近竖直方向的颗粒加速度越大，越靠近极限发育边界的颗粒加速度越小，在相同放煤时间内靠近竖直方向可以比靠近极限发育边界侧放出更多的顶煤，因此随着顶煤厚度的增加，顶煤放出体高度的增长速率大于横向最大发育宽度的增长速率。

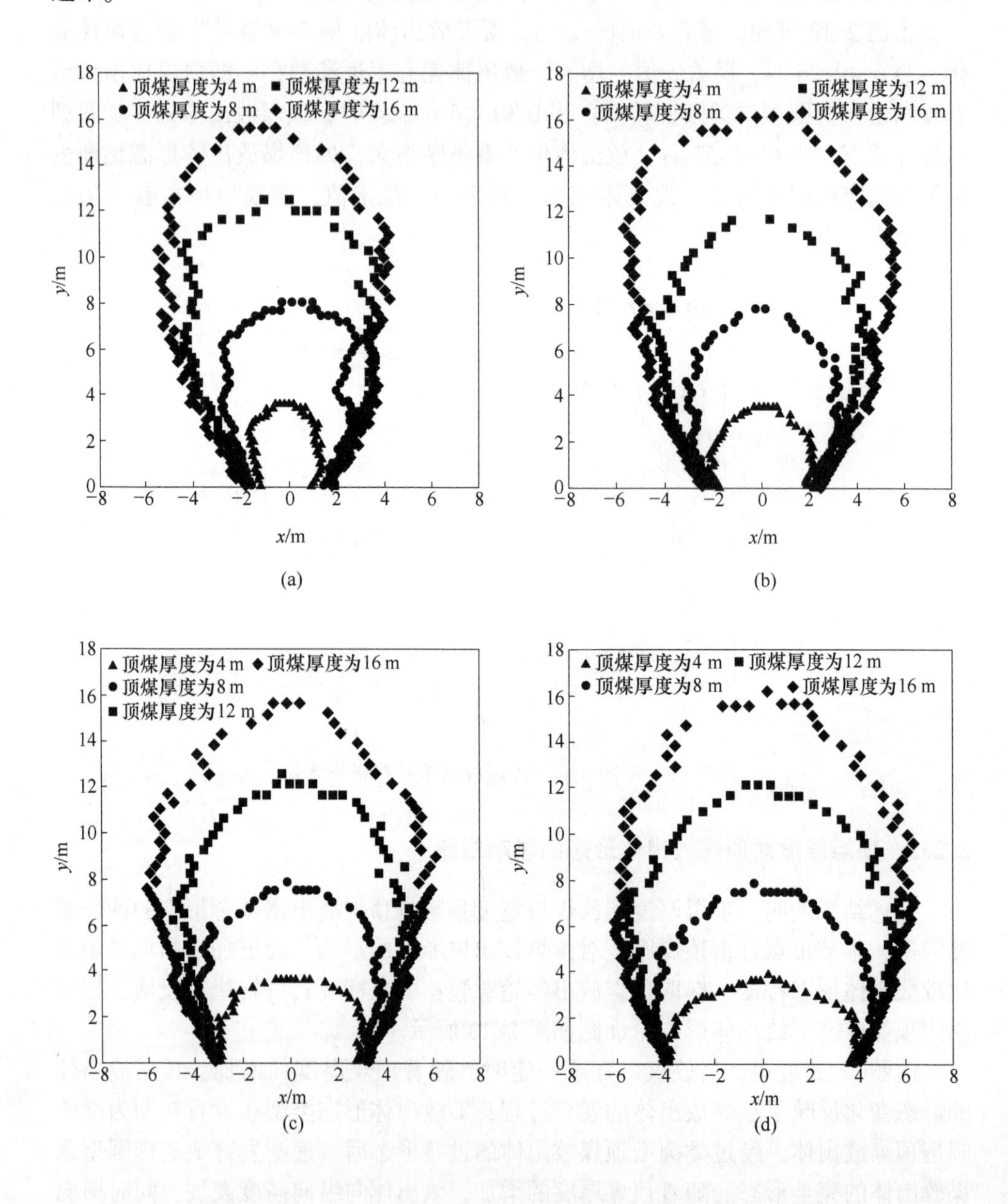

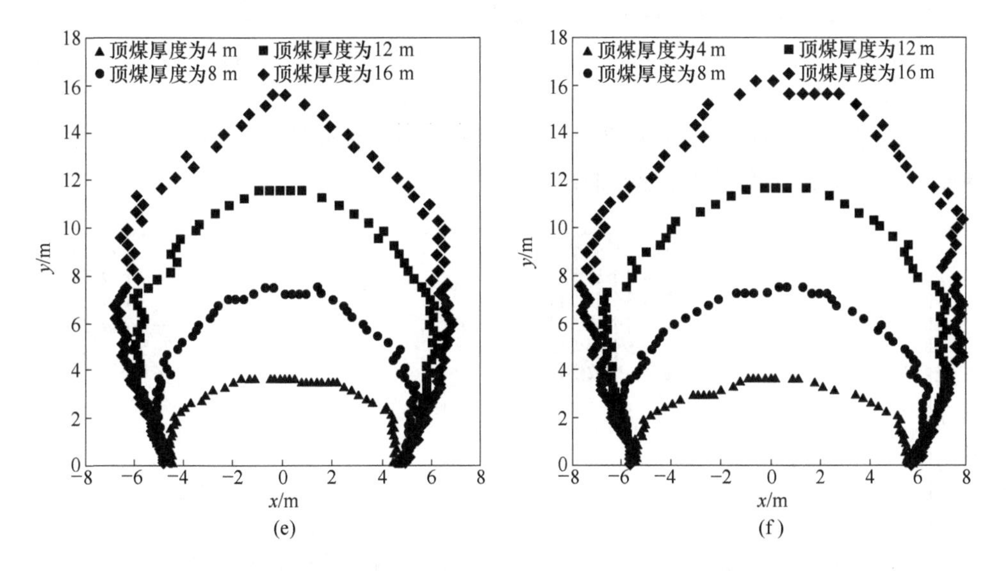

图 2.13 不同顶煤厚度下顶煤放出体形态轮廓图

(a) 放煤口宽度为 1.75 m；(b) 放煤口宽度为 3.50 m；(c) 放煤口宽度为 5.25 m；(d) 放煤口宽度为 7.00 m；(e) 放煤口宽度为 8.75 m；(f) 放煤口宽度为 10.50 m

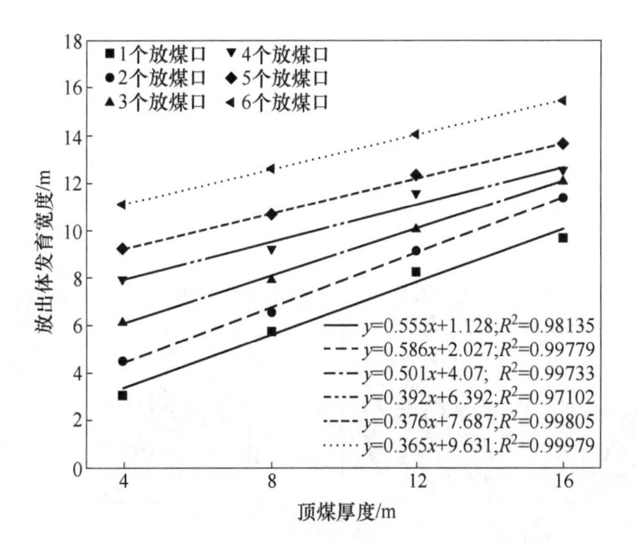

图 2.14 顶煤厚度与放出体横向发育宽度关系图

2.2.4 放煤口宽度对顶煤放出规律的影响

相对于单放煤口放煤，连续群组放煤的显著特点在于一次同时打开多个放煤口，使得放煤口宽度增加，在相同放煤厚度条件下，放煤口宽度增加使得顶煤提前松散的范围增大，顶煤颗粒间的相互挤压作用减小，颗粒间摩擦阻力减小，顶煤的下落速度增加，同时放煤口宽度的增加势必增加顶煤放出体的横向发育宽度，继而影响整个放出体形态的发育过程。为方便比较相同煤层厚度、不同放煤口宽度条件下的顶煤放出体发育特征，提取模拟放出体轮廓颗粒信息，绘制了不同放煤口宽度下顶煤放出体形态曲线见图 2.15。

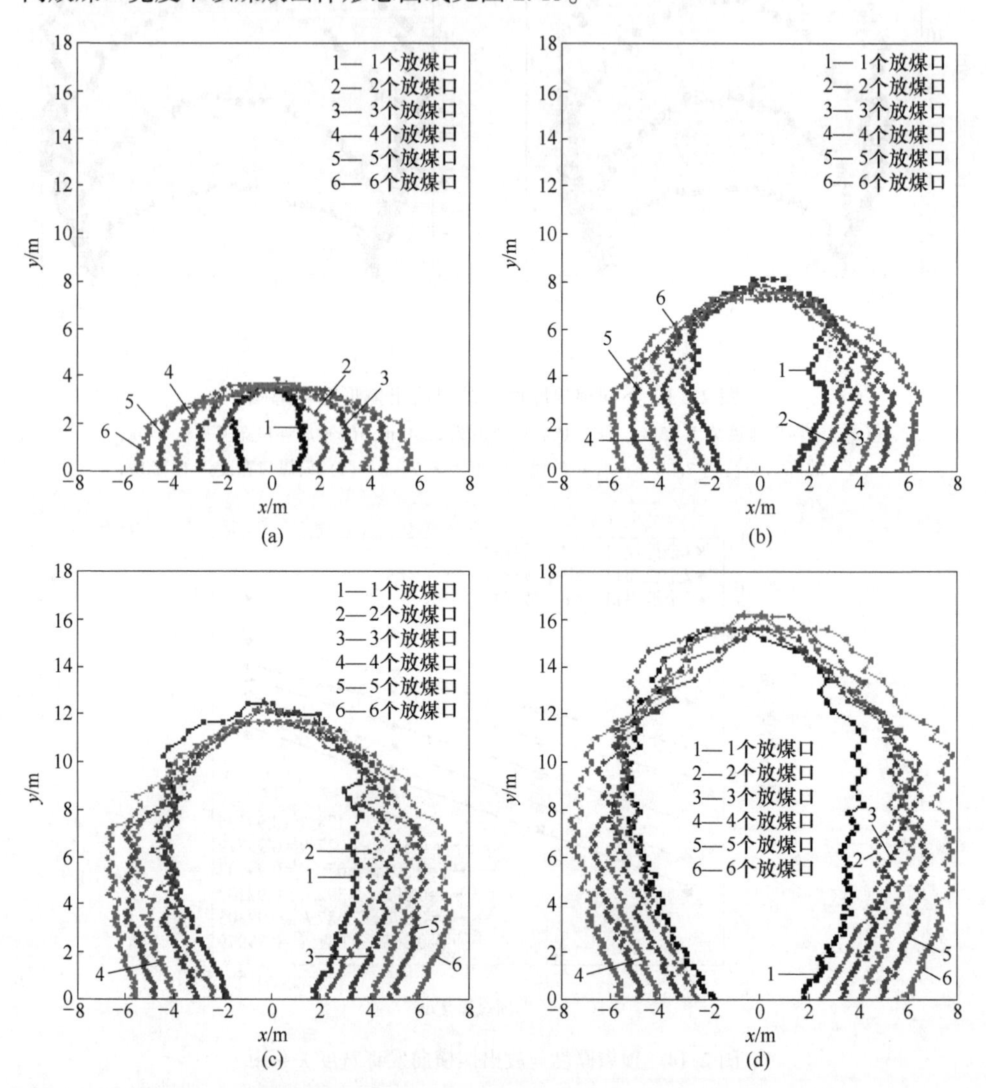

图 2.15　不同放煤口宽度下顶煤放出体形态曲线

(a) 顶煤厚度为 4 m；(b) 顶煤厚度为 8 m；(c) 顶煤厚度为 12 m；(d) 顶煤厚度为 16 m

由图 2.15 可知，在相同放煤厚度条件下，顶煤放出体的纵向发育高度一定，随着放煤口宽度的增加，放出体横向发育宽度增加，顶煤放出体形态越处于椭球体发育的初期形态，即放出体形态类型由竖椭圆型向类圆型或横椭圆型转变。统计不同条件下顶煤放出体的横向发育宽度及顶煤放出量，可以获得放煤口宽度对两者的影响关系。放煤口宽度与放出体横向发育宽度关系图和放煤口宽度与单次顶煤放出量关系图分别如图 2.16 和图 2.17 所示，放煤口宽度为每台支架的宽度（1.75 m）与同时打开放煤口个数的乘积。

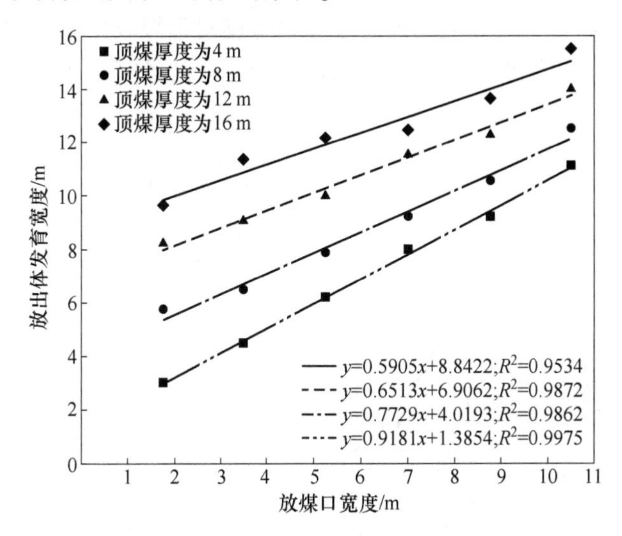

图 2.16 放煤口宽度与放出体横向发育宽度关系图

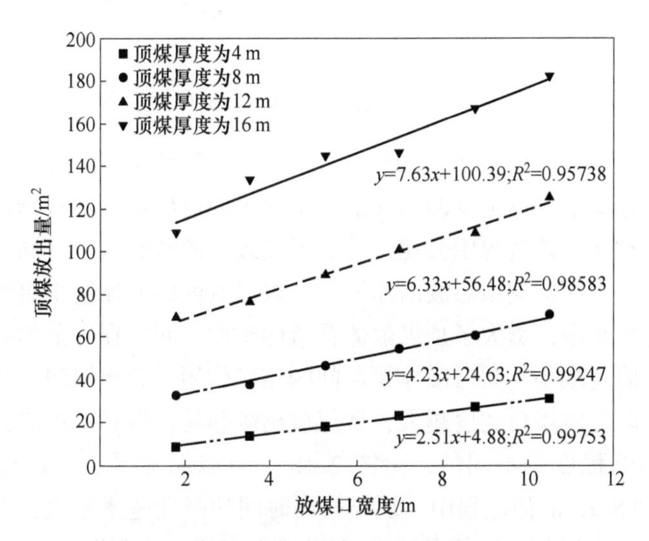

图 2.17 放煤口宽度与单次顶煤放出量关系图

由图 2.16 可知，在顶煤厚度相同条件下，放出体横向发育宽度与放煤口宽度呈线性正相关。顶煤放出高度一定时，放煤口宽度增加后，放出体横向发育宽度的增加，因此单次顶煤放出量也呈现增加趋势。由图 2. 17 可知，单次顶煤放出量随放煤口宽度增加同样呈线性增加趋势，当放煤口宽度为 3. 50 m、5. 25 m、7. 00 m、8. 75 m 和 10. 50 m 时，其平均单次顶煤放出量分别为单放煤口放煤时的 1. 18 倍、1. 34 倍、1. 46 倍、1. 63 倍和 1. 84 倍。

数值模拟条件下，顶煤放出的时间效应统一采用计算时步作为描述顶煤放出时间的参量，为研究放煤高度相同时放煤口宽度对顶煤放出时间的影响，统计同一放煤高度下放煤口宽度不同时顶煤放出直至见矸的计算时步。放煤口宽度与顶煤放出时间关系图如图 2. 18 所示。

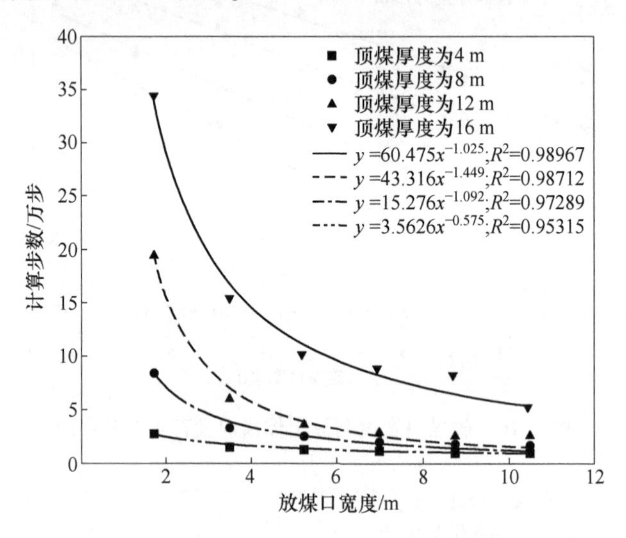

图 2. 18　放煤口宽度与顶煤放出时间关系图

由图 2. 18 可以看出，顶煤放出时间随放煤口宽度增加而逐渐减少，两者呈幂函数关系，说明放煤口宽度的增加加快了顶煤的放出速度，这是由于单放煤口放煤时顶煤颗粒在冒落过程中会相互挤压形成较大的摩擦阻力，同时容易形成受力平衡的煤拱，进而影响顶煤放出速度。放煤口宽度的增加使得更大范围内的顶煤处于散体待放状态，增大了顶煤散体冒落的释放空间，顶煤散体颗粒之间对于相互间的运动阻碍减小，同时散体颗粒间的相互作用力和摩擦阻力均减小，因此相同顶煤厚度时，放煤口宽度越大，顶煤放出越容易。但是，放煤口宽度对顶煤放出时间的影响程度是不同的，由图 2. 18 中可以明显看出，在放煤口宽度由 1. 75 m 增加到 5. 25 m 的过程中，顶煤放出时间的降低速率较大，随着放煤口宽度的继续增加，顶煤放出时间的变化速率减小。例如，顶煤厚度为 12 m，放煤口宽度为 1. 75 m、3. 50 m 和 5. 25 m 时，顶煤放煤步数分别为 19. 48 万步、5. 99 万步和 3. 72 万步，后一个放煤口宽度的顶煤放煤步数比前者分别降低了 69% 和 38%；放煤口宽度为 7. 00 m、8. 75 m 和 10. 50 m 时，放煤步数分别为 2. 97 万步、

2.56万步和2.43万步，后一个放煤口宽度的顶煤放煤步数比前者分别降低了20%、14%和5%。

综上所述，相同顶煤厚度条件下，放煤口宽度的增加显著改变了顶煤放出体的发育形态，使得放出体的横向发育宽度呈线性增加，增加了顶煤的放出量，而单次放煤时间则大大减少，因此，可以认为连续群组放煤相较于单放煤口放煤，在单次放出量和单次放煤效率方面均有较大提高。

2.3 初始煤岩分界面发育规律

煤岩分界面是指采用放顶煤开采时，顶煤与直接顶的接触面形成的一个曲面。煤岩分界面随顶煤的放出呈现动态变化的特性，其形态受煤岩层赋存特征和放煤工艺的影响，同时其也是控制顶煤放出体发育形态和放煤量的边界条件，因此煤岩分界面是研究综放开采顶煤放出规律的重要因素。

放煤前，煤岩分界面是以自然煤岩层赋存条件下顶煤与直接顶的接触曲面，该曲面的形态特征受煤岩层沉积条件和地质构造作用的影响，在研究中多将放煤前的原始煤岩分界面假设为一个平面。在初始放煤后，后续周期放煤则是以初始煤岩分界面为边界进行。因此，初始放煤后形成的煤岩分界面对后续放煤存在显著影响。初始放煤过程中，在工作面倾向方向上，随着底部顶煤的放出，上部顶煤及直接顶的散体颗粒依次下降递补放出体的空间，煤岩分界面以放煤口中心为轴不断下降弯曲形成移动漏斗，如图2.19（a）~（c）所示。当直接顶的散体颗粒从放煤口放出时形成降落漏斗（见图2.19（d）），之后顶板矸石会将之前连续的煤岩分界面截断形成不连续的两段煤岩分界面。

在初始煤岩分界面形成之后，后续的放煤作业就在该分界面的范围内进行，随着顶煤的放出，煤岩分界面随之动态变化，并且不同的放煤参数（如放煤工艺、放煤时间、放煤口宽度等）均会对煤岩分界面的形态和特征产生影响。因此，初始煤岩分界面形态对后续周期放煤有重要影响。

2.3.1 顶煤厚度对初始煤岩分界面形态特征的影响规律

根据2.2.2可知，相同放煤口宽度下，随着顶煤厚度的增加，放出体的横向发育宽度、顶煤放出量均呈上升趋势，相应地，顶煤放出体的形态变化也会影响煤岩分界面的发育形态，为明晰放煤高度对初始煤岩分界面的影响规律，将同一顶煤厚度条件下的煤岩分界面绘制于统一坐标系下，得到不同顶煤厚度下的放煤漏斗形态（见图2.20）。

由图2.20可以看出，相同放煤口宽度、不同顶煤厚度下的放煤漏斗形态特征具有相同的规律：（1）随着顶煤厚度的增加，放煤漏斗半径在不断增大；

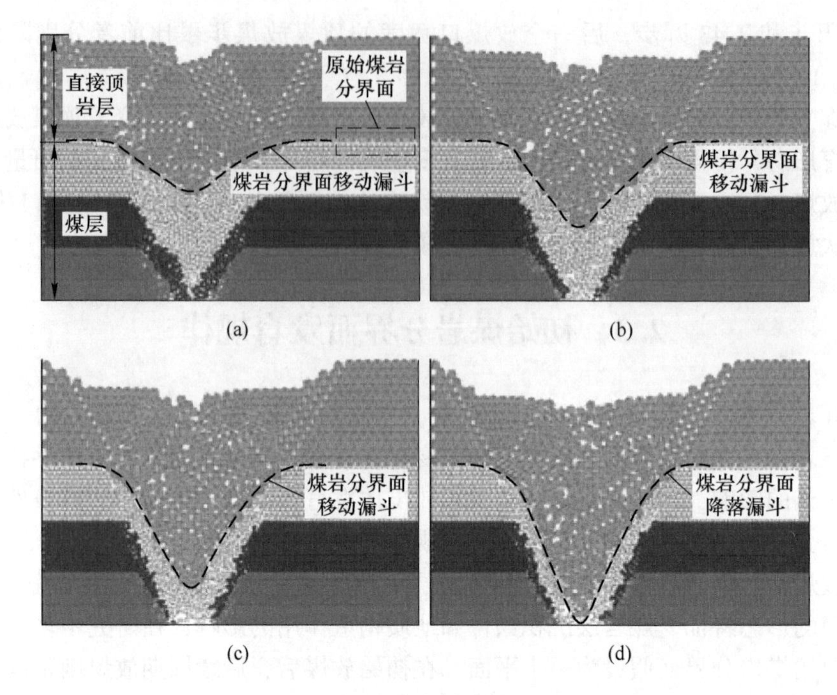

图 2.19　煤岩分界面发育过程

(a)~(c) 煤岩分界面移动漏斗；(d) 煤岩分界面降落漏斗

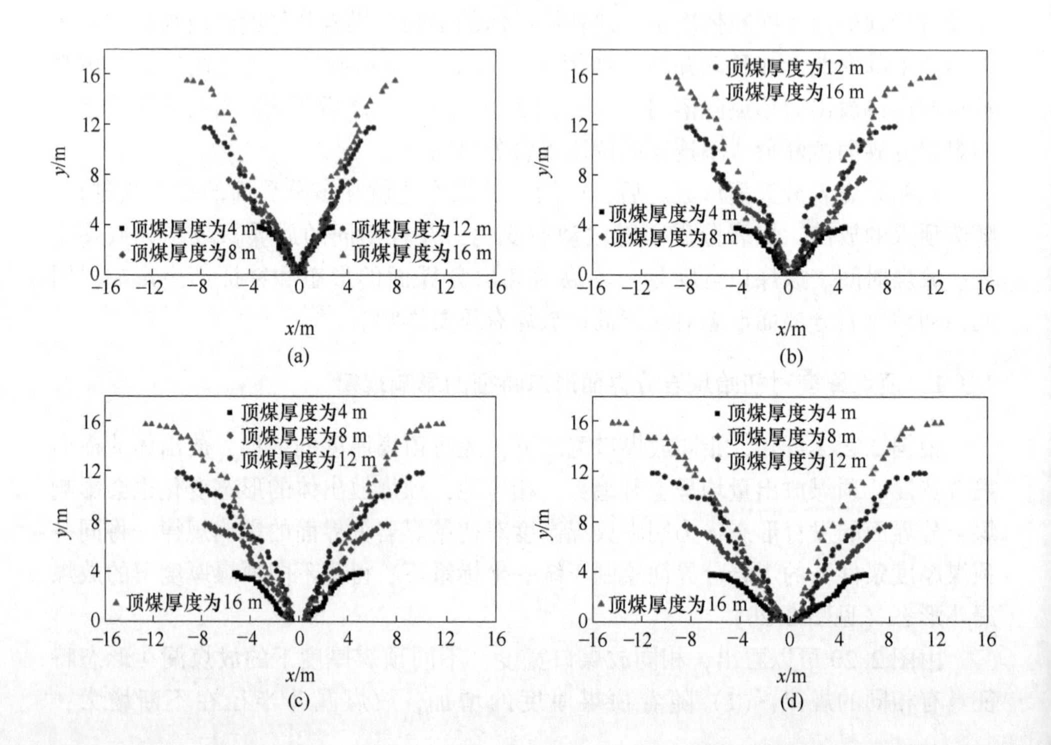

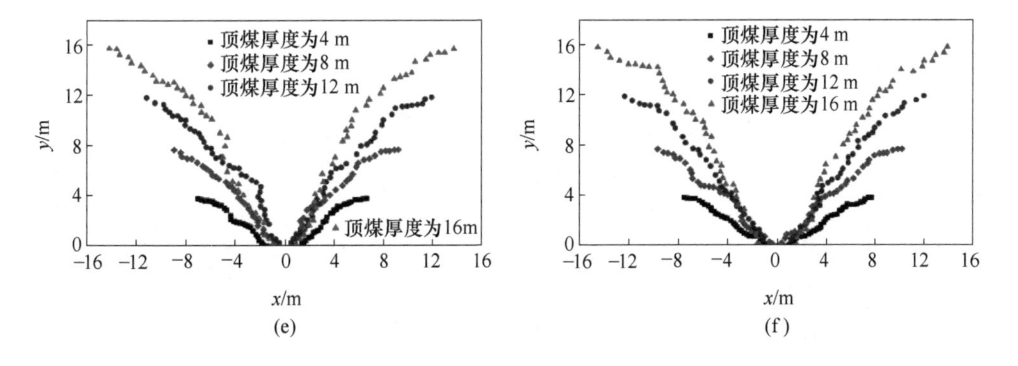

图 2.20 不同放煤高度下的放煤漏斗形态

(a) 放煤口宽度为 1.75 m; (b) 放煤口宽度为 3.50 m; (c) 放煤口宽度为 5.25 m;
(d) 放煤口宽度为 7.00 m; (e) 放煤口宽度为 8.75 m; (f) 放煤口宽度为 10.50 m

(2) 放煤口两侧边界线的斜率随顶煤厚度不断增大。分别提取初始煤岩分界面发育宽度、边界斜率等信息，得到顶煤厚度与放煤漏斗发育宽度、边界斜率的变化关系，如图 2.21~图 2.23 所示。

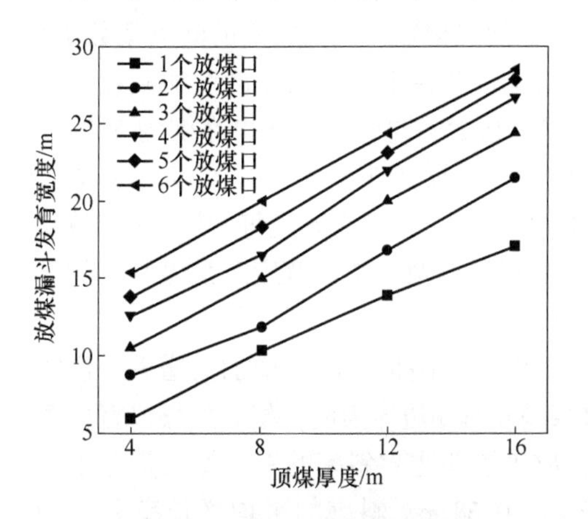

图 2.21 放煤漏斗发育宽度随顶煤厚度的变化关系

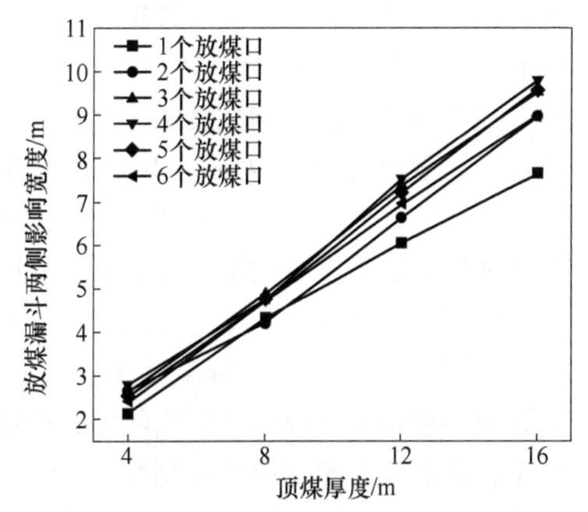

图 2.22 放煤漏斗两侧影响宽度随顶煤厚度的变化关系

由图 2.21 可知，相同放煤口宽度条件下，随着顶煤厚度的增加，放煤漏斗发育宽度呈近似线性的增长趋势。例如，当放煤口宽度为 5.25 m、顶煤厚度为 4 m 时，放煤漏斗发育宽度为 10.53 m；当顶煤厚度为 8 m、12 m、16 m 时，放煤漏斗发育宽度分别为 15.01 m、20.03 m、24.34 m，放煤漏斗发育宽度相较于前者分别增加了 42.55%、90.22%和 131.15%。这是因为，随着顶煤厚度的增加，顶煤及顶板松动体的范围增大，且放煤漏斗边界点是煤岩分界面与松动体的交点，故放

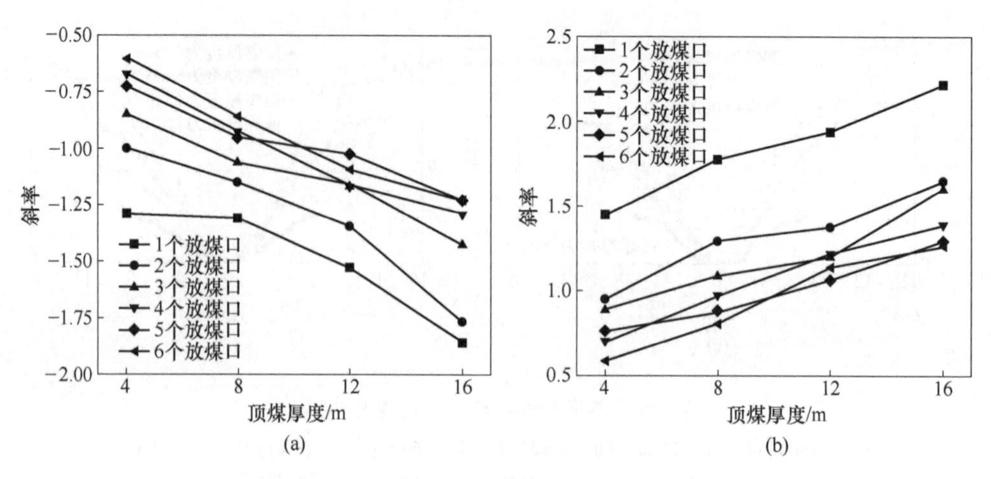

图 2.23　放煤漏斗边界斜率随顶煤厚度的变化关系

（a）左边界；（b）右边界

煤漏斗发育宽度也随放煤高度增加而增加。同时，放煤漏斗两侧影响宽度也随顶煤厚度增加而增大。放煤漏斗两侧影响宽度是指在放煤口宽度外放煤漏斗的影响范围，放煤漏斗的影响范围与放煤工艺参数（如间隔架数、不同轮间的间隔架数等）都有密切联系。如图 2.22 所示，相同放煤口宽度条件下，顶煤厚度增加幅度一定时，放煤漏斗两侧影响宽度的增大幅度也较为接近。同样以放煤口宽度为 5.25 m 为例，当顶煤厚度以 4 m 为梯度依次增加时，放煤漏斗两侧影响宽度分别增大 2.24 m、2.51 m 和 2.16 m。而其他放煤口宽度条件下，顶煤厚度每增加 4 m，放煤漏斗两侧影响宽度平均增大 2.2 m。因此，放煤漏斗两侧影响宽度对顶煤厚度的变化较敏感，而放煤口宽度的变化对其影响较小。

由图 2.23 可知，放煤漏斗左、右两边的斜率均随顶煤厚度增加而增大，说明随顶煤厚度增加放煤漏斗更加陡峭，以放煤漏斗右侧边界为例，相同放煤口宽度条件下，随着顶煤厚度由 4 m 增加至 16 m，放煤漏斗边界斜率的平均增长量分别为 0.77 m、0.69 m、0.72 m、0.68 m、0.53 m、0.68 m，斜率的平均增长率分别为 53.08%、72.72%、80.47%、97.30%、69.66%、115.87%。根据散体介质流理论中建立的初始煤岩分界面散体力学模型[105]，煤岩分界面上不同位置的斜率受其上覆矸石压力的影响，不同高度的矸石产生的竖直方向压力会导致水平侧向压力的不同，进而使得该点处沿煤岩分界面的切向摩擦力不同，总体表现为上覆矸石高处的边界斜率大于上覆矸石低处的边界斜率。同理，可以认为煤层厚度增加后，水平坐标相同的位置上覆矸石堆积量增加，这使得该处煤岩分界面斜率增大，因此放煤口宽度相同时，相同水平坐标处顶煤越厚，其形成的煤岩分界面斜率越大。同时，顶煤厚度增加后，顶煤放出体纵向发育的增加程度大于其横向发育的增加程度，因而放煤漏斗也产生纵向发展的变化趋势，即宏观上表现为放煤漏斗边界的斜率随顶煤厚度增加而增大。

2.3.2 放煤口宽度对初始煤岩分界面形态特征的影响规律

为研究放煤口宽度与初始煤岩分界面形态的关系，根据上述模拟结果，提取初始煤岩分界面轮廓的坐标（x，y）信息，分别绘制放煤口宽度为 1.75 m、3.50 m、5.25 m、7.00 m、8.75 m、10.50 m 时的初始煤岩分界面形态于同一坐标系，不同放煤口宽度下的放煤漏斗形态如图 2.24 所示。

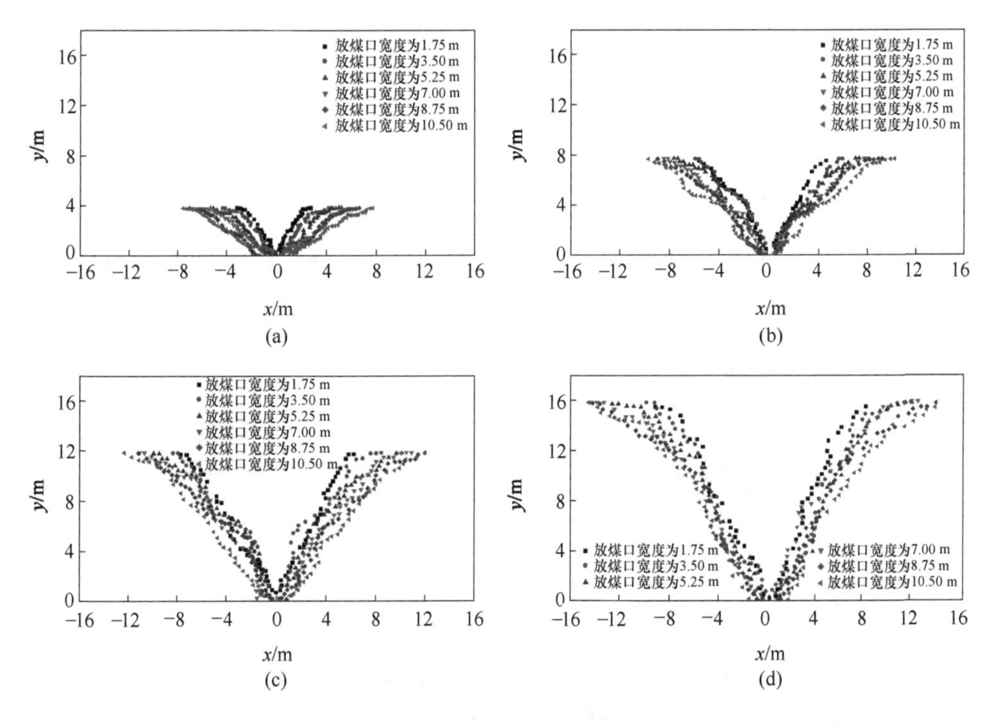

图 2.24 不同放煤口宽度下的放煤漏斗形态

(a) 顶煤厚度为 4 m；(b) 顶煤厚度为 8 m；
(c) 顶煤厚度为 12 m；(d) 顶煤厚度为 16 m

通过分析相同放煤高度、不同放煤口宽度下的放煤漏斗形态特征，发现放煤漏斗的形态随放煤口宽度增加呈现共性特征：(1) 放煤漏斗的发育宽度随放煤口宽度增加而增加；(2) 放煤漏斗两侧边界的斜率随放煤口宽度增加而呈现减小趋势。为更直观地分析放煤口宽度对放煤漏斗形态的影响规律，提取放煤漏斗发育宽度和边界斜率信息，得到放煤口宽度与放煤漏斗发育宽度、边界斜率的关系曲线，如图 2.25～图 2.27 所示。

由图 2.25 可以看出，相同顶煤厚度条件下，随着放煤口宽度的增加，放煤漏斗发育宽度呈近似线性的增长趋势。以顶煤厚度为 8 m 为例，放煤口宽度为 1.75 m

时，放煤漏斗发育宽度为 10.33 m；当放煤口宽度为 3.50 m、5.25m、7.00 m、8.75 m、10.50 m 时，放煤漏斗发育宽度分别为 11.95 m、15.01 m、16.51 m、18.20 m 和 19.93 m，相较于单放煤口放煤的放煤漏斗发育宽度分别增加了 15.68%、45.30%、59.83%、76.19%和 92.93%。上述规律的出现是因为随着放煤口宽度的增加，顶煤松散范围增加，同时顶煤放出的范围也在增大，顶煤放出体横向发育宽度增加，故煤岩分界面向放煤口两侧呈扩展趋势。

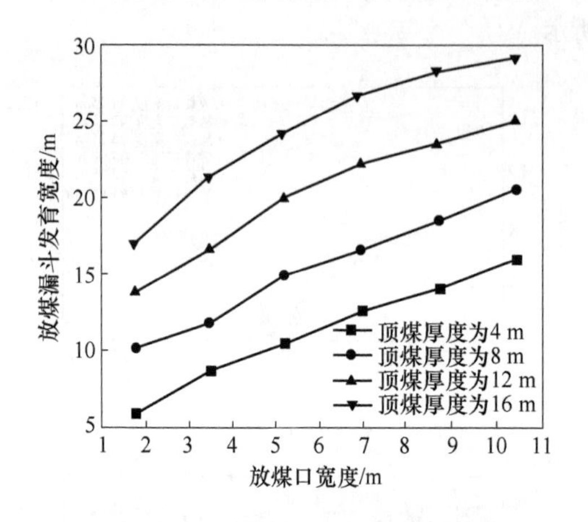

图 2.25　放煤漏斗发育宽度随放煤口宽度的变化关系

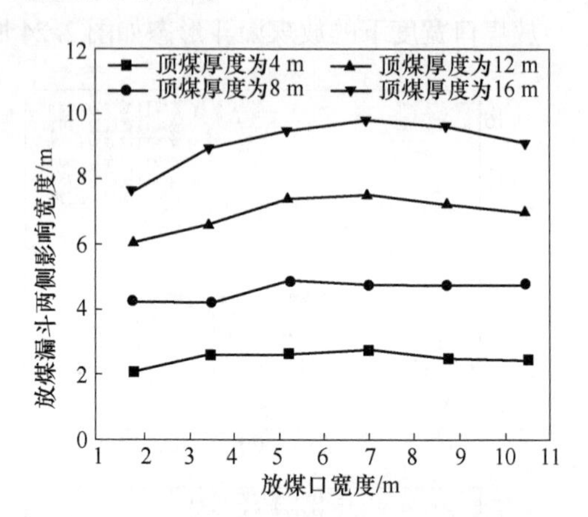

图 2.26　放煤漏斗两侧影响宽度随放煤口宽度的变化关系

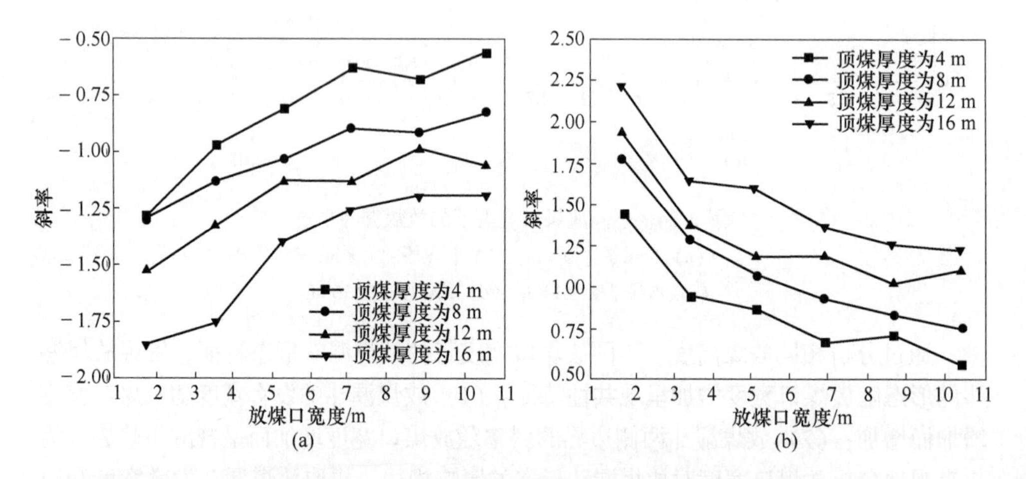

图 2.27　放煤漏斗边界斜率随不同放煤口宽度的变化关系

(a) 左边界；(b) 右边界

而从图 2.26 可以看出，顶煤厚度一定时，不同放煤口宽度条件下放煤漏斗两侧影响宽度变化不大，以顶煤厚度 8 m 为例，当放煤口宽度由 1.75 m 增加到

10.50 m，放煤漏斗两侧影响宽度分别为 4.29 m、4.23 m、4.88 m、4.76 m、4.73 m、4.72 m，前、后两种条件间的变化率绝对值分别为 1.52%、15.50%、2.56%、0.63%、0.21%，平均变化率绝对值仅为 4.08%，说明在相同放煤高度条件下，放煤漏斗两侧影响宽度对放煤口宽度的变化不敏感，因此可以认为放煤漏斗发育宽度的变化主要是放煤口宽度的变化引起的。

由图 2.27 可知，在相同放煤高度条件下，随着放煤口宽度的增加，放煤漏斗两侧边界的斜率呈现下降的趋势。由上述分析可知，在相同顶煤厚度条件下，放煤口宽度越大，顶煤松动范围越大，放出体的横向发育宽度增加，直接导致放煤漏斗发育宽度增加，因此放煤口两侧的煤放出的量越多，煤岩分界面越向两侧发展，宏观上即呈现放煤漏斗边界斜率逐渐减小的趋势。由图 2.27（a）、（b）可以明显看出，当放煤口宽度从 1.75 m 增加至 3.50 m 时，放煤漏斗边界斜率下降较快，而在同时打开多个放煤口时，放煤漏斗边界斜率则变化较为平缓，以顶煤厚度为 16 m 时右侧放煤漏斗边界为例，放煤口宽度为 3.50 m 时的放煤漏斗边界斜率较单放煤口放煤下降 25.69%，而群组放煤条件下随着同时打开放煤口个数的增加（由 2 个增加到 6 个），放煤漏斗边界斜率较前者分别下降 2.31%、13.74%、7.28%、1.63%和 10.13%。

综上所述，放煤漏斗发育宽度和边界斜率受顶煤厚度和放煤口宽度的影响。放煤漏斗发育宽度与顶煤厚度、放煤口宽度均呈正相关，随着顶煤厚度和放煤宽度的增加，放煤漏斗发育宽度逐渐增大。放煤漏斗边界斜率与顶煤厚度呈正相关，与放煤口宽度呈负相关，随着顶煤厚度的降低和放煤口宽度的增加，放煤漏斗边界趋于平缓，反之，放煤漏斗边界越陡峭。

2.4 初始煤岩分界面对顶煤放出体的影响规律

根据顶煤放出规律的 BBR 研究体系，煤岩分界面的形态影响顶煤放出体的发育程度，而且两者的形态特征及相互空间关系也是影响顶煤放出率和含矸率的重要因素。同时，当顶煤放出体与煤岩分界面相切且高度一致时，才能最大限度提高顶煤采出率和降低含矸率。因此，研究连续群组放煤条件下初始煤岩分界面与顶煤放出体的形态及影响关系，可以为提高顶煤采出率、降低含矸率及优化放煤工艺提供科学依据。

本节以上述不同顶煤厚度、不同放煤口宽度条件下初始煤岩分界面为边界条件，顺序打开相邻放煤口，模拟初始煤岩分界面下顶煤的放出情况，研究连续群组放煤条件下初始煤岩分界面对顶煤放出的影响。进行模拟时，以连续群组放煤条件下初始煤岩分界面为相邻放煤口上顶煤放出体的发育边界，打开特定宽度的放煤口直至矸石颗粒初次到达放煤口即停止放煤。放煤结束后，对第 2 次放煤的顶煤放出体进行反演即可得到放出体与初始煤岩分界面的空间关系，以顶煤厚度为 12 m、放煤口宽度为 8.75 m 为例，第 2 次顶煤放出体与初始煤岩分界面的关系如图 2.28 所示。

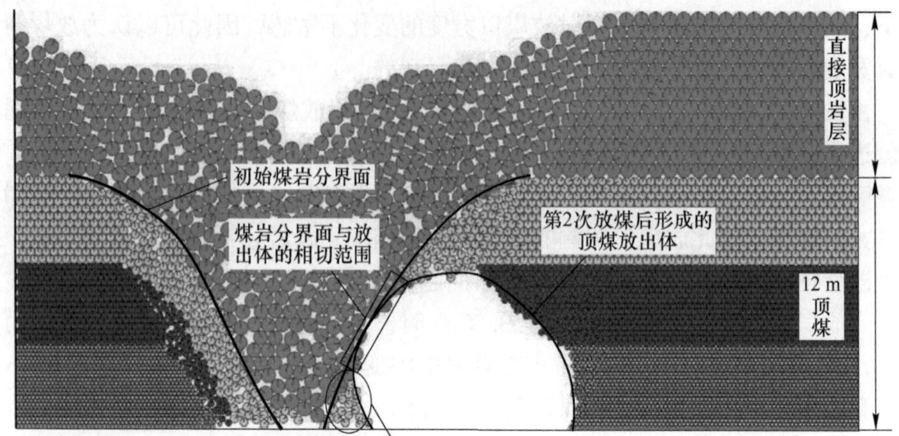

图 2.28　第 2 次顶煤放出体与初始煤岩分界面的关系

由图 2.28 可知，以初始煤岩分界面为放煤边界时，相邻放煤口的顶煤放出体发育高度难以达到顶煤厚度，与相同顶煤厚度下完全发育的放出体相比，放煤漏斗边界上的矸石颗粒先于顶部煤颗粒到达放煤口，此时停止放煤，顶煤放出体尚没有达到顶煤厚度的最高位置，因此其为该顶煤厚度下的不完全放出体。完整放出体与放煤漏斗下放出体的对比如图 2.29 所示。通过反演放出体演化结果可知，以初始煤岩分界面为放煤边界时，放出体轮廓与初始煤岩分界面存在相切面，该位置的矸

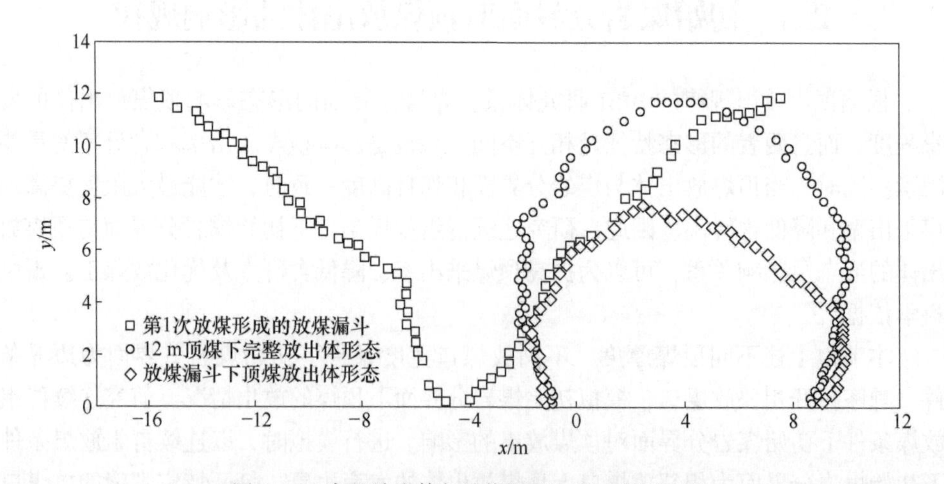

图 2.29　完整放出体与放煤漏斗下放出体的对比

石为放煤口首次放出的矸石。顶煤在第1次放煤形成的放煤漏斗下放出，顶煤放出体高度在未达到顶煤厚度之前，放出体轮廓先与初始煤岩分界面（相切面）接触，此时停止放煤，顶煤放出体高度没有达到最大放煤厚度，因此形成该顶煤厚度下的不完全放出体。顶煤放出体到达相切面时，放出体发育不完全，相切位置之下放出体横向发育宽度尚未达到初始煤岩分界面，因此放出体轮廓与初始煤岩分界面边界线之间的煤难以放出，此时两次放煤之间即存在未能放出的架间遗煤。

通过上述分析可知，由于受初始煤岩分界面的影响，相邻放煤阶段的顶煤放出体可能存在不能发育成该顶煤厚度下的完全放出体。连续群组放煤条件下初始煤岩分界面和顶煤放出体形态均发生较大变化，因此会对相邻两次放煤的状态产生影响。为此，本节主要介绍在不同顶煤厚度条件下，连续群组放煤对初始煤岩分界面下的顶煤放出特征及初始煤岩分界面和顶煤放出体空间关系的影响。

2.4.1 顶煤厚度为4 m时初始煤岩分界面下顶煤放出规律

统计顶煤厚度为4 m时初始煤岩分界面边界颗粒的坐标信息和相邻顶煤放出体轮廓的坐标信息，并绘制两者的空间关系图。初始煤岩分界面下放出体的发育特征（4 m顶煤）如图2.30所示。

由图2.30可以看出，在初始煤岩分界面下，随着放煤口宽度的增加，相邻放出体发育状态更好，放出体发育高度和宽度呈明显增长趋势，放煤量相应增加。当放煤口宽度≥5.25 m时，相邻顶煤放出体发育高度基本与顶煤厚度一致，煤岩分界面下的顶煤放出体与该放煤高度下的完整放出体的发育状态基本相同，顶煤放出量也逐渐趋近于完整放出体的单次放煤量，顶煤放出体形态及放出量统计结果如图2.31和图2.32所示。

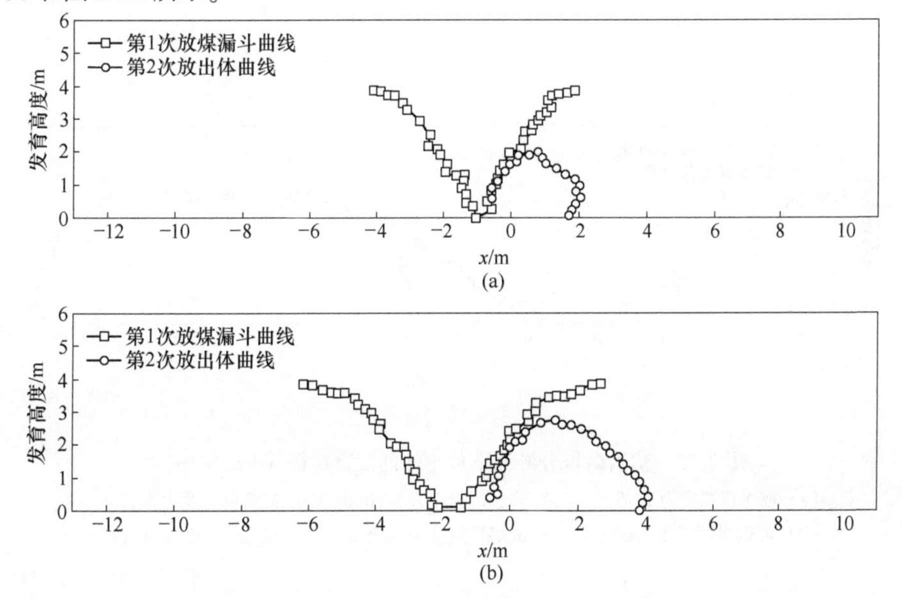

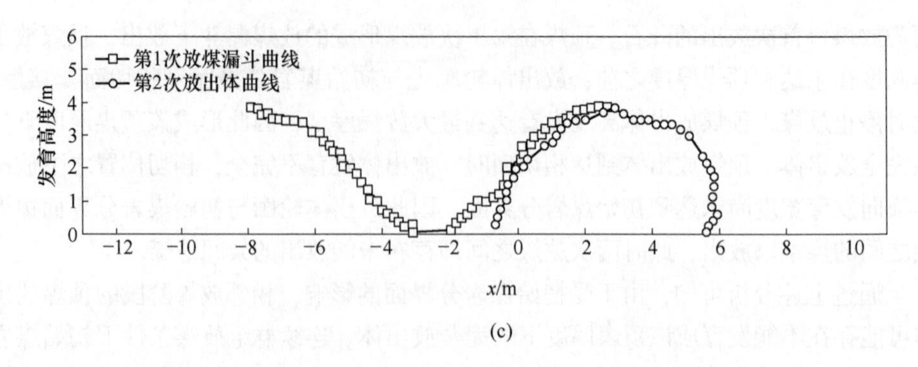

(c)

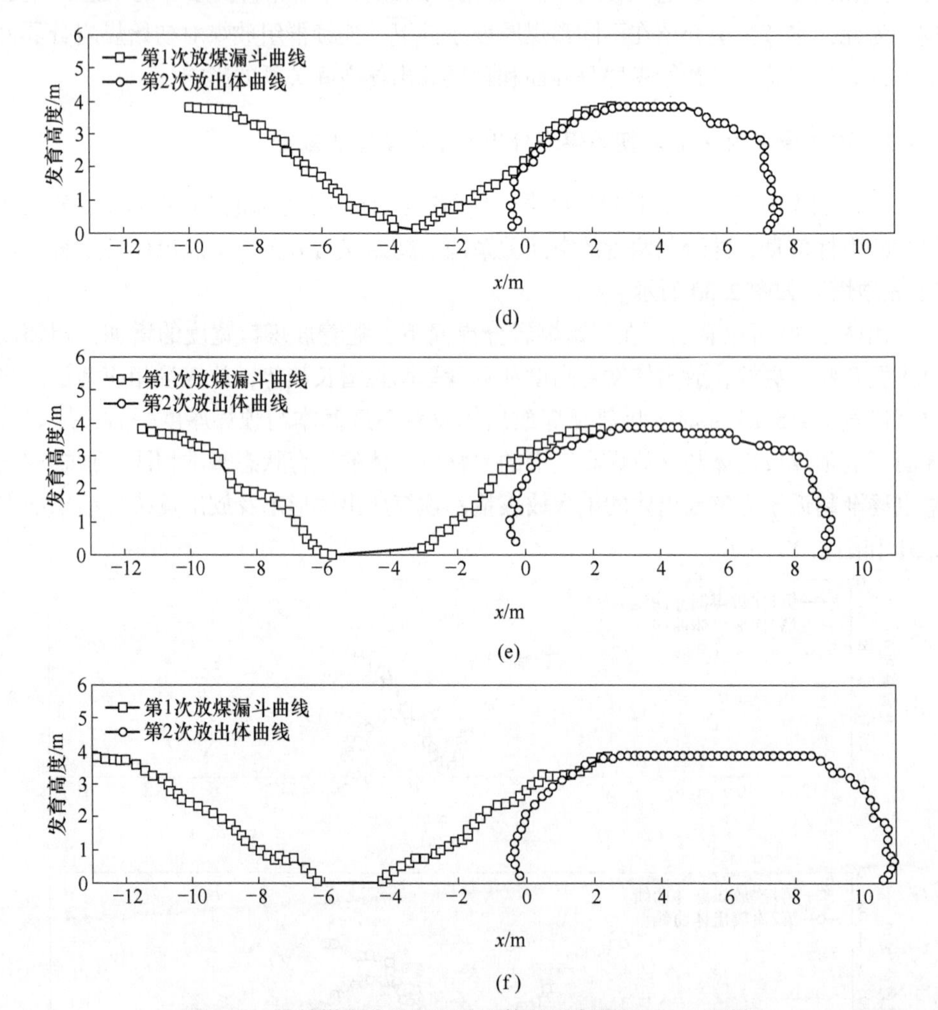

(d)

(e)

(f)

图 2.30　初始煤岩分界面下放出体的发育特征（4 m 顶煤）

（a）放煤口宽度为 1.75 m；（b）放煤口宽度为 3.50 m；（c）放煤口宽度为 5.25 m；（d）放煤口宽度为 7.00 m；（e）放煤口宽度为 8.75 m；（f）放煤口宽度为 10.50 m

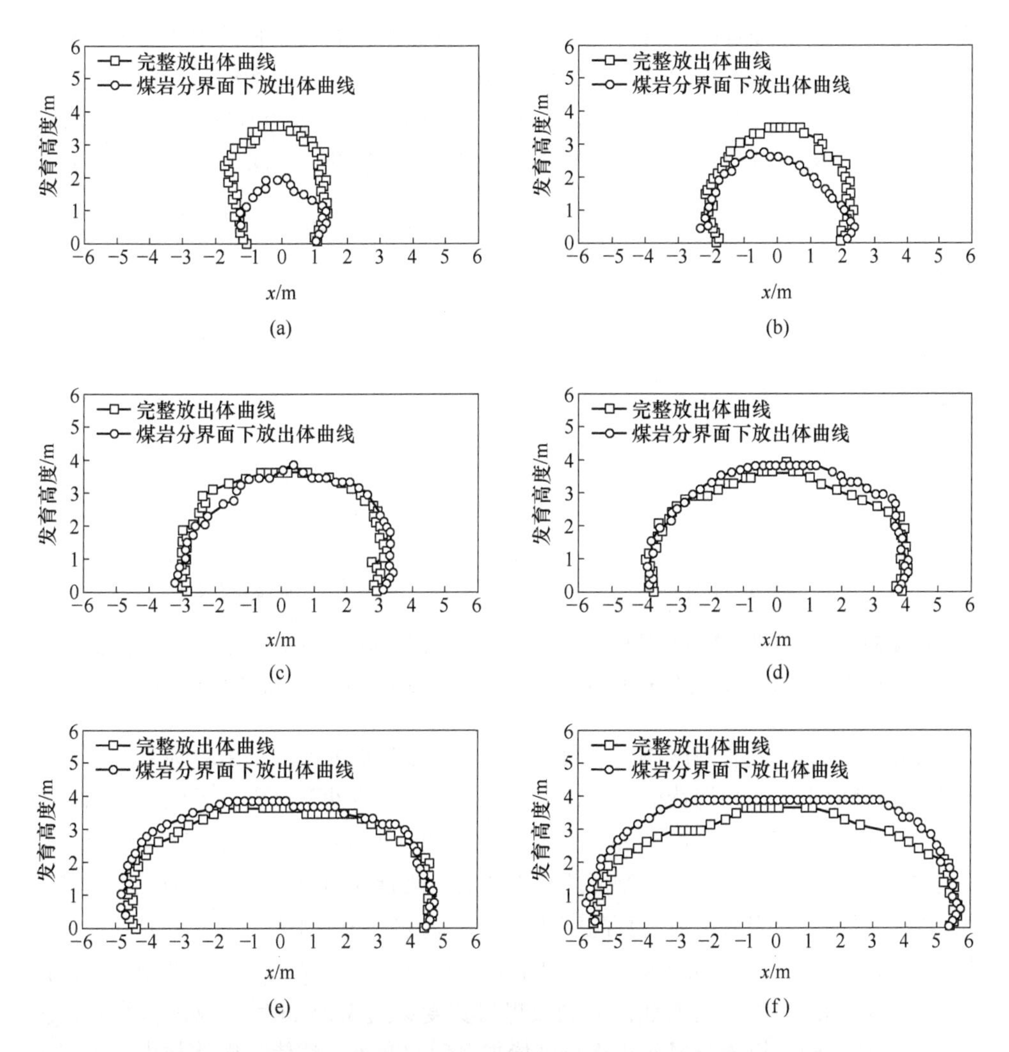

图 2.31 煤岩分界面下顶煤放出体与完整放出体形态对比（4 m 顶煤）

(a) 放煤口宽度为 1.75 m；(b) 放煤口宽度为 3.50 m；(c) 放煤口宽度为 5.25 m；(d) 放煤口宽度为 7.00 m；(e) 放煤口宽度为 8.75m；(f) 放煤口宽度为 10.50 m

由图 2.31 和图 2.32 可以看出，顶煤较薄时，放煤口宽度增加到一定程度后，初始煤岩分界面对相邻顶煤放出体形态产生的影响逐渐减小，放出体逐渐可以发育成该顶煤厚度下的完整放出体。单放煤口放煤时，煤岩分界面下放出体放出量仅占相同条件下完整放出体放出量的 26.52%，随着同时打开放煤口个数的增加，该占比也逐渐增加，当放煤口宽度达到 7.00 m 和 8.75 m 时，煤岩分界面下放出体放出量可占相同条件下完整放出体放出量的 96.47%和 96.55%。出现上述规律的原因是在放煤过程中，煤岩分界面随顶煤放出而下降，放煤口中轴线上方顶煤下落速度最快，因此煤岩分界面处的矸石首先在放煤口中部放出，如果此时关闭放煤口，则放煤口中部到放煤口端部仍然堆积有顶煤，且随着放煤口宽度的增加，堆积的顶煤不断增加，则在下个放煤口放煤时放出体在横向和纵向上均有更加充分的发育空间，初始煤岩分界线下顶煤放出体特征的变化曲线（4 m 顶煤）如图 2. 33 所示。

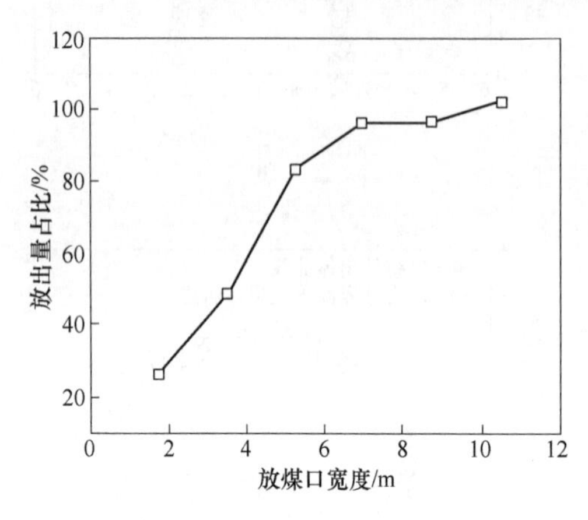

图 2. 32　煤岩分界面下顶煤放出量在完整放出体中的占比（4 m 顶煤）

发育高度
发育宽度
y/m
放煤口宽度/m

图 2. 33　初始煤岩分界线下顶煤放出体特征的变化曲线（4 m 顶煤）

顶煤放出体的发育程度体现了放出体与煤岩分界面的空间关系。为掌握煤岩分界面与顶煤放出体的相切特征，统计不同放煤口宽度条件下煤岩分界面与放出体相切区域的特征，相切区间高差和长度变化趋势图（4 m 顶煤）如图 2. 34 所示。煤岩分界面与顶煤放出体的相切特征总体表现为，两者的相切区间高差和长度均随放煤口宽度增加，但当放出体发育高度达到顶煤厚度后，放出体与煤岩分界面的相切长度会随放煤口宽度增加而减小。从图 2. 34 可以看出，随着放煤口宽度的增加，两者相切区间的高度随之增加，但当放煤口宽度达到 5. 25 m 后，放出体发育高度与顶煤厚度一致，煤岩分界面边界长度增加且斜率变小，致使放出体与煤岩分界面的相切位置长度变短，当放煤口宽度由 1. 75 m 增加到 10. 50 m 时，放出体与煤岩分界面的相切区间长度分别为 1. 30 m、1. 90 m、3. 26 m、2. 11 m、1. 09 m、0. 61 m。

从图 2. 35 可看出，随着放煤口宽度的增加，两次放煤之间的遗煤量发生改变。为精确掌握放煤口宽度对架间遗煤的影响规律，绘制架间遗煤量随放煤口宽度的变化图（4 m 顶煤）如图 2. 35 所示。可以看出，随着放煤口宽度的逐渐增大，相邻两次放煤间的遗煤量基本呈增长趋势，分析得出放煤口宽度的增加使相邻放煤口上放出体发育空间的增大，但当放出体与煤岩分界面相切时，两者的间隔距离也在增加，导致两者之间的顶煤难以放出，形成架间遗煤。遗煤量整体随放煤口宽度增加而增加，但由于煤岩分界面和放出体的不规则发育，也会出现特殊情况。

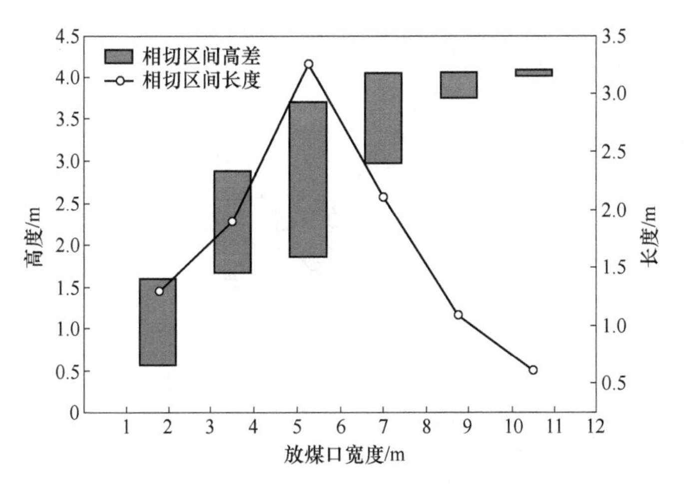

图 2.34 相切区间高差和长度变化趋势图（4 m 顶煤）

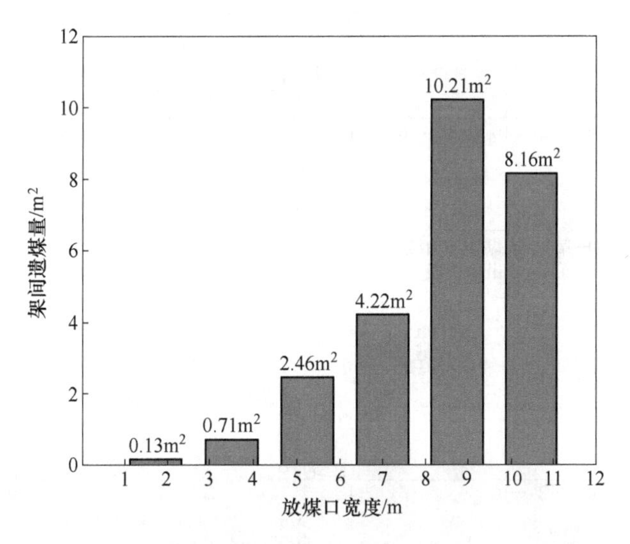

图 2.35 架间遗煤量随放煤口宽度的变化图（4 m 顶煤）

2.4.2 顶煤厚度为 8 m 时初始煤岩分界面下顶煤放出规律

统计顶煤厚度为 8 m 时初始煤岩分界面边界颗粒的坐标信息和相邻顶煤放出体轮廓的坐标信息，将所有统计颗粒的坐标信息绘制成图。初始煤岩分界面下放出体的发育特征（8 m 顶煤）如图 2.36 所示。

由图 2.36 可以看出，顶煤厚度为 8 m 条件下，初始煤岩分界面下相邻顶煤放出体随着放煤口宽度的增加发育得更好，且放出体的发育高度和宽度均明显增加，顶煤放出量也相应增加。顶煤厚度为 8 m 时，仅放煤口宽度为 10.5 m 时初始煤岩

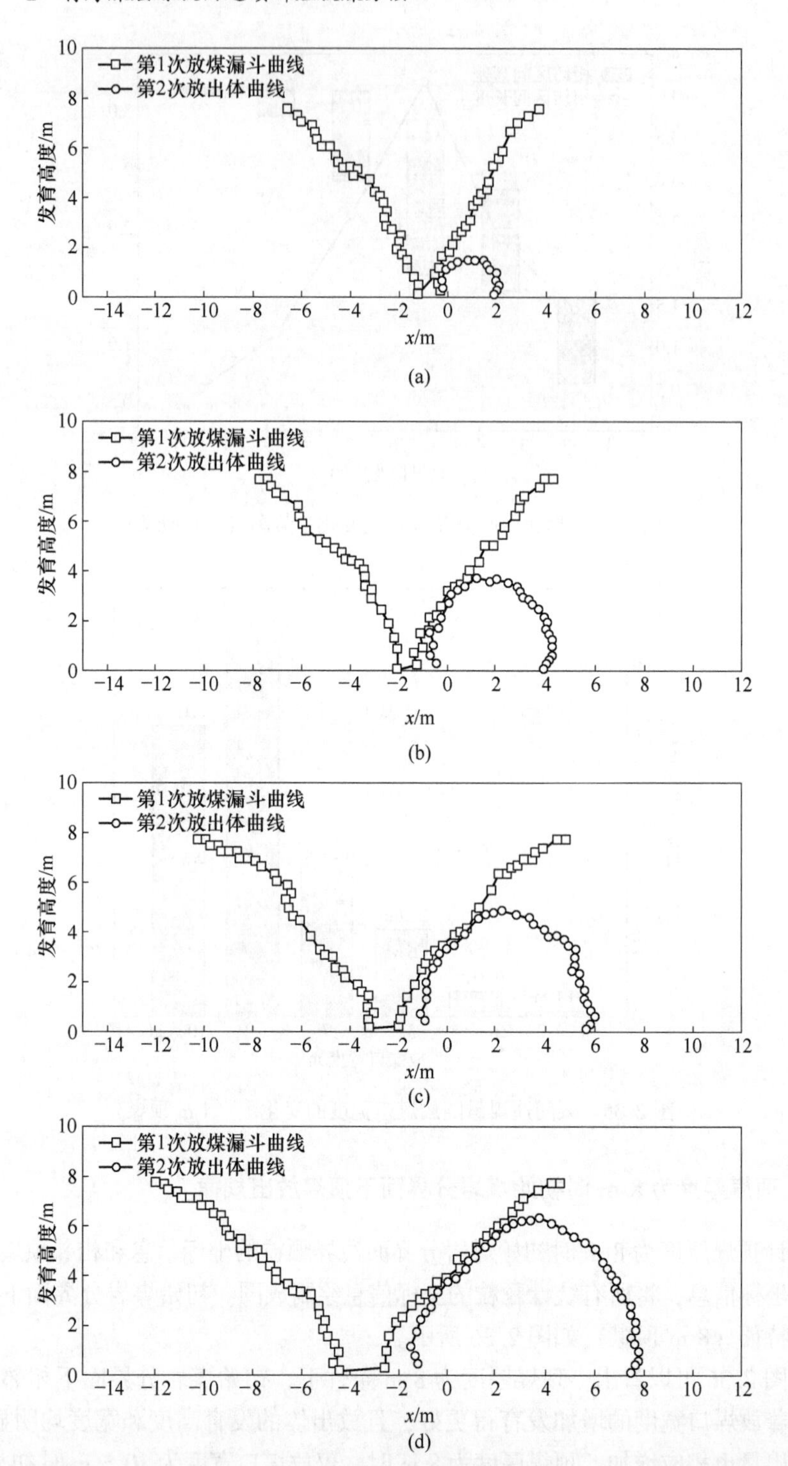
第1次放煤漏斗曲线
第2次放出体曲线
发育高度/m
x/m
(a)
第1次放煤漏斗曲线
第2次放出体曲线
发育高度/m
x/m
(b)
第1次放煤漏斗曲线
第2次放出体曲线
发育高度/m
x/m
(c)
第1次放煤漏斗曲线
第2次放出体曲线
发育高度/m
x/m
(d)

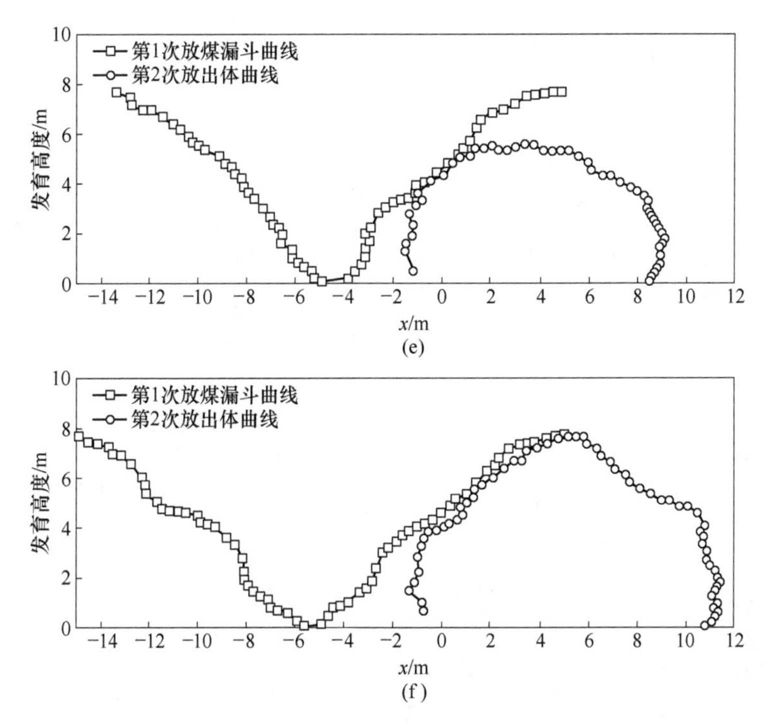

图 2.36 初始煤岩分界面下放出体的发育特征（8 m 顶煤）

（a）放煤口宽度为 1.75 m；（b）放煤口宽度为 3.50 m；（c）放煤口宽度为 5.25 m；（d）放煤口宽度为 7.00 m；（e）放煤口宽度为 8.75 m；（f）放煤口宽度为 10.50 m

分界面下放出体能完全发育，说明顶煤厚度增加后，煤岩分界面影响半径不断扩大，其对下方顶煤放出体的影响增大，使得顶煤的发育空间逐渐被煤岩分界面覆盖，因此顶煤变厚后煤岩分界面下的顶煤放出体更加难以完全发育。但是，随着放煤口宽度的增加，煤岩分界面下顶煤的放出量仍呈增长趋势，顶煤放出体形态及放出量统计，如图 2.37 和图 2.38 所示。

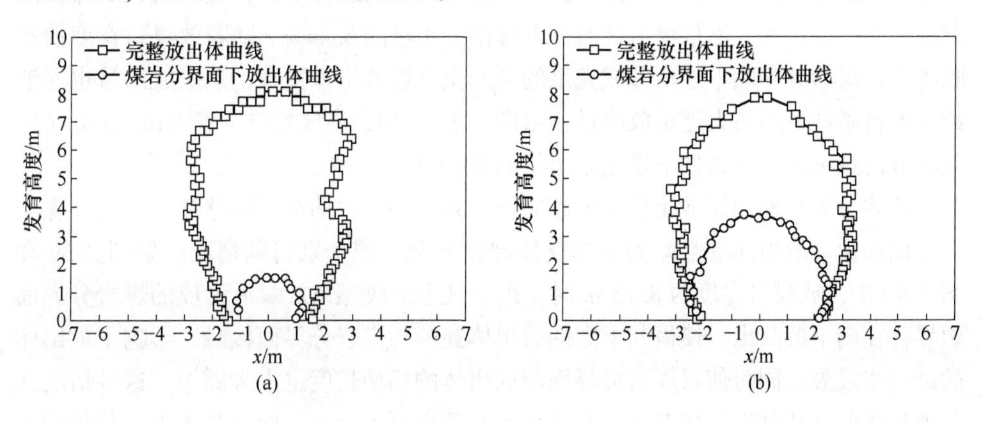

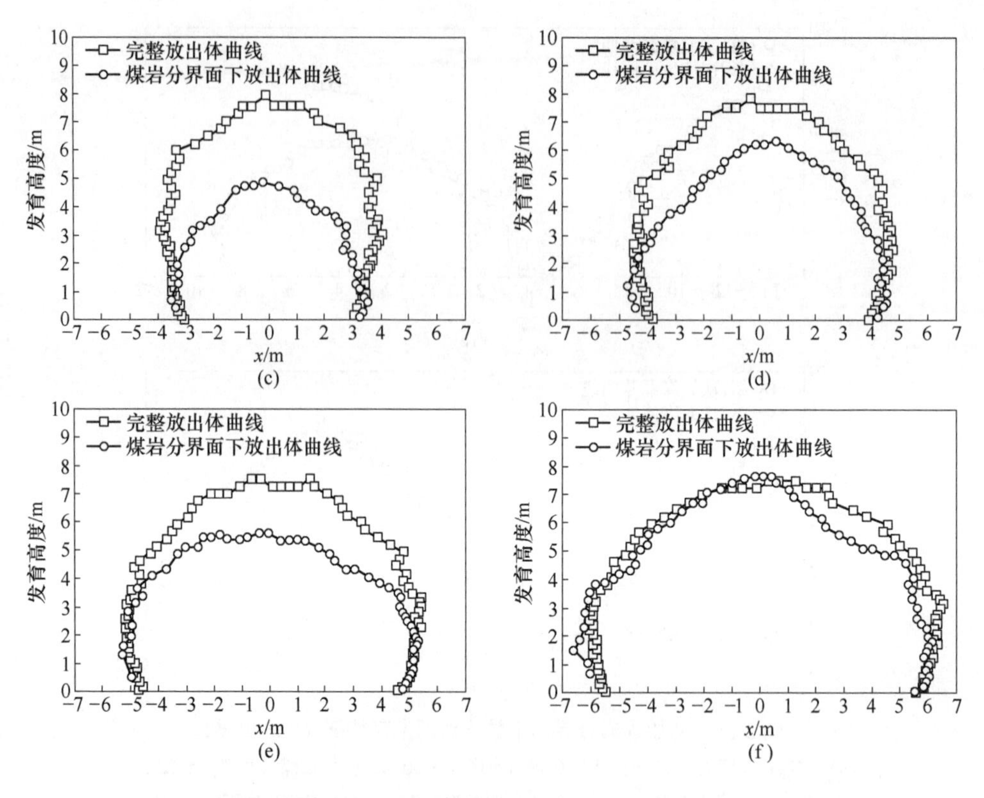

图 2.37　煤岩分界面下顶煤放出体与完整放出体的形态对比（8 m 顶煤）

（a）放煤口宽度为 1.75 m；（b）放煤口宽度为 3.50 m；（c）放煤口宽度为 5.25 m；（d）放煤口宽度为 7.00 m；（e）放煤口宽度为 8.75 m；（f）放煤口宽度为 10.5 m

由图 2.37 和图 2.38 可知，初始煤岩分界面下顶煤的放出量在该顶煤厚度下理论最大放出量中的占比随放煤口宽度增加而增加。单放煤口放煤条件下，由于相邻放煤口距上个煤岩分界面过于接近，顶煤没有充足的发育空间，此时的放出体仅能发育一小部分，其放出量仅占该条件下理论放出量的 5.44%。随着放煤口宽度的不断增大，煤岩分界面下逐渐形成充足的空间供顶煤放出体发育，顶煤放出量也逐渐趋近各自条件下的最大理论放出量，由图 2.38 可知，当放煤口宽度为10.50 m 时顶煤的放出量可达到该条件下理论放出量的 83.35%。

煤岩分界面和顶煤放出体的形态并不是规则的二次曲线和椭球体，因此在煤岩分界面和顶煤放出体的空间关系的整体规律下会出现个别特殊情况。如图 2.39 和图 2.40 中，放煤口宽度为 8.75 m 时，由于其上个放煤口放煤后形成的煤岩分界面边界存在向下的凸出，使得其下方的放出体提前与煤岩分界面接触，影响了放出体的进一步发展，同时使得煤岩分界面与放出体的相切长度也大大缩短，这种情况在其他顶煤厚度条件下同样存在。总体而言，顶煤厚度为 8 m 时，初始煤岩分界面与顶煤放出体的相切特征与顶煤厚度为 4 m 时呈现的规律一致，即随着放煤口宽度的增加，两者的相切区间高差和长度均随之增加，但由于顶煤厚度为 8 m 时放出体的高度难以达到顶煤厚度，因此，放出体与煤岩分界面的相切长度基本与放煤口宽度呈正相关。

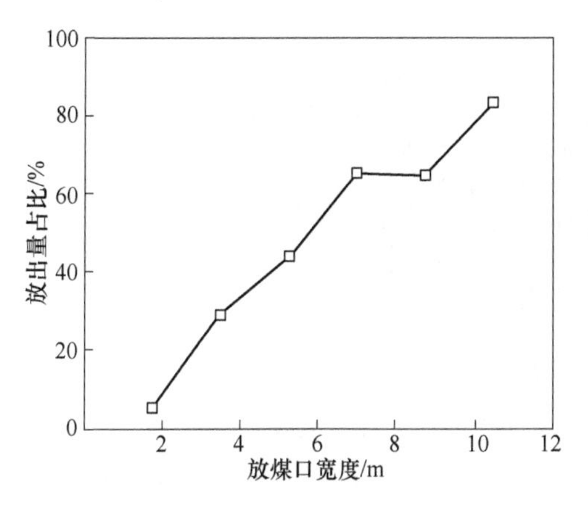

图 2.38 煤岩分界面下顶煤放出量在完整放出体中的占比（8 m 顶煤）

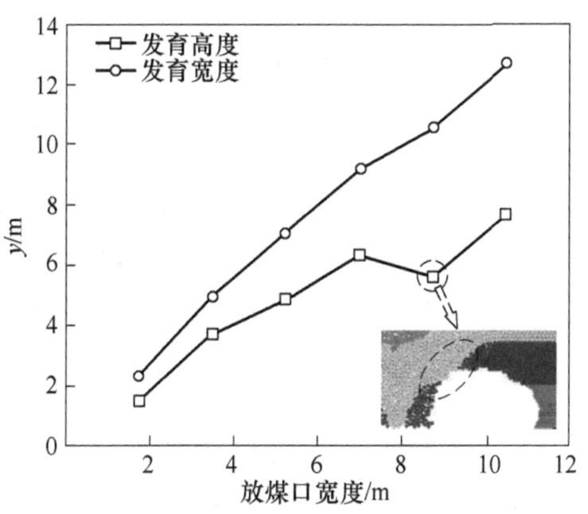

图 2.39 初始煤岩分界线下顶煤放出体特征的变化曲线（8 m 顶煤）

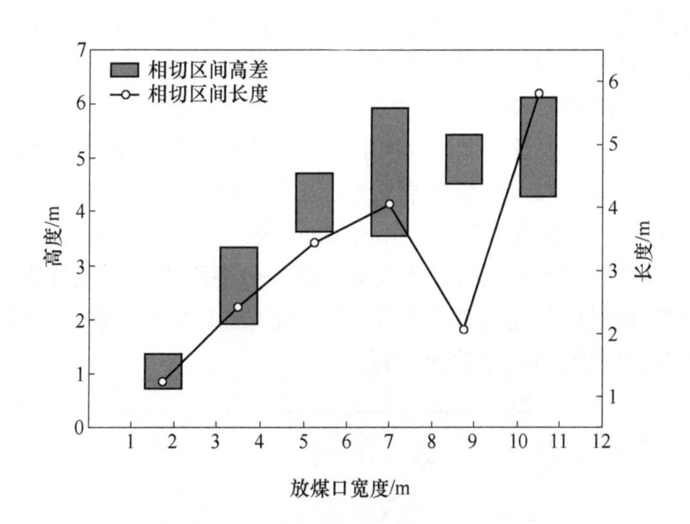

图 2.40 相切区间高差和长度变化图（8 m 顶煤）

同时，与顶煤厚度为 4 m 时类似，顶煤厚度为 8 m 时，随着放煤口宽度的增加，两次放煤之间的遗煤量也随放煤口宽度呈增加趋势，放煤口宽度由 1.75 m 增加至 10.50 m 时，两次放煤之间的遗煤量由 0.40 m^2 增加至 10.43 m^2，架间遗煤量随放煤口宽度的变化图（8 m 顶煤）如图 2.41 所示。

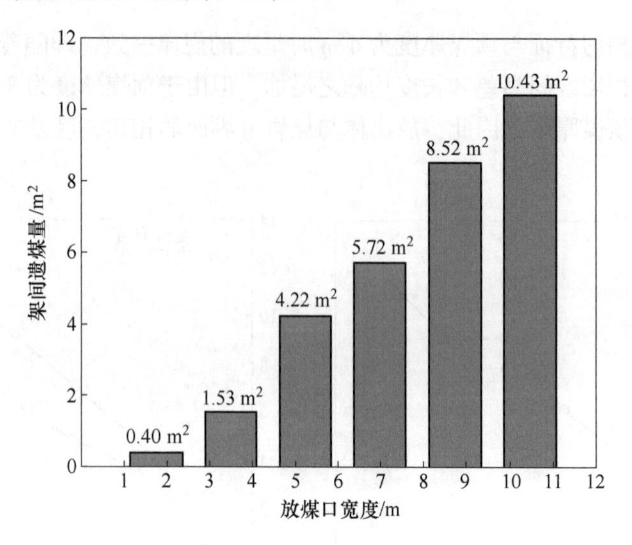

图 2.41　架间遗煤量随放煤口宽度的变化图（8 m 顶煤）

2.4.3　顶煤厚度为 12 m 时初始煤岩分界面下顶煤放出规律

统计顶煤厚度为 12 m 时初始煤岩分界面边界颗粒的坐标信息和第 2 次放煤顶煤放出体轮廓的坐标信息，将所有统计颗粒的坐标信息绘制成图。初始煤岩分界面下放出体的发育特征（12 m 顶煤）如图 2.42 所示。

由图 2.42 可以看出，顶煤厚度为 12 m 时，随着放煤口宽度的增加，初始煤岩分界面下顶煤放出体的发育程度逐渐增加，放出体的发育高度和宽度呈明显增加趋势，但顶煤放出体高度均未达到顶煤厚度，说明随着顶煤厚度的增加，煤岩分界面边界的影响范围进一步扩大，对其相邻放煤的顶煤放出过程影响更大。综合分析可知，只有当放煤口宽度足够大时，才能保证煤岩分界面下顶煤发育成完整放出体，但是由于后部刮板运输机运载能力的限制，目前的放煤条件难以实现顶煤厚度为 12 m 时放出体在煤岩分界面下完全发育。

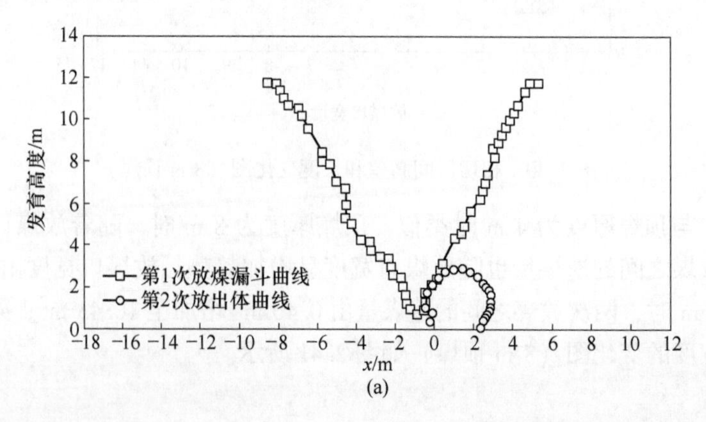

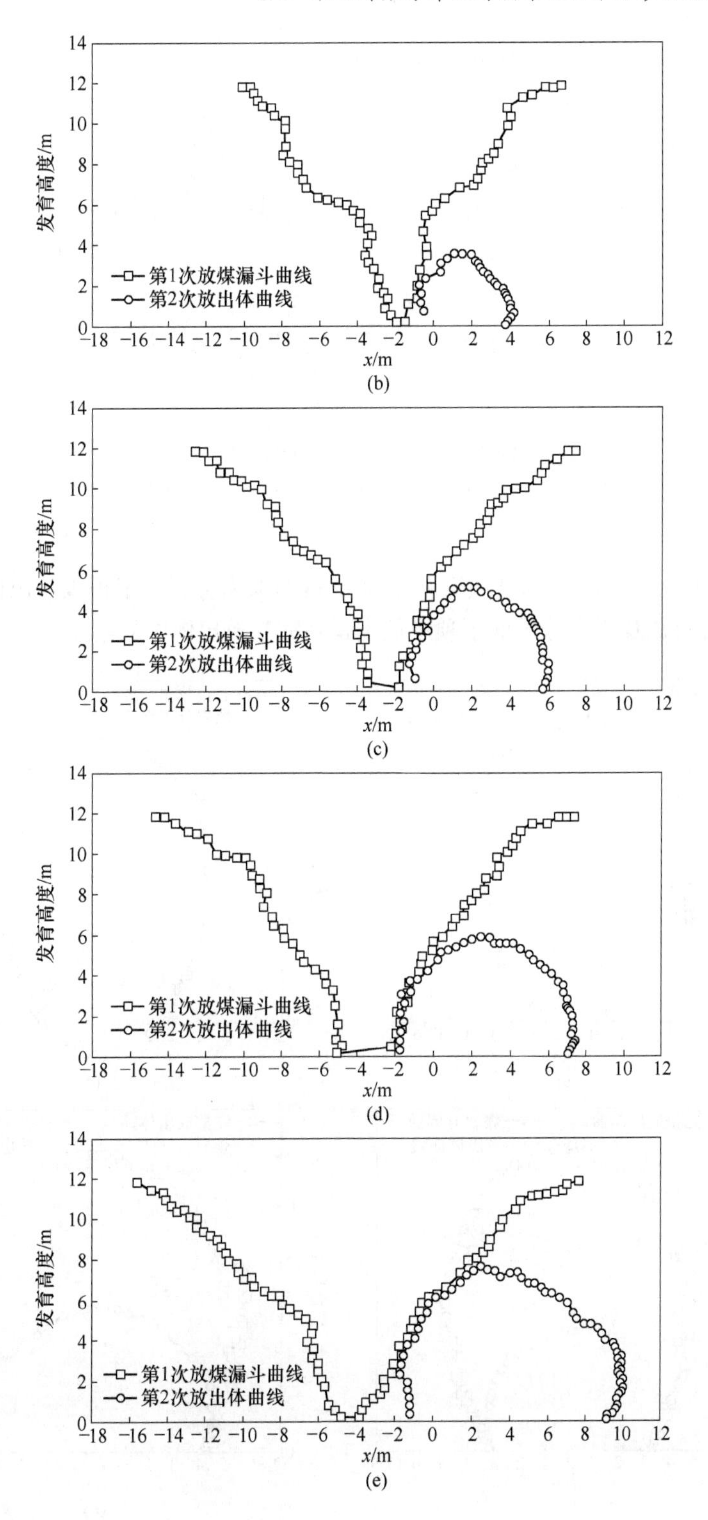
发育高度/m
x/m
—□— 第1次放煤漏斗曲线
—○— 第2次放出体曲线
(b)
(c)
(d)
(e)

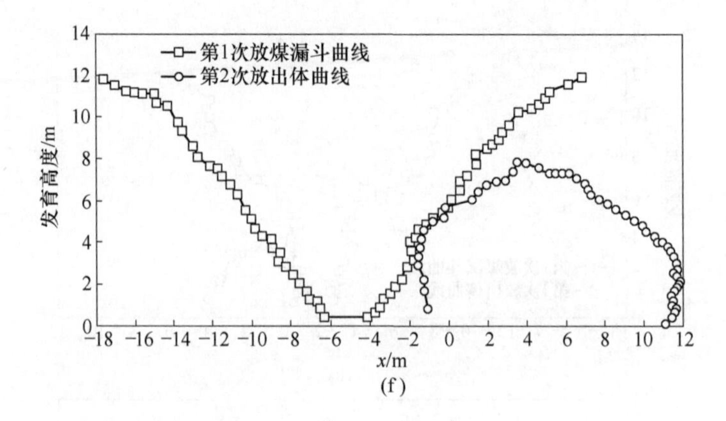

图 2.42　初始煤岩分界面下放出体的发育特征（12 m 顶煤）

（a）放煤口宽度为 1.75 m；（b）放煤口宽度为 3.50 m；（c）放煤口宽度为 5.25 m；（d）放煤口宽度为 7.00 m；（e）放煤口宽度为 8.75 m；（f）放煤口宽度为 10.50 m

图 2.43 和图 2.44 分别是顶煤厚度为 12 m 时煤岩分界面下顶煤放出体与完整放出体的形态对比及煤岩分界面下顶煤放出量在完整放出体中的占比。

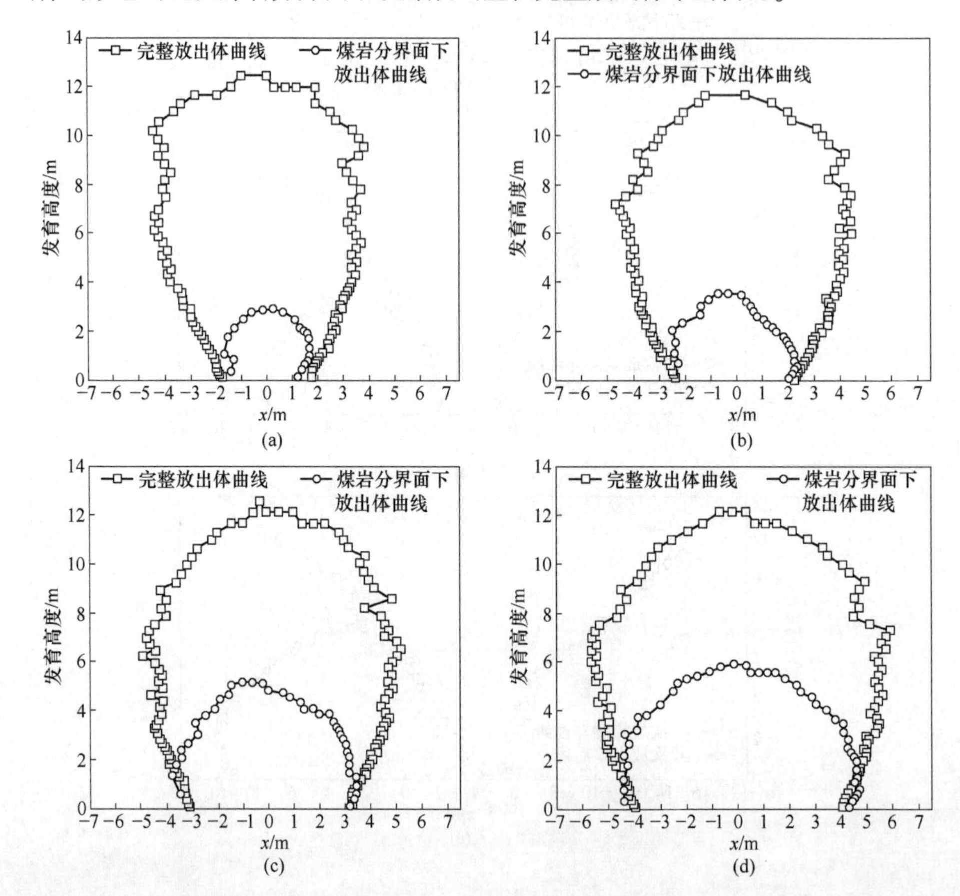

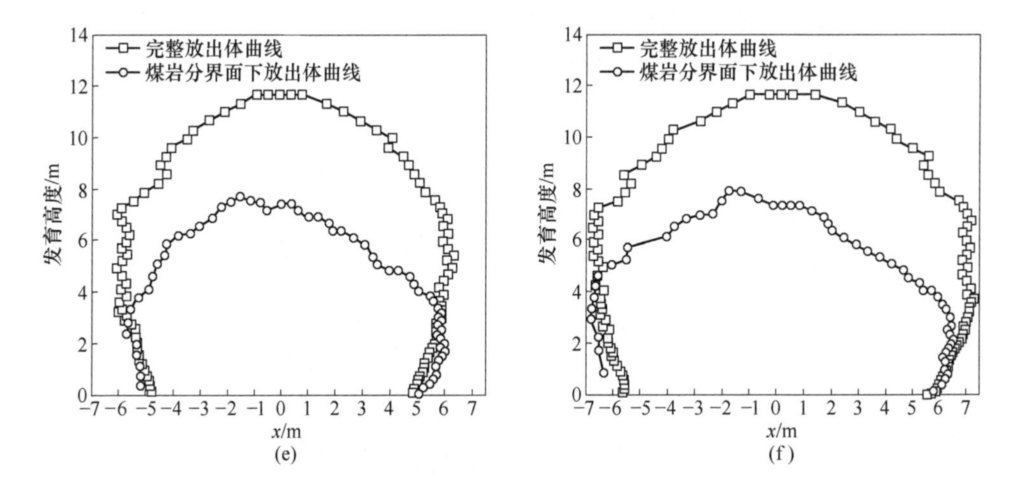

图 2.43 煤岩分界面下顶煤放出体与完整放出体的形态对比（12 m 顶煤）

（a）放煤口宽度为 1.75 m；（b）放煤口宽度为 3.50 m；（c）放煤口宽度为 5.25 m；（d）放煤口宽度为 7.00 m；（e）放煤口宽度为 8.75 m；（f）放煤口宽度为 10.50 m

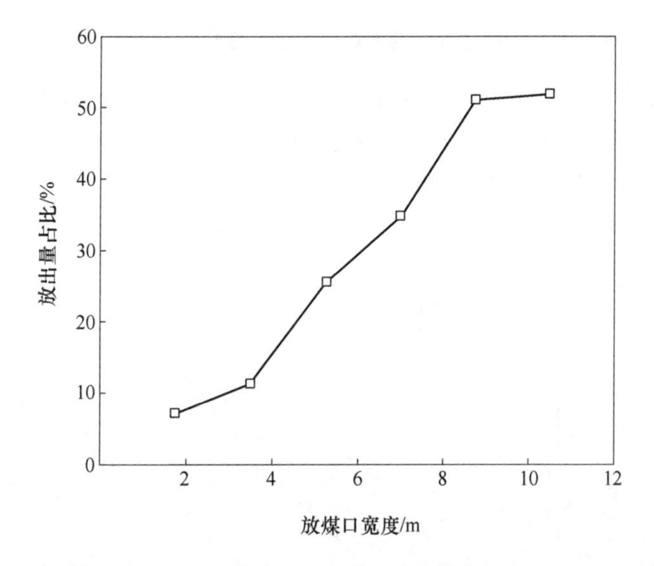

图 2.44 煤岩分界面下顶煤放出量在完整放出体中的占比（12 m 顶煤）

由图 2.43 和图 2.44 可以看出，当顶煤厚度达到 12 m 时，初始煤岩分界面下顶煤放出量随放煤口宽度增加而增加，其在该放煤高度下的理论放出量的占比也在不断增加，但是与顶煤厚度为 8 m 以下相比，煤岩分界面下顶煤放出量在完整放出体中的占比有大幅度下降，放煤口宽度为 10.5 m 时顶煤放出量在完整放出体中的占比最大，仅为 51.93%。这说明在特厚煤层条件下，采用群组放煤方式仍可能存在上部顶煤难以放出的现象，此次难以放出的顶煤中一部分会形成架间遗煤，另一部分会被下个放煤口放出。同样，由于煤岩分界面边界与下个放煤口之间的间距增加，架间遗煤量会随放煤口宽度增加。架间遗煤量随放煤口宽度的变化图（12 m 顶煤）如图 2.45 所示。

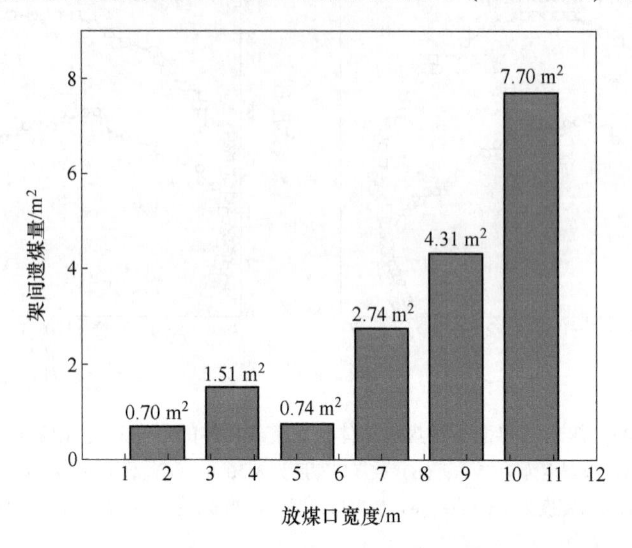

图 2.45 架间遗煤量随放煤口宽度的变化图（12 m 顶煤）

图 2.46 和图 2.47 分别为顶煤顶煤为 12 m 时煤岩分界面下放出体的发育特征和两者相切特征的统计图。可以看出，在顶煤厚度为 12 m、放煤口宽度不同的条件下，初始煤岩分界面下顶煤放出体的形态特征受两者相切特征的影响。随着放煤口宽度的增加，煤岩分界面边界和放出体相切位置不断上升、相切区间长

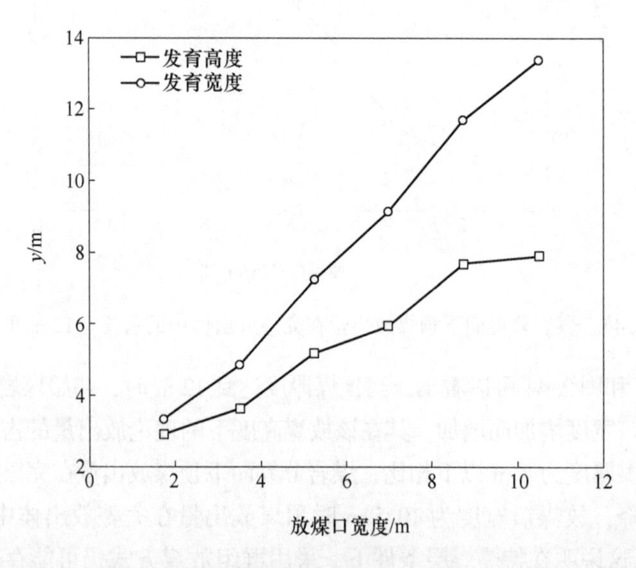

图 2.46 煤岩分界线下顶煤放出体特征的变化曲线（12 m 顶煤）

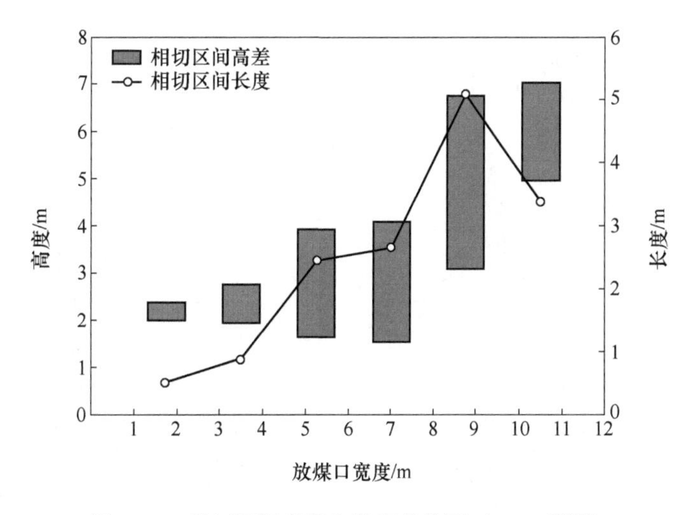

图 2.47 相切区间高差和长度变化图（12 m 顶煤）

度增加，反映出煤岩分界面下顶煤放出体发育更加充分，且放出体与煤岩分界面边界更加契合，更有利于顶煤的放出。与顶煤厚度为 8 m 时反映的规律一致，虽然随着放煤口宽度的增加，煤岩分界面下顶煤放出体的发育高度和发育宽度均呈近似线性增加，但是放出体宽度的增长率高于放出体高度的增长率，这是由于放煤口宽度的增加对放出体横向发育的影响大于纵向发育，且煤岩分界面形成时中部矸石会先到达放煤口中部，放煤口两侧与下个放煤口之间堆积了充足的顶煤供放出体横向发育。

2.4.4 顶煤厚度为 16 m 时初始煤岩分界面下顶煤放出规律

统计顶煤厚度为 16 m 时初始煤岩分界面边界颗粒的坐标信息和相邻顶煤放出体轮廓的坐标信息，将所有统计颗粒的坐标信息绘制成图。放煤漏斗边界下放出体的发育特征（16 m 顶煤）如图 2.48 所示。

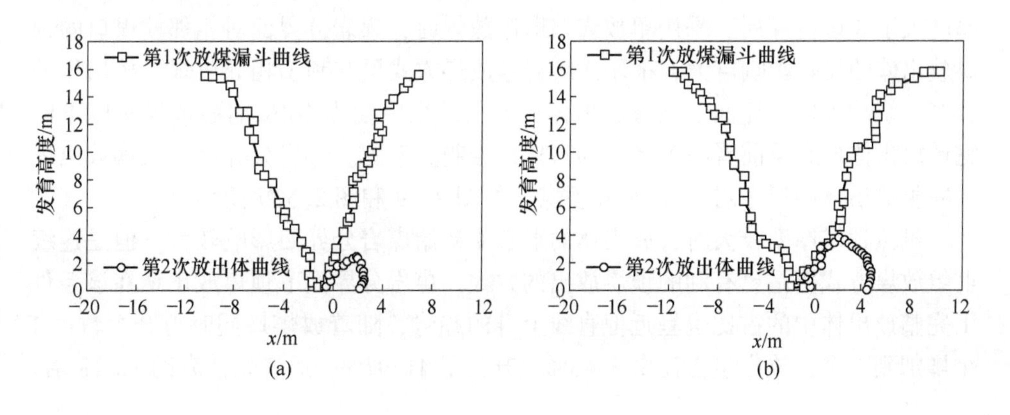

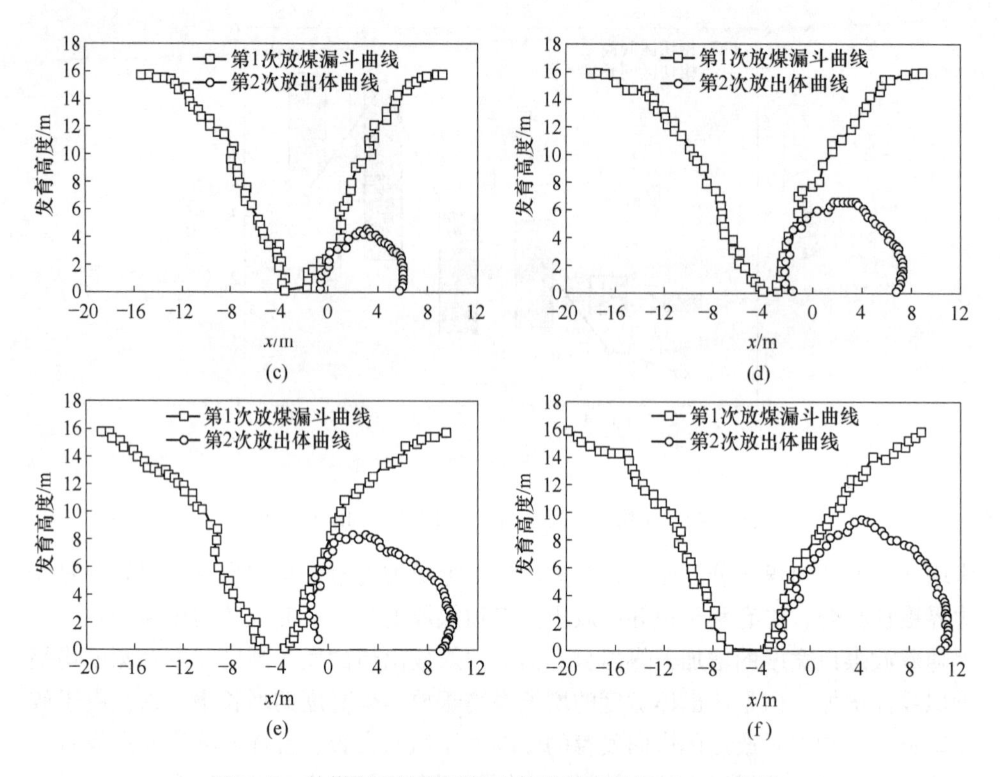

图 2.48 放煤漏斗边界下放出体的发育特征（16 m 顶煤）

（a）放煤口宽度为 1.75 m；（b）放煤口宽度为 3.50 m；（c）放煤口宽度为 5.25 m；（d）放煤口宽度为 7.00 m；（e）放煤口宽度为 8.75 m；（f）放煤口宽度为 10.50 m

由图 2.48 可以看出，顶煤厚度为 16 m 时，煤岩分界面下顶煤放出体随放煤口宽度的增加发育更加充分，但是顶煤放出体发育明显受煤岩分界面影响较大，放煤口宽度为 10.50 m 时顶煤放出体发育高度也仅约为顶煤厚度的 50%（发育高度为 9.45 m），单放煤口放煤时的放出体高度只有 1.39 m，因此特厚煤层尤其是厚度大于 8 m 的煤层，采用单放煤口顺序放煤时，煤岩分界面对相邻放煤口的顶煤放出体的发育影响巨大，采用连续群组放煤方式更有利于相邻放煤口放出体的发育。统计煤岩分界面下顶煤放出体形态与顶煤厚度为 16 m 时各放煤宽度下的完整放出体形态及前者在后者中的占比，绘制关系图。煤岩分界面下顶煤放出体与完整放出体的形态对比（16 m 顶煤）如图 2.49 和图 2.50 所示。

虽然顶煤厚度较大时，放出体的形态受初始煤岩分界面影响较大，但是连续群组放煤方式仍是更有利的顶煤放出的方式，煤岩分界面下顶煤放出量在该条件下完整放出体中的占比也呈近似直线上升的趋势，随着放煤口同时打开个数由 1 个增加到 6 个，放出量占比由 3.45%上升到了 41.97%，后者是前者的 12.18 倍。

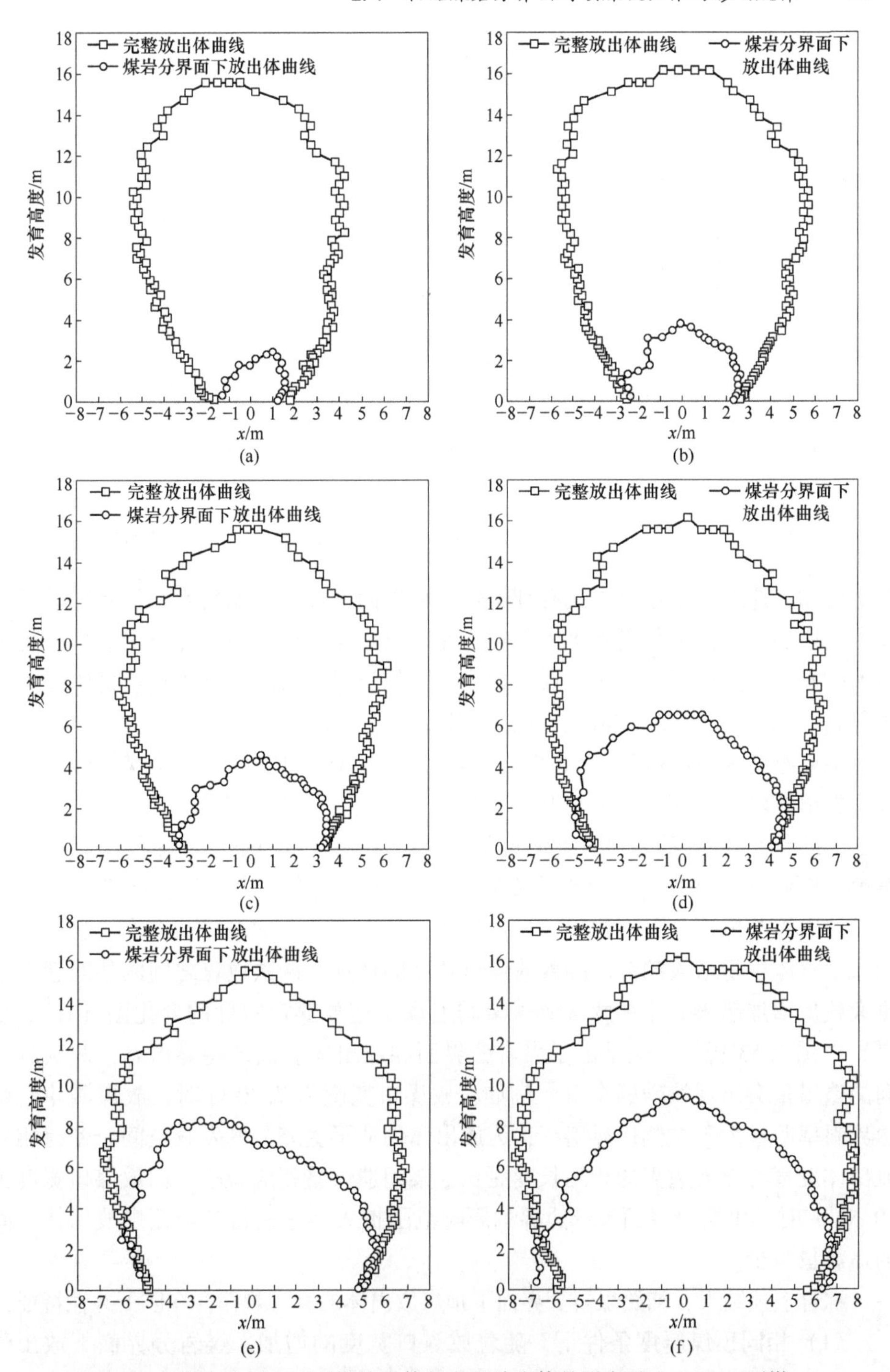

图 2.49 煤岩分界面下顶煤放出体与完整放出体的形态对比（16 m 顶煤）

（a）放煤口宽度为 1.75 m；（b）放煤口宽度为 3.50 m；（c）放煤口宽度为 5.25 m；（d）放煤口宽度为 7.00 m；（e）放煤口宽度为 8.75 m；（f）放煤口宽度为 10.50 m

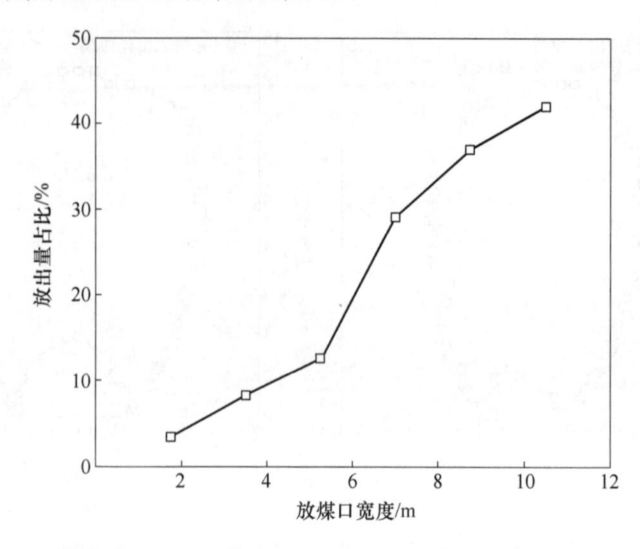

图 2.50　煤岩分界面下顶煤放出量在完整放出体中的占比（16 m 顶煤）

综上可知，连续群组放煤方式有利于煤岩分界面下放出体的发育，但是随着顶煤厚度的增加，放出体仍受到极大影响，而放煤口宽度增加使顶煤放出效率实现了极大的提高，因此通过改进放煤方式或与其他放煤方式组合（如连续群组间隔放煤等），既有利于提高顶煤回收率，又可以保证放煤效率。

顶煤厚度为 16 m 时，初始煤岩分界面下放出体的发育形态及煤岩分界面边界与放出体轮廓的相切特征与其他顶煤厚度条件下呈现类似规律，如图 2.51 和图 2.52 所示。随着放煤口宽度的增加，初始煤岩分界面下放出体的发育高度和宽度均近似直线上升，但放出体发育宽度的增长速率仍大于发育高度的增长速率；放出体与煤岩分界面边界的相切位置随放煤口宽度的增加而升高，且相切区间长度整体也呈增大趋势。随着放煤口宽度的增加，两次放煤之间的架间遗煤量也大致呈增加趋势，相邻两次放煤架间遗煤量随放煤口宽度的变化图（16 m 顶煤）如图 2.53 所示。但是由于煤岩分界面和放出体会出现特异形态，两次放煤间的遗煤量会出现特殊的个例。例如，放煤口宽度为 7.00 m 时，放煤漏斗右侧边界斜率明显大于左侧边界斜率，为放出体创造了更充分的发育空间，使得相邻放出体发育与煤岩边界的相切长度更长，架间遗煤量相应减小。而放煤口宽度为 10.50 m 时，煤岩分界面底部边界的影响范围扩大，这使得其与顶煤放出体之间的遗煤量减少。

综合上述结果，初始煤岩分界面下顶煤放出体的发育规律存在以下共性特征：

（1）相同顶煤厚度条件下，随着放煤口宽度的增加，煤岩分界面下放出体的发育程度更好，尤其是煤层较薄时，可能存在煤岩分界面下放出体仍能完整发育的情况，说明连续群组放煤对煤岩分界面和放出体的空间关系产生较大影响，

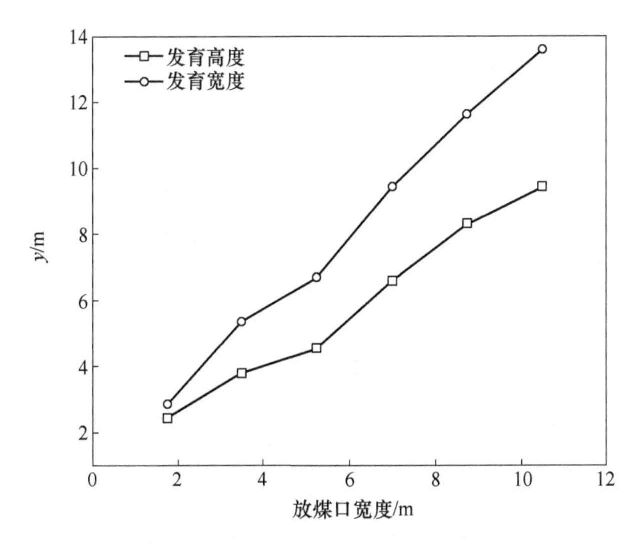

图 2.51 煤岩分界线下顶煤放出体特征的变化曲线（16 m 顶煤）

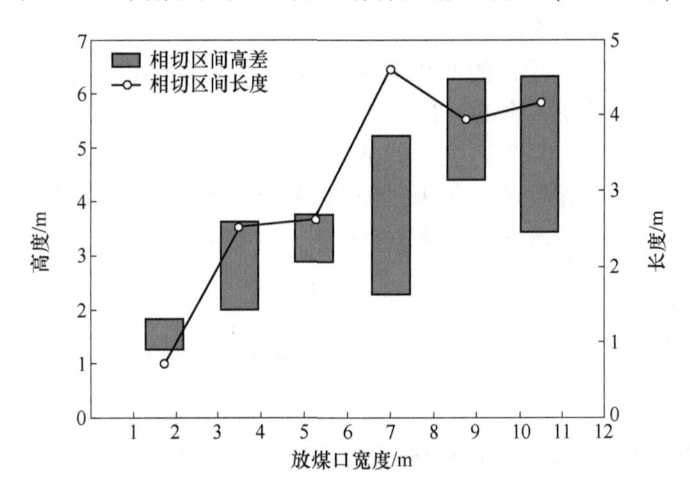

图 2.52 相切区间高差和长度变化图（16 m 顶煤）

与单放煤口放煤相比，连续群组放煤更加有利于顶煤的放出。

（2）顶煤放出过程本质上是放出体在一定煤岩分界面下的发育过程，最理想的放出效果是上个放煤形成的煤岩分界面正好与下个放煤形成的放出体相切，此时顶煤能够完全放出且极少放出矸石。研究发现，煤岩分界面边界与顶煤放出体轮廓的相切特征主要取决于煤岩分界面和放出体形态，相切位置即为最初混入矸石的位置。放煤口较小时，相切位置较低，矸石过早放出，放出体难以充分发育，继续放煤可能造成含矸率升高；放煤口较大时，相切位置逐渐升高且相切长度增加，减少了矸石混入的时间，增加了煤岩分界面下纯煤的放出时间，有利于顶煤的放出且降低了含矸率。因此，煤岩分界面与放出体的相切特征可以作为判

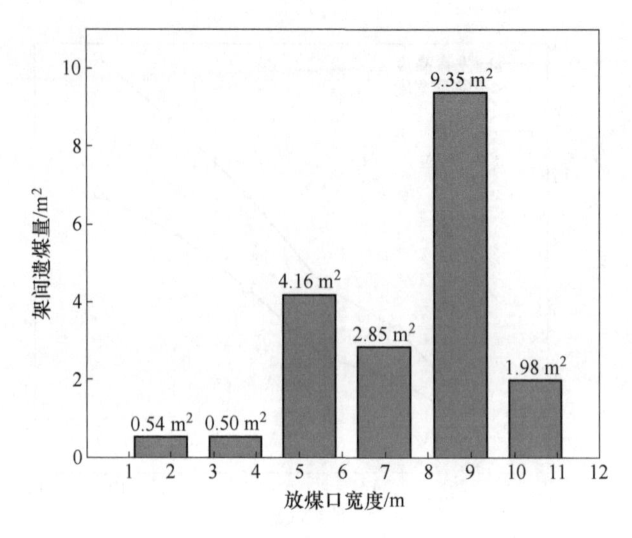

图 2.53　相邻两次放煤架间遗煤量随放煤口宽度的变化图（16 m 顶煤）

断顶煤放出状态的重要指标。

（3）根据顶煤放出规律的 BBR 研究体系，当顶煤放出体与初始煤岩分界面在采空区一侧完全相切重合时，顶煤的损失量最小、采出率最高[83]，但是由于放煤漏斗的演化特点，当见矸关门时放煤漏斗中部距放煤口边缘仍有遗煤未放出，这部分遗煤在相邻放煤口放煤时也难以放出，因此会形成架间遗煤，随着放煤口宽度的增加，架间遗煤量也呈增加趋势，需要通过放煤工艺的优化来对这部分遗煤进行回收。

2.5　周期放煤顶煤放出规律

2.5.1　顶煤放出的周期性规律分析

周期放煤开始于初始放煤之后，由于初始煤岩分界面对相邻顶煤放出体的发育及放出量均有较大影响，进而影响后续煤岩分界面的演化和顶煤放出体的发育。为研究周期放煤期间顶煤放出规律，本节以顶煤厚度为 4 m 和 12 m、放煤口宽度分别为 1.75 m 和 5.25 m 为代表，分析周期放煤过程中连续群组放煤时放出体发育特征、煤岩分界面演化规律、顶煤放出量及遗煤分布特征。

2.5.1.1　单放煤口放煤条件下周期放煤规律

图 2.54 为顶煤厚度 4 m、单放煤口放煤条件下，周期放煤过程中的煤岩分界面发育特征、采空区遗煤分布特征及放出体发育特征模拟结果示意图。

由图 2.54（a）可以看出，周期放煤期间煤岩分界面形态呈周期变化的特征，第 4 次放煤后的煤岩分界面形态与初始煤岩分界面类似，均呈斜率较大的倾斜曲线；第 2 次放煤和第 5 次放煤后形成的煤岩分界面均呈上部变化不大，而下部出现“回勾”状；第 3 次放煤和第 6 次放煤后煤岩分界面均呈中间凸出，上部和下部均呈“回勾”状。可见，周期放煤过程中，煤岩分界面的变化发展过程包括：初始煤岩分界面形成之后，放煤先使分界面下部出现“回勾”，然后上部再向放煤方向“回勾”，最后又形成类似初始煤岩分界面的形态。

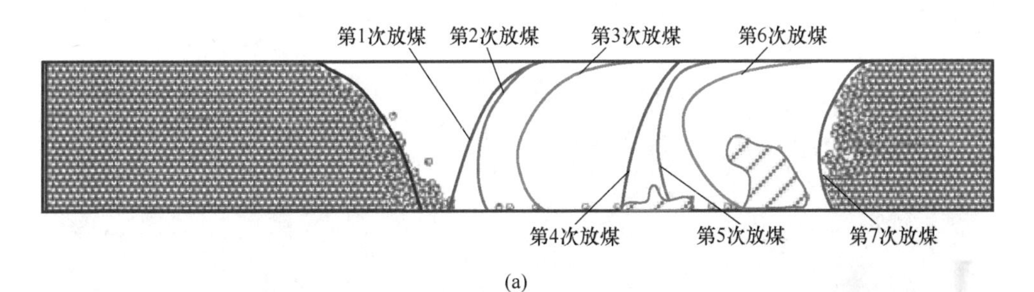

(a)

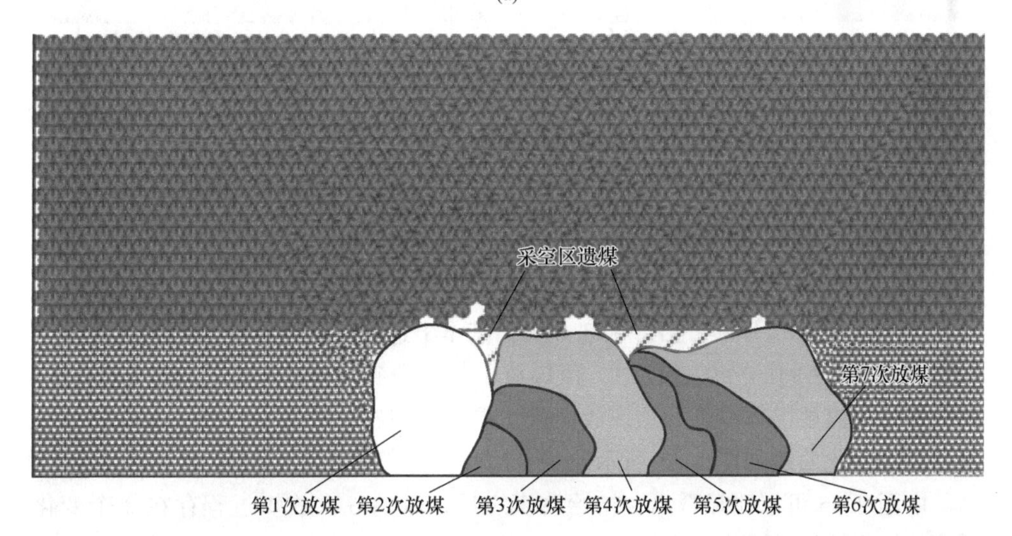

(b)

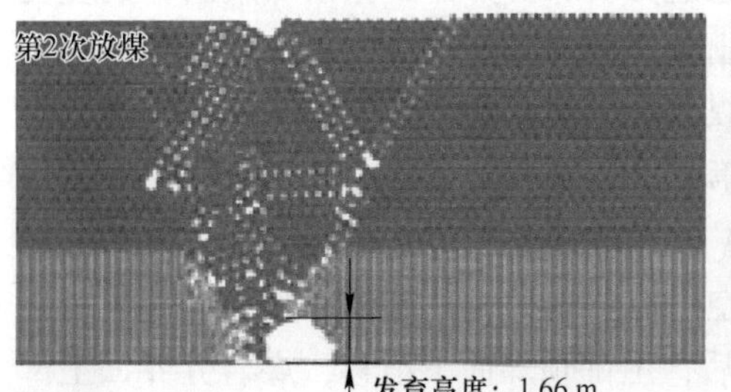

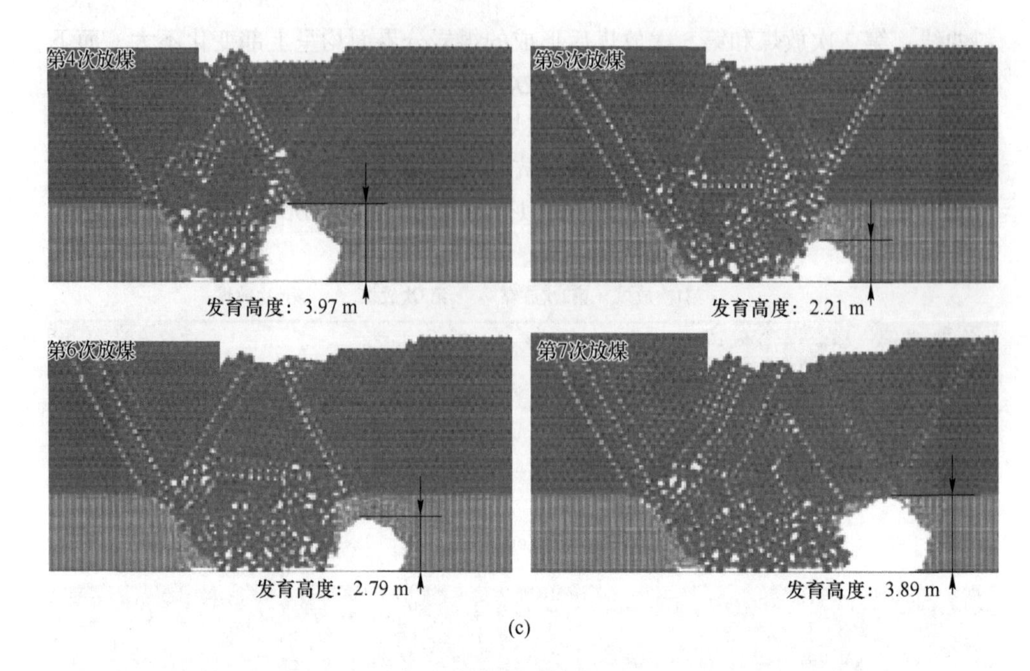

(c)

图 2.54　单轮顺序周期放煤过程（4 m 顶煤）

（a）煤岩分界面发育特征；（b）采空区遗煤分布特征；（c）放出体发育特征

煤岩分界面的变化受顶煤放出的影响，同时又影响放出体的发育过程，由图 2.54（b）、（c）可以看出，第 4 次放煤和第 7 次放煤时顶煤放出体发育较好，顶煤放出体高度分别为 3.97m 和 3.89m，基本上达到了顶煤厚度，而在初次和第 4 次、第 7 次之间的放煤过程中，顶煤放出体均受到不同程度的影响，统计前 7 次放煤时顶煤放出体高度和顶煤放出量，得到周期放煤时顶煤放出体高度和顶煤放出量的变化曲线如图 2.55 所示。

由图 2.55 可以明显看出，初始放煤之后连续的 6 次放煤过程存在 2 个变化周期，初次放煤后顶煤放出体高度和顶煤放出量均呈递增趋势，直至达到初始放煤的程度，然后进入下一个变化周期。通过分析煤岩分界面和顶煤放出体的变化规律，可以认为初始放煤时顶煤充分放出，煤岩分界面发育也较为充分，形成斜率较大的倾斜曲线；第 2 次放煤受初始煤岩分界面影响较大，仅有底部少数顶煤可以放出，如图 2.54（b）所示，因此第 2 次放煤后的煤岩分界面下部向右发生“回勾”现象（相对于初始煤岩分界面），上部变化不大；在第 2 次放煤形成的煤岩分界面下，第 3 次放煤的顶煤移动空间有所增大，顶煤底部和中上部煤可以放出（见图 2.54（b）），放出空间增大后，上部顶煤向下滑移，煤岩分界面上部开始出现“回勾”现象；第 3 次放煤后形成的煤岩分界面形成中间凸出、上下端呈“回勾”状，为第 4 次放煤提供了充足的放煤空间，放出体可以充分发育，使

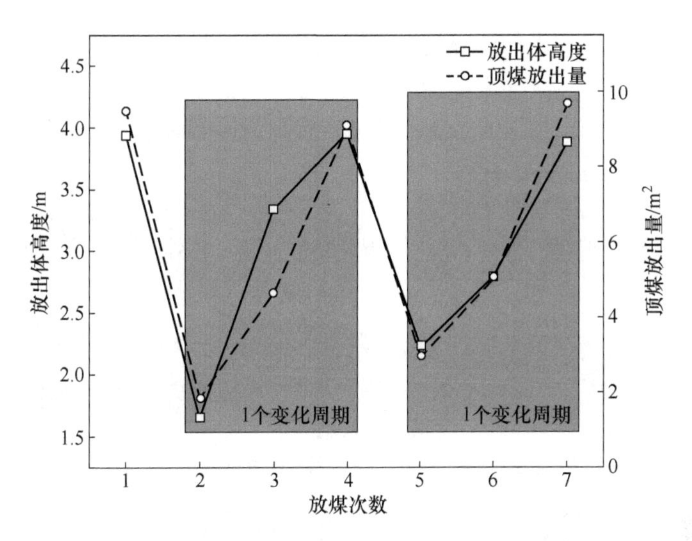

图 2.55 周期放煤时顶煤放出体高度和顶煤放出量的变化曲线（4 m 顶煤）

放出体高度达到顶煤厚度，但是该次放煤中没有放出的顶煤将无法放出，形成采空区遗煤，如图 2.54（a）、（b）所示，第 4 次放煤后形成的煤岩分界面与初始煤岩分界面形态类似，后续放煤过程仍按照上述类似的周期规律发展。

图 2.56 为顶煤厚度 12 m、单放煤口放煤条件下，周期放煤过程中的煤岩分界面发育特征、采空区遗煤分布特征及放出体发育特征模拟结果示意图。由

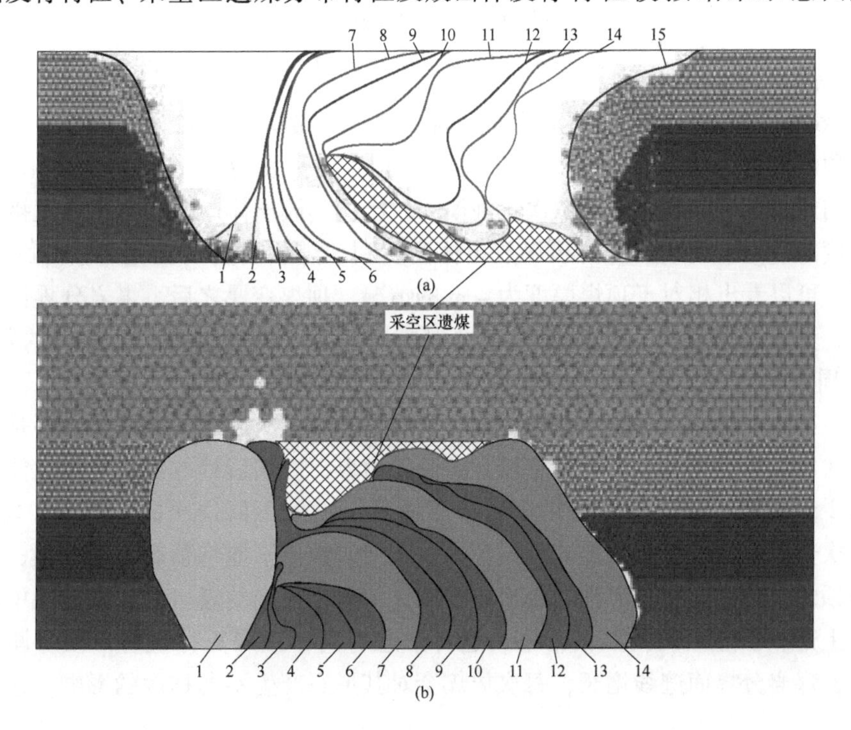

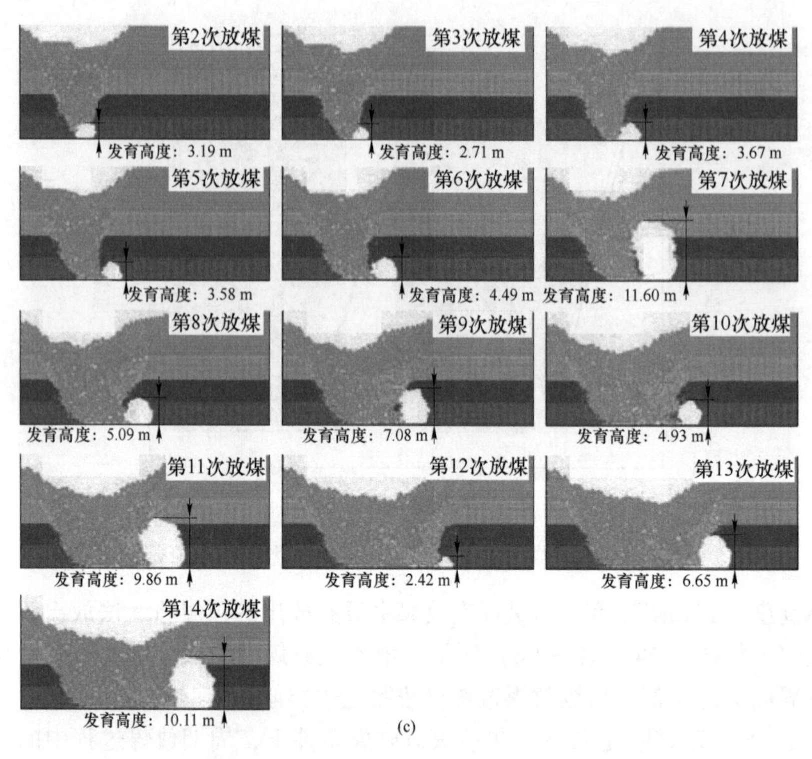

图 2.56　单轮顺序周期放煤过程（12 m 顶煤）
（图中单个数字均指放煤顺序）
（a）煤炭分界面发育特征；（b）采空区遗煤分布特征；（c）放出体发育特征

图 2.56 可以看出，同顶煤厚度为 4 m 时一样，顶煤厚度为 12 m、单轮顺序放煤时，顶煤放出体呈“完全发育—不完全发育—完全发育”的周期性变化规律，即在初始放煤后，顶煤经历数次小规模的放出，其放出体周期性出现高度接近顶煤厚度的情况。周期放煤时顶煤放出体高度和顶煤放出量的变化曲线如图 2.57 所示，可以看出相对于顶煤厚度为 4 m 的情况，顶煤变厚之后，煤岩分界面迹线更长，受放煤影响更大，周期放煤过程更加复杂，表现出不同于前者的特征。(1) 周期间距不固定，如图 2.57 所示，周期放煤期间，第 1 个周期经历了 6 次放煤，第 2 个周期经历 4 次放煤，第 3 个周期经历 3 次放煤，该规律主要是由于第 2 次放煤较为充分，形成斜率较大的倾斜边界，影响后续放煤，以致仅能放出底部少量顶煤，每次放煤使得煤岩分界面下部出现不同层次的“回勾”现象，一定次数放煤后才能为顶煤充分发育提供空间，但仍不能将顶煤完全放出，仍有部分顶煤遗留在煤岩分界面与放出体之间，使得接下来的煤岩分界面呈现中间凸出、上部和下部“回勾”的形态，这种形态有利于顶煤充分发育。顶煤厚度增加后，煤岩分界面迹线增长，每次放煤会对其形态产生不同程度的影响，造成周

期放煤间隔次数不固定。(2)周期放煤中充分发育的放出体高度不能真正达到顶煤厚度。顶煤厚度增加后，煤岩分界面的影响范围扩大，使得可以充分放煤位置上方的煤岩分界面高度较原始位置有所降低，因此即使顶煤充分放出，放出体高度也难以达到顶煤厚度。

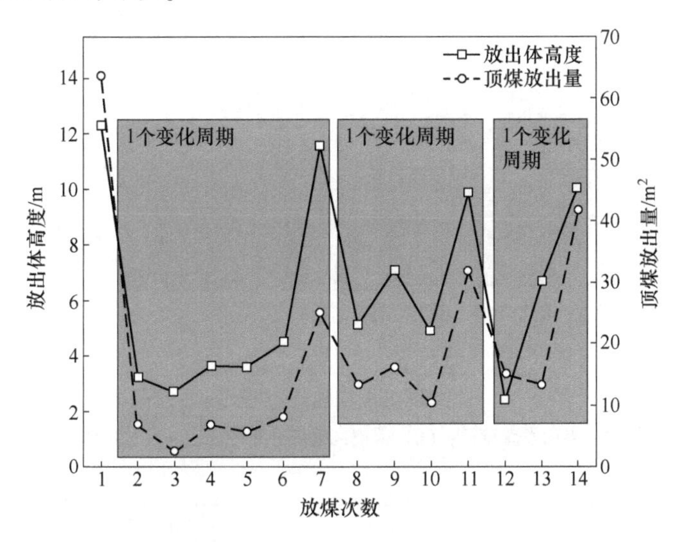

图 2.57 周期放煤时顶煤放出体高度和顶煤放出量的变化曲线（12 m 顶煤）

2.5.1.2 连续群组放煤条件下周期放煤规律

顶煤厚度为 4 m、放煤口宽度为 5.25 m 条件下，周期放煤过程中的煤岩分界面发育特征、采空区遗煤分布特征及放出体发育特征模拟结果如图 2.58 所示。连续群组周期放煤时顶煤放出体高度和顶煤放出量的变化曲线如图 2.59 所示。

由 2.5.1 节可知，顶煤厚度为 4 m、放煤口宽度为 5.25 m 条件下，初始煤岩分界面相邻放煤口顶煤放出体发育高度可达到顶煤厚度，周期放煤过程中也可验证该规律。

由图 2.58 和图 2.59 可以看出，较薄顶煤条件下，连续群组周期放煤期间，每个放煤单元的顶煤放出体均可完全发育，连续 3 次放煤的顶煤放出体发育高度分别为 3.95 m、3.81 m、4.18 m，均接近顶煤厚度；顶煤放出量也较为均衡，分别为 17.47 m^2、13.32 m^2、18.13 m^2。放煤口中心之间的距离增加，使得即使后续放煤能够完全发育，也难以将上个煤岩分界面下的顶煤全部放出，煤岩分界面与放出体之间的顶煤将被遗留在采空区。

顶煤厚度为 12 m、放煤口宽度为 5.25 m 条件下，周期放煤过程中的煤岩分界面发育特征、采空区遗煤分布特征及放出体发育特征模拟结果如图 2.60 所示。连续群组周期放煤时顶煤放出体高度和顶煤放出量的变化曲线如图 2.61 所示。

顶煤厚度为 12 m 条件下，连续群组周期放煤较单轮顺序放煤周期放煤规律

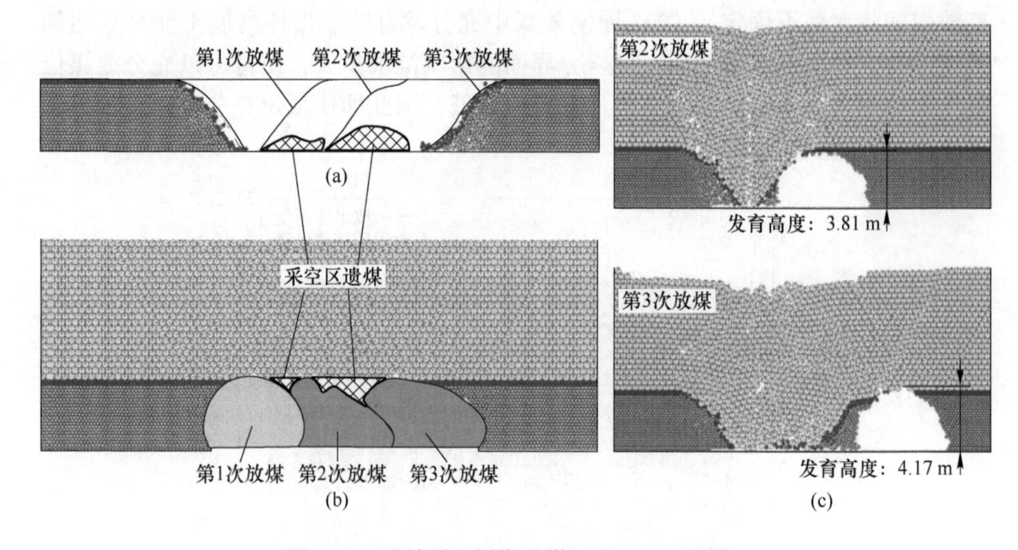

图 2.58 连续群组周期放煤过程（4 m 顶煤）

（a）煤岩分界面发育特征；（b）采空区遗煤分布特征；（c）放出体发育特征

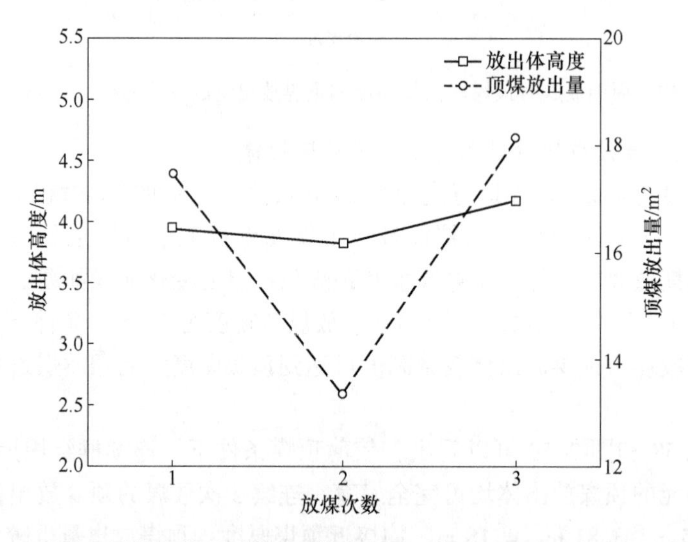

图 2.59 连续群组周期放煤时顶煤放出体高度和顶煤放出量的变化曲线（4 m 顶煤）

简单。由图 2.60 和图 2.61 可以看出，连续群组放煤时，煤岩分界面演化大约 3 次放煤就经历了周期演化过程，即由初始斜率较大的倾斜曲线变为下部“回勾”的煤岩分界面，最后转化为中间凸出、上部和下部“回勾”的煤岩分界面。在该边界下，顶煤可以充分放出，形成类似于初始煤岩分界面的状态，然后开始下一个周期循环过程。

连续群组周期放煤条件下，在一个变化周期内，顶煤放出体高度和顶煤放出

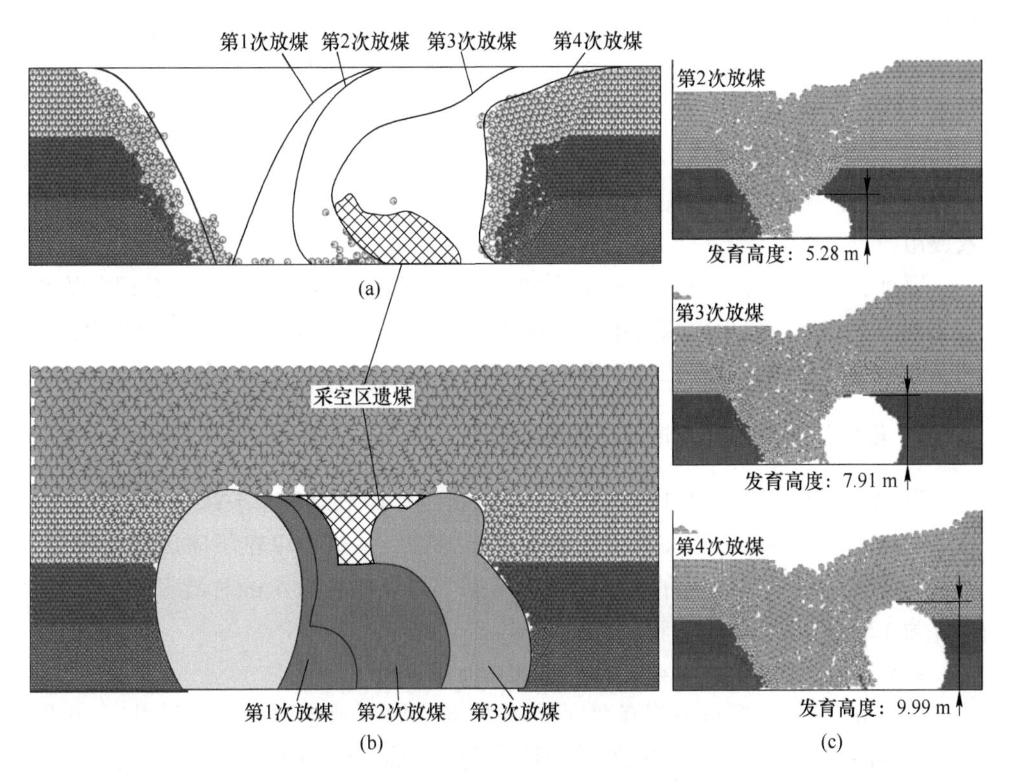

图 2.60 连续群组周期放煤过程（12 m 顶煤）

（a）煤岩分界面发育特征；（b）采空区遗煤分布特征；（c）放出体发育特征

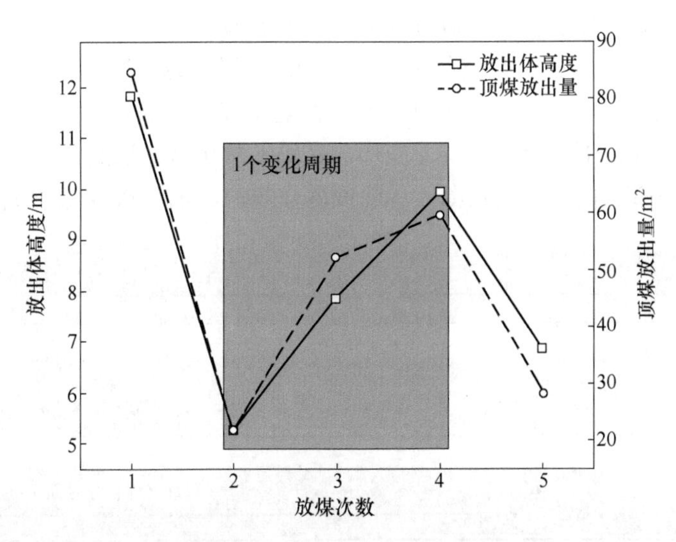

图 2.61 连续群组周期放煤时顶煤放出体高度和顶煤放出量的变化曲线（12 m 顶煤）

量均呈线性递增趋势，经过3次放煤放出体由不完全放出体逐步向完全放出体发育的过程。由图2.60（a）可以看出，连续群组周期放煤条件下煤岩分界面的影响范围更大，第3次放煤后形成的煤岩分界面已经影响到第4个放煤单元，使得即使第4次可以充分放煤，顶煤放出体高度也仍达不到顶煤厚度，造成放出体与煤岩分界面间的遗煤量增加，该部分遗煤分布较为规律，可通过增加调整工艺有效放出。

因此，无论顶煤厚度是4 m还是12 m，连续群组放煤在周期放煤阶段的周期变化规律都较单放煤口放煤简单，顶煤放出过程和顶煤放出量更加容易预测，有利于自动化或智能化放煤工艺的设计。

2.5.2 最终煤岩分界面及遗煤分布特征

以顶煤厚度为4 m和12 m作代表，分析工作面放煤后单放煤口和连续群组放煤时最终煤岩界面形态和采空区遗煤分布特征，在进行单轮顺序放煤的同时，增加了单轮间隔和多轮顺序放煤的模拟结果，顶煤厚度为4 m时最多分为2轮，顶煤为12 m时最多分为3轮。

2.5.2.1 顶煤厚度为4 m时最终放煤效果分析

图2.62为单放煤口放煤条件下最终煤岩分界面示意图（4 m顶煤）。由图2.62可知，单轮顺序放煤方法造成的煤损大于单轮间隔和2轮顺序放煤方法造成的煤损，单轮顺序放煤形成的煤损具有向左倾斜的特点，而其他两类则没有。单轮顺序放煤时，煤岩分界面呈明显周期性向左倾斜的形态，且倾斜长度较长。分析可知，在初始放煤后，放煤口打开后左侧的矸石先于上部顶煤到达放煤口，放出体发育受限，随着放煤口持续移动，左侧上部的顶煤遗留，下部顶煤不断放出，逐渐形成了向左倾斜的顶煤遗留带，直至顶煤遗留带能够将未放煤区与左侧矸石侧完全隔开，下一个放煤口才能形成完整的放出体，以此规律形成周期性的倾斜顶煤遗留带。由于煤层较薄，单轮间隔放煤时，前一次放煤形成的煤岩分界

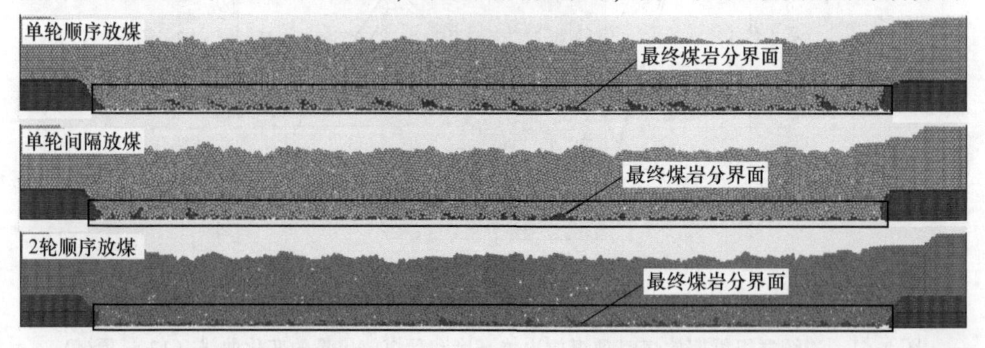

图2.62 单放煤口放煤条件下最终煤岩分界面示意图（4 m顶煤）

面对后一次放煤的影响较小，2 轮顺序放煤时每轮上个放煤过程对相邻放煤口的放煤影响较小，因此这两种方法的顶煤放出效果较好，遗留在采空区的煤损较少。

图 2.63 为连续群组放煤条件下最终煤岩分界面示意图（4 m 顶煤）。由图 2.63 中可以明显看出，在单轮放煤情况下，与单放煤口放煤相比，随着同时打开放煤口个数的增多，放煤完成后遗留在采空区的煤损增加，该规律可用 2.5 节中的结论解释，由于宽度增加后，虽然单次放煤量增加，但是相邻放煤口之间的架间遗煤量增加，同时由于煤层为 4 m 时，放煤口宽度达到 5.25 m 后相邻顶煤放出体可以完全发育，因此在形成最终煤岩分界面时采空区会形成与放煤间隔数量一致的煤损。放煤口宽度为 3.50 m 时，前一次放煤对后一次的顶煤放出仍有影响，因此其形成的采空区煤损也为呈向左倾斜状的顶煤遗留带。

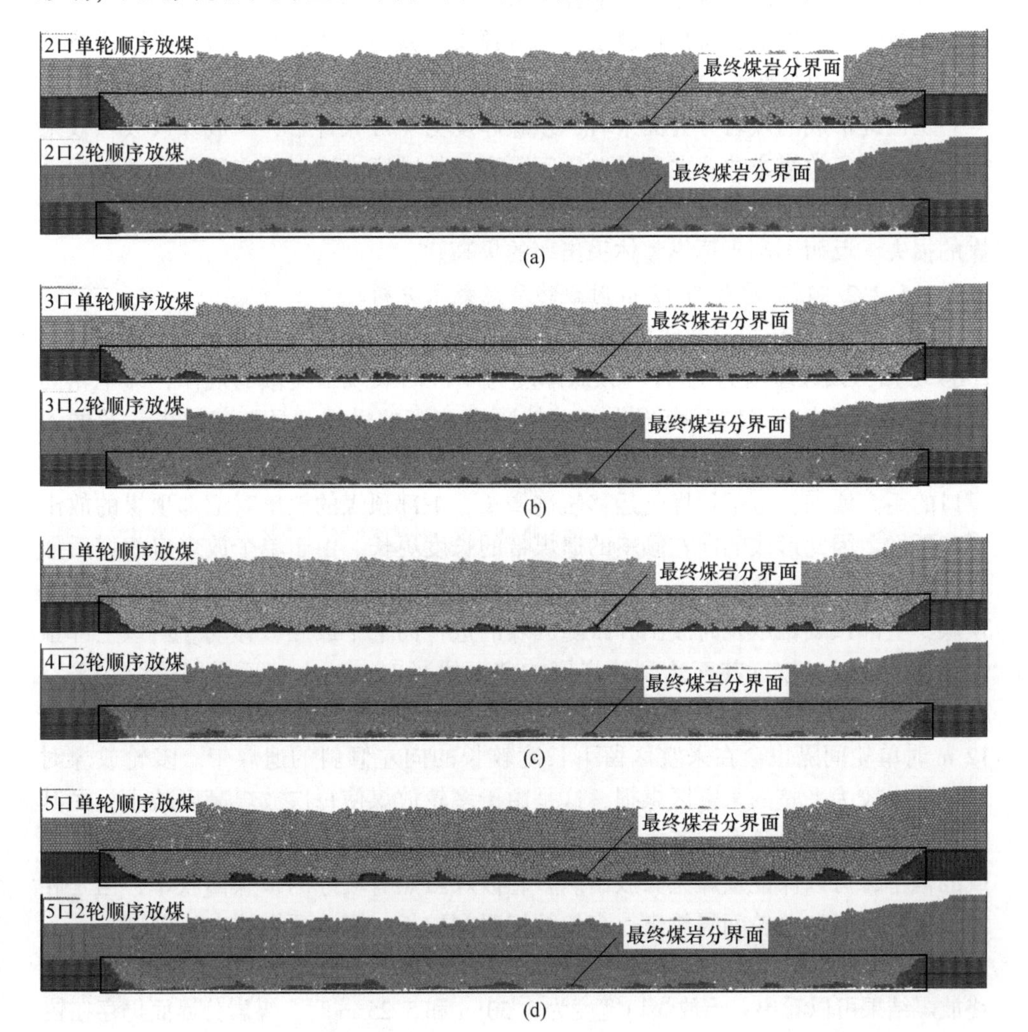

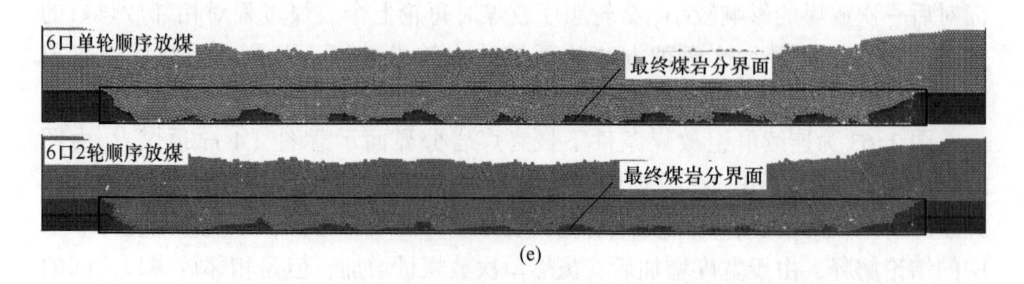

(e)

图 2.63　群组放煤条件下最终煤岩分界面示意图（4 m 顶煤）

(a) 放煤口宽度为 3.50 m；(b) 放煤口宽度为 5.25 m；(c) 放煤口宽度为 7.00 m；(d) 放煤口宽度为 8.75 m；(e) 放煤口宽度为 10.50 m

放煤口宽度相同条件下，2 轮放煤后形成的最终煤岩分界面相对更加平缓，这是由放煤轮数增加，每次仅放出一部分顶煤，减弱了放煤对煤岩分界面形态的影响，顶煤可以使煤岩分界面缓慢下沉，遗留在采空区的煤损就会减少。

从最终形成的煤岩分界面来看，顶煤厚度为 4 m 条件下，单放煤口放煤效果优于连续群组放煤方法，尤其是单轮间隔和 2 轮顺序方法在采空区形成的煤损最小。连续群组放煤虽然单次放煤量较多且放煤效率较高，但同时也增加了架间遗煤的损失，反而不利于顶煤整体采出率的提高。

2.5.2.2　顶煤厚度为 12 m 时最终放煤效果分析

图 2.64 为单放煤口放煤条件下最终煤岩分界面示意图（12 m 顶煤）。由图 2.64 可知，顶煤厚度为 12 m 与顶煤厚度为 4 m 时表现出类似的规律，即单轮间隔放煤方法形成的采空区煤损小于单轮顺序放煤的煤损，且随着放煤轮数的增加，采空区煤损减少。随着顶煤厚度的增加，单轮顺序放煤时上部顶煤移动到放煤口的距离增加，上部顶煤的运移轨迹增长，下部顶煤的放出对上部顶煤的放出影响更大，因此形成的向左倾斜的遗煤带的长度更长。由于单个放煤口放煤后形成放煤漏斗的影响范围扩大，在煤岩分界面下间隔放煤时下个放煤仅能放出下部顶煤，上部顶煤难以及时放出并跟随放煤的进行向下个放煤口移动。当该上部顶煤距下个放煤口较远甚至达到放煤影响范围之外时，该上部顶煤即遗留在采空区，随着放煤位置的不断推进形成左高右低的倾斜遗煤带，因此，顶煤厚度为 12 m 时单轮间隔也会在采空区留下长度较长的向左倾斜的遗煤带。多轮放煤时可以形成较为平整的采空区煤损，这是由于多轮放煤使每次放煤高度减小，尤其前几轮为纯煤放出阶段，基本可以保证煤岩分界面平缓下降，降低了煤矸互层形成的概率，可以保证顶煤充分放出。多轮放煤虽然有较好的顶煤回收率，但是相对于单轮顺序和单轮间隔放煤，多轮放煤时间较长，影响顶煤放出效率。

图 2.65 为连续群组放煤条件下最终煤岩分界面示意图（12 m 顶煤）。由最终放煤结果可以看出，当放煤口宽度为 3.50 m 和 5.25 m 时，煤岩分界面仍存在较

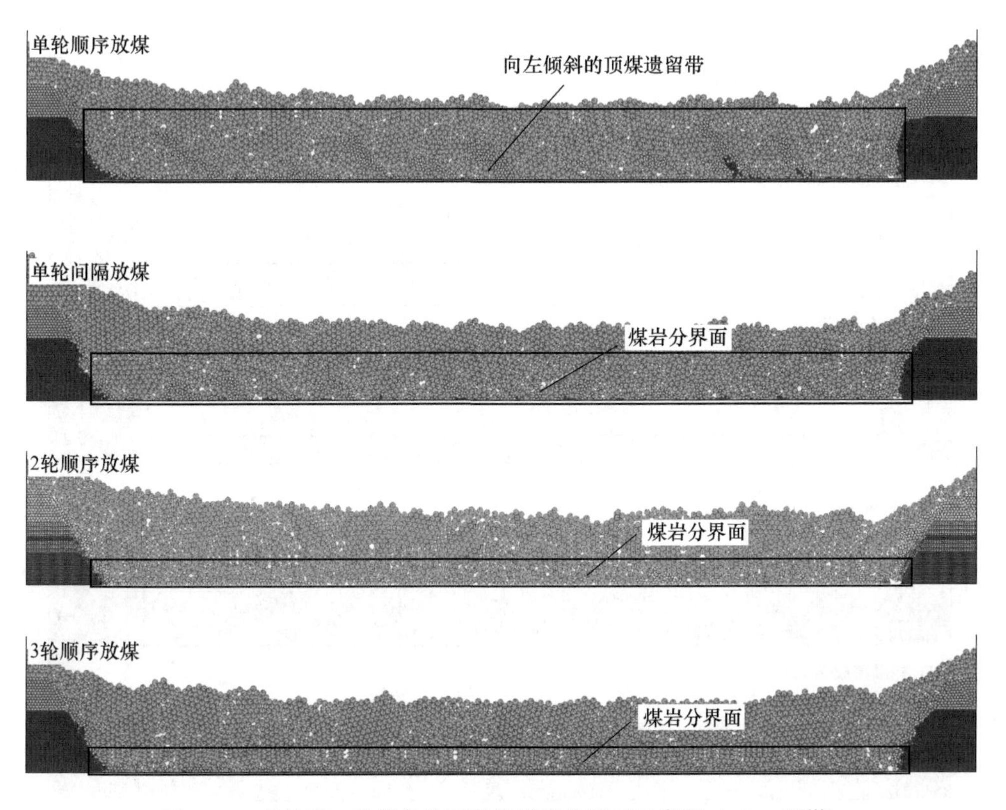

图 2.64 单放煤口放煤条件下最终煤岩分界面示意图（12 m 顶煤）

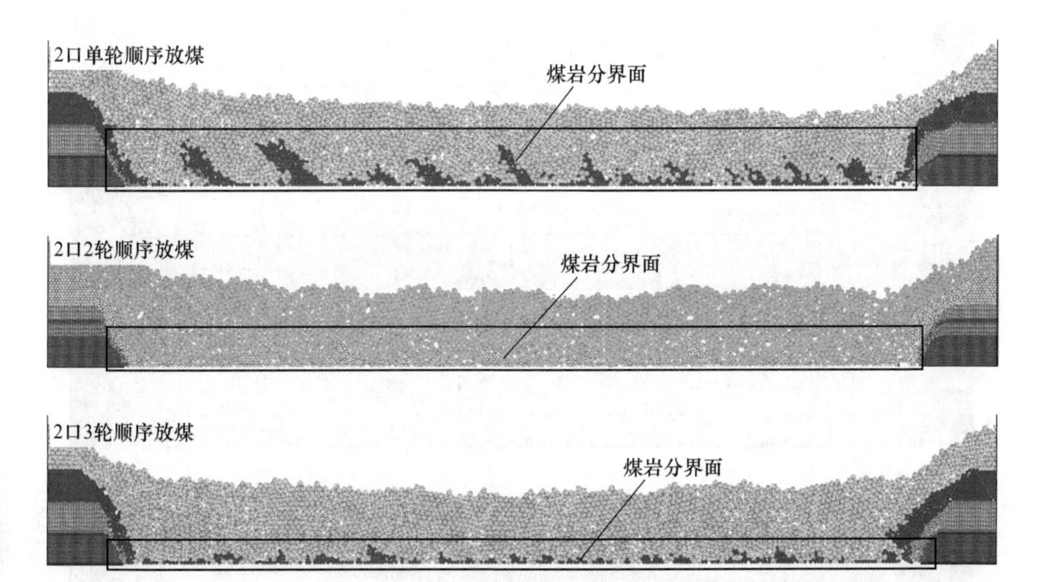

(a)

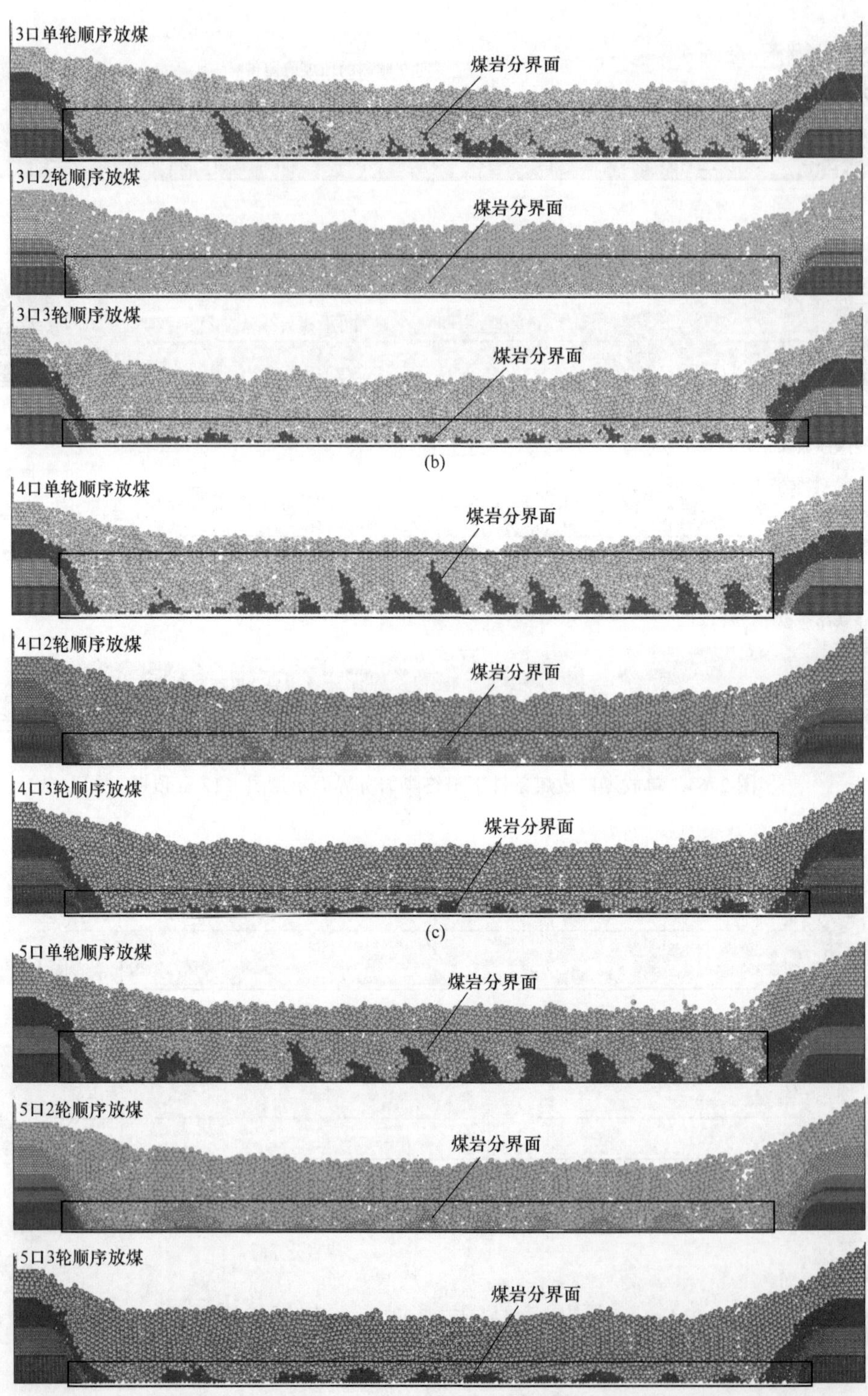
3口单轮顺序放煤
煤岩分界面
3口2轮顺序放煤
煤岩分界面
3口3轮顺序放煤
煤岩分界面
(b)
4口单轮顺序放煤
煤岩分界面
4口2轮顺序放煤
煤岩分界面
4口3轮顺序放煤
煤岩分界面
(c)
5口单轮顺序放煤
煤岩分界面
5口2轮顺序放煤
煤岩分界面
5口3轮顺序放煤
煤岩分界面
(d)

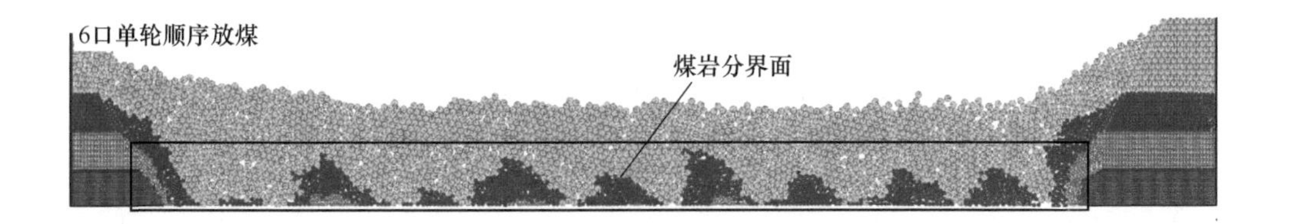

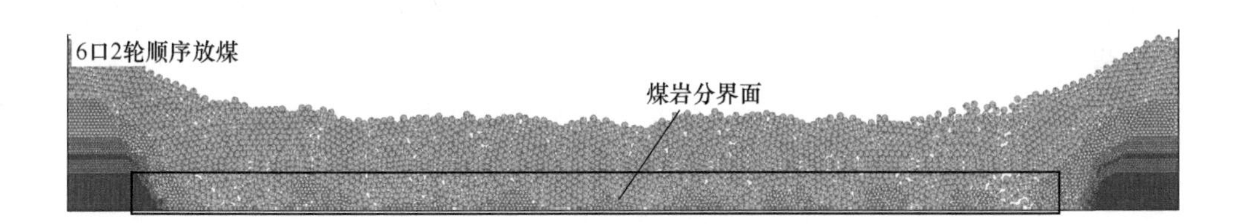

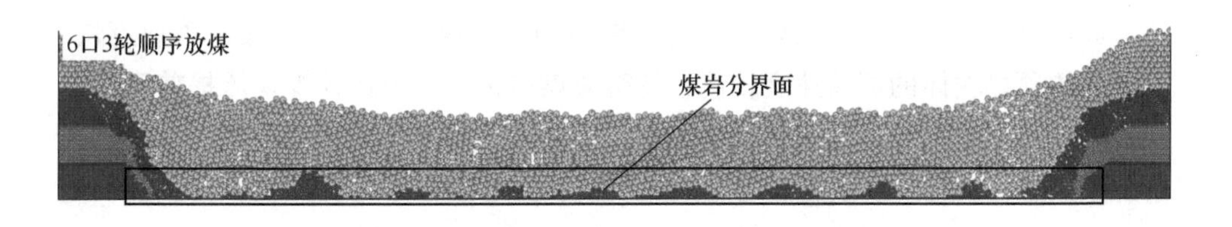

(e)

图 2.65 连续群组放煤条件下最终煤岩分界面示意图（12 m 顶煤）

（a）放煤口宽度为 3.50 m；（b）放煤口宽度为 5.25 m；（c）放煤口宽度为 7.00 m；
（d）放煤口宽度为 8.75 m；（e）放煤口宽度为 10.50 m

为明显的向左倾斜的顶煤遗留带，但是其倾斜长度逐渐减小，这是由于与单放煤口放煤相比，连续群组放煤时放煤口宽度增加后，相邻放煤口可以放出更多的煤，上部顶煤向下移动的距离更远。但由于左侧矸石提前到达放煤口，仍有部分顶煤难以放出，最终形成向左倾斜的顶煤遗留带。当放煤口宽度达到 7.00 m 后，顶煤遗煤带集中在相邻两放煤口之间，而不再向左倾斜。由 2.5 节可知，随着放煤口宽度的增加，相邻放煤口放出的顶煤量增加，煤岩分界面下方与放出体上方之间的顶煤虽然没有被及时放出，但该部分未放出的顶煤随煤流移动至下个放煤口上方，并随着下个放煤口的打开被放出，此时未能放出的顶煤形成架间遗煤而造成煤损。

放煤口宽度在 3.50 m、5.25 m 和 7.00 m 条件下，随着放煤轮数的增多，采空区煤损实现明显减少，采空区煤岩分界面明显更加平缓；而放煤口宽度为 8.75 m 和 10.50 m 时，2 轮和 3 轮放煤后采空区煤损减少程度较小，采空区仍有较多架间遗煤。上述规律说明，煤层厚度较大情况下，当同时打开放煤口个数超过一定程度时，放煤轮数增加对减少采空区遗煤的效果降低。

综上所述，顶煤厚度较薄条件下，单轮间隔放煤和同时打开放煤口个数较少时有较好的放煤效果。顶煤厚度较厚条件下，单放煤口单轮放煤容易受煤岩分界面边界影响而造成放煤效果较差，此时连续群组放煤体现了较好的适应性，尤其是同时打开放煤口个数较少（2个、3个、4个）时对所有煤层均有较好的放煤效果，而同时打开放煤口个数较多（5个、6个）时架间遗煤明显增多，影响整体放煤效果。

2.6 顶煤放出效果分析

2.6.1 顶煤放出过程中的成拱特征

放煤口上方不同区域顶煤的降落速度不同，放煤口正上方顶煤下落速度快，而其两侧顶煤块体的下落速度较慢，使得放煤口正上方大块顶煤块体提前到达放煤口附近，但受到下部两侧煤块的影响，大块顶煤块体下落速度下降，容易造成挤压成拱[103]。连续群组放煤与单放煤口放煤的区别在于单次放煤打开放煤口宽度的不同，单放煤口放煤宽度较小，大量煤块移动到放煤口上方时，由于产生“淤积”现象，煤块下落速度降低，煤块间极易相互挤压形成平衡拱，图2.66为单放煤口放煤过程中顶煤成拱现象（12 m顶煤）。

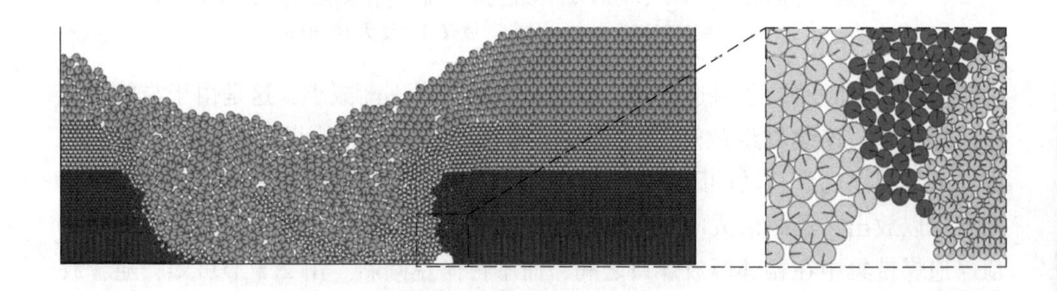

图2.66 单放煤口放煤过程中顶煤成拱现象（12 m顶煤）

在煤拱的影响下，顶煤不能顺利放出，降低了顶煤的回收率和放煤效率；而连续群组放煤增大放煤口后，增加了顶煤运动的空间，且顶煤能迅速由放煤口放出，顶煤难以在放煤口上方形成“淤积”，因此更加有利于顶煤的回收。

2.6.2　顶煤放出率和放煤效率分析

为分析连续群组放煤与单放煤口放煤方法的顶煤放出效果，对不同顶煤厚度（4 m、8 m、12 m、16 m）条件下不同放煤方式的顶煤放出率、顶煤放出时步和顶煤放出效率进行统计和计算。下面根据不同顶煤厚度进行详细分析。

2.6.2.1　顶煤厚度为 4 m 时顶煤放出率和放煤效率分析

图 2.67 为顶煤放出效果统计曲线（4 m 顶煤），其中包括顶煤厚度为 4 m 时不同放煤方法下顶煤放出率、顶煤放出时步和顶煤放出效率的变化曲线。由图中可以看出，顶煤较薄时，无论是单轮放煤还是 2 轮放煤，单放煤口的顶煤放出率

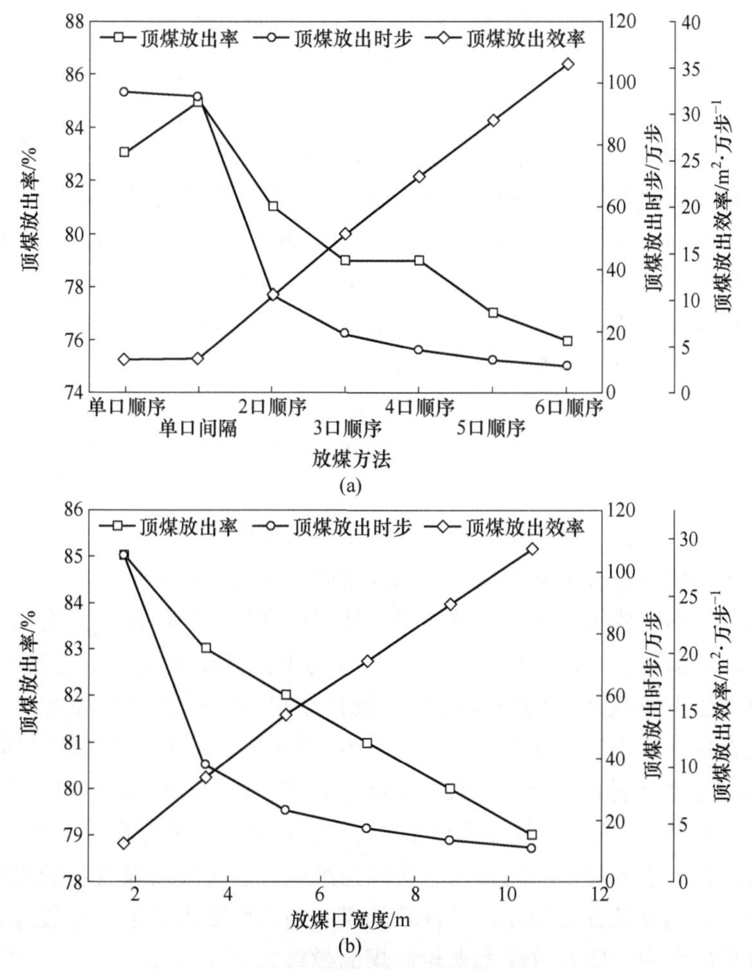

图 2.67　顶煤放出效果统计曲线（4 m 顶煤）
（a）单轮放煤；（b）2 轮放煤

要优于群组放煤，且群组放煤时随着放煤口宽度的增加，顶煤放出率不断减小。其中单轮放煤时单口间隔放煤和 2 轮放煤时单口顺序放煤的顶煤放出率最高，分别为 84.60%和 84.99%，而放煤口宽度大于 8.75 m 后，由于存在大量架间遗煤，煤损较多，顶煤放出率较低。放煤口宽度相同时，2 轮放煤的顶煤放出率均高于单轮放煤。

从顶煤放出时步来看，单放煤口放煤与群组放煤存在较大的差距，单轮放煤时单放煤口顺序放煤的放煤时步为 97.25 万步，放煤口宽度由 3.50 m 增加到 10.50 m 期间，顶煤放出时步由 32.03 万步减少至 8.81 万步，相对于单放煤口放煤步数分别降低了 67.06%到 90.94%。放煤口宽度由 1.75 m 增加到 3.50 m 时，放煤时步降低了 67.06%，而放煤口宽度由 3.50 m 增加到 10.50 m 时，放煤时步仅降低了 23.88%，说明连续群组放煤相对于单放煤口放煤，其放煤口宽度增加，顶煤有充分的空间放出，减少了顶煤在放煤口上方的堆积，导致顶煤运动速度降低，顶煤放出更加顺畅，但这种效果随放煤口宽度增加逐渐减小。

由图 2.67 可以看出，随着放煤口宽度的增加，顶煤放出效率直线上升，而且放煤口宽度相同条件下，单轮放煤的放煤效率要高于 2 轮放煤，放煤口宽度为 10.50 m、单轮放煤时放煤效率最高，达到 35.59 m^2/万步，单放煤口 2 轮放煤时放煤效率最低，为 3.33 m^2/万步，两者相差 10.69 倍。

因此在顶煤较薄条件下进行放煤方法选择，当以顶煤放出率为主要目标时可选用单轮间隔或单口 2 轮顺序放煤方法；当以顶煤放出效率为主要目标时可选用连续群组单轮放煤，尤其是同时打开较多放煤口（3~6 个）的方法；当两者兼顾时可选用连续群组 2 轮放煤方法，尤其是同时打开较少放煤口（2 个）的方法。

上述分析表明，连续群组放煤更有利于实现采放协调，同时便于与其他放煤方法相结合，使顶煤放出率和顶煤放出效率同时达到较高水平。

通过分析不同放煤方法下单次放煤的顶煤放出量，以均方差为指标表示整个放煤过程的均衡程度，顶煤放出越均衡越有利于在自动化或智能化放煤中应用。不同放煤方法下每次放煤的顶煤放出量统计结果（4 m 顶煤）如图 2.68 所示。通过对比发现，放煤口宽度为 3.50 m 到 10.50 m 时，单轮放煤单次顶煤放出量稳定后的均方差分别为 1.45、1.12、0.66、1.66、1.27，均小于单口顺序放煤时的均方差（2.15），说明单轮放煤条件下，连续群组放煤的放煤均衡性更好。2 轮放煤时，由于该放煤方法的特点，首轮为纯煤放出阶段顶煤放出受煤岩分界面影响较小，不同放煤方法均体现了首轮放煤的均衡性要大于第 2 轮放煤，因此在智能化放煤应用中，应着重注意末轮放煤的效果。

2.6.2.2　顶煤厚度为 8 m 时顶煤放出率和放煤效率分析

图 2.69 为顶煤放出效果统计曲线（8 m 顶煤），其中包括顶煤厚度为 8 m 时

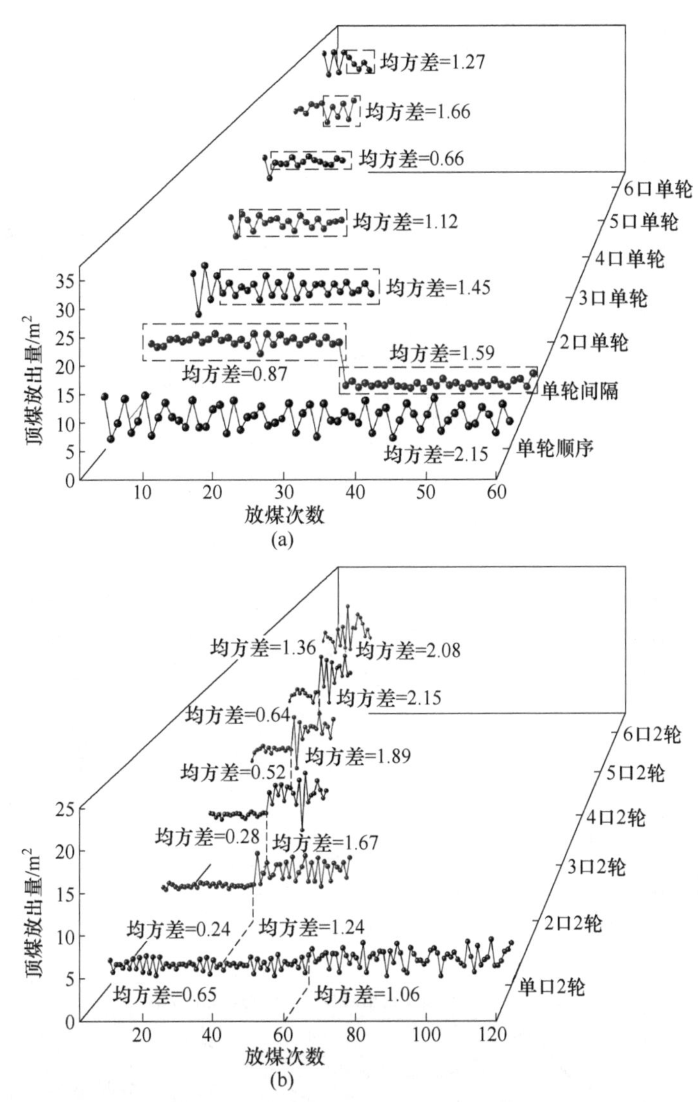

图 2.68 不同放煤方法下每次放煤的顶煤放出量统计结果（4 m 顶煤）

（a）单轮放煤；（b）2 轮放煤

不同放煤方法下顶煤放出率、顶煤放出时步和放出效率的变化曲线。由图 2.69 中可以看出，顶煤厚度增加后，顶煤放出规律相较于顶煤较薄时发生了些许变化。单轮放煤时，仍然是单口间隔放煤的顶煤放出率最高，为 84.89%，但是放煤口宽度为 3.50 m 和 5.25 m 时的放出率也达到较高水平，分别为 83.47% 和 83.36%；多轮放煤且放煤口宽度一定时，顶煤放出率随放煤轮数增加，均以放煤口宽度为 3.50 m 时的顶煤放出率最大，2 轮和 3 轮顶煤放出率分别为 85.77% 和 87.08%。可以看出，顶煤厚度增加后，连续群组放煤的放煤效果有了较大提

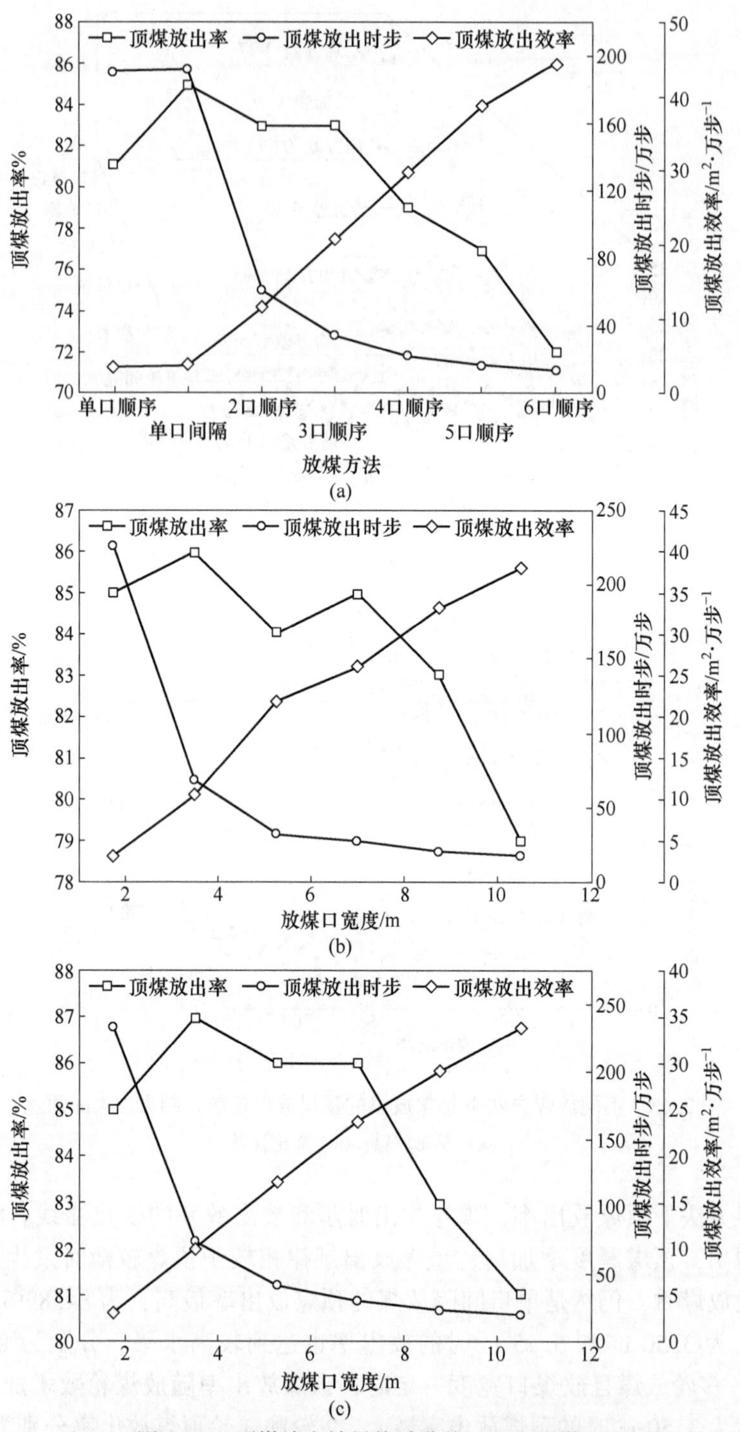

图 2.69 顶煤放出效果统计曲线（8 m 顶煤）

（a）单轮放煤；（b）2 轮放煤；（c）3 轮放煤

升，尤其是多轮放煤下连续群组放煤的优势开始凸显，但是同时打开放煤口宽度超过 7.00 m 后的顶煤放出率仍然不甚理想。

不同放煤方法的放煤时步特征基本与顶煤厚度为 4 m 时的特征一致，连续群组放煤时放煤口宽度增加，放煤口上方顶煤松散的范围更大，颗粒之间的相互作用力较单放煤口时小，同时顶煤的及时放出也为顶煤的快速放出提供了空间条件。研究表明，顶煤放出速度随放煤口宽度增加而增大，因此相同顶煤厚度条件下，连续群组放煤时的顶煤放出时步更少。而当放煤口宽度继续增加时，放煤口上方的顶煤提前松散范围继续扩大，放煤口上方的顶煤均有较好的下落空，顶煤放出速度相差不大。随着放煤口宽度的增加，单次放煤量增加，因此完成放煤时的顶煤放出时步即呈减少趋势。

由图 2.69 可以得出，不同放煤方法下的顶煤放出效率表现出两个共同规律：

（1）放煤轮数一定时，随着放煤口宽度的增加，顶煤放出效率呈现直线上升的趋势。在相同轮数条件下，在放煤效率上连续群组放煤明显要高于单放煤口放煤，以单轮放煤为例，单放煤口顺序放煤的放煤效率为 3.56 m^2/万步，放煤口宽度 3.50 m 到 10.50 m 的放煤效率分别是单放煤口放煤的 3.25 倍、5.82 倍、8.35 倍、18.86 倍和 12.55 倍。

（2）当放煤口宽度一定时，随着放煤轮数的增加，顶煤放出效率降低。不同放煤轮数之间，单轮放煤的效率最高，如放煤口宽度为 3.50 m，单轮放煤时的顶煤放出效率为 11.54 m^2/万步，2 轮和 3 轮放煤时的放煤效率分别降低了 8.79%和 13.05%。

图 2.70 为不同放煤方法下每次放煤的顶煤放出量统计结果（8 m 顶煤）。通

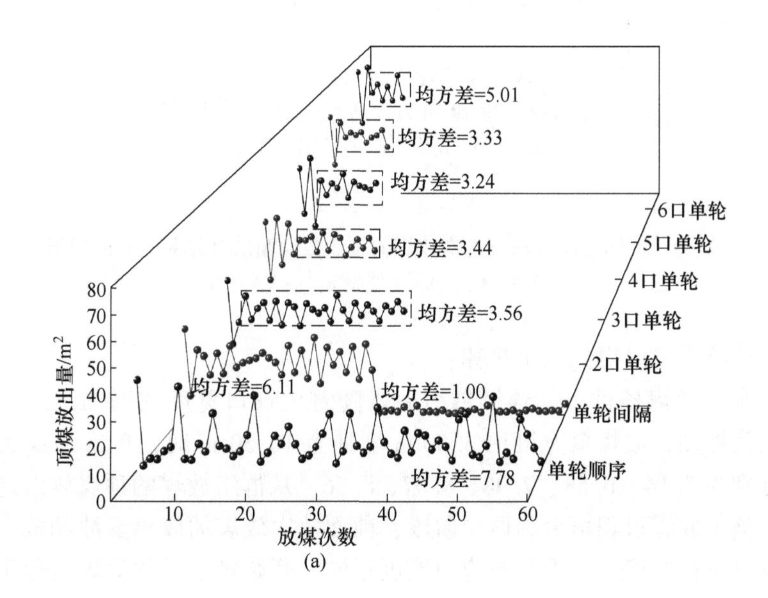

(a)

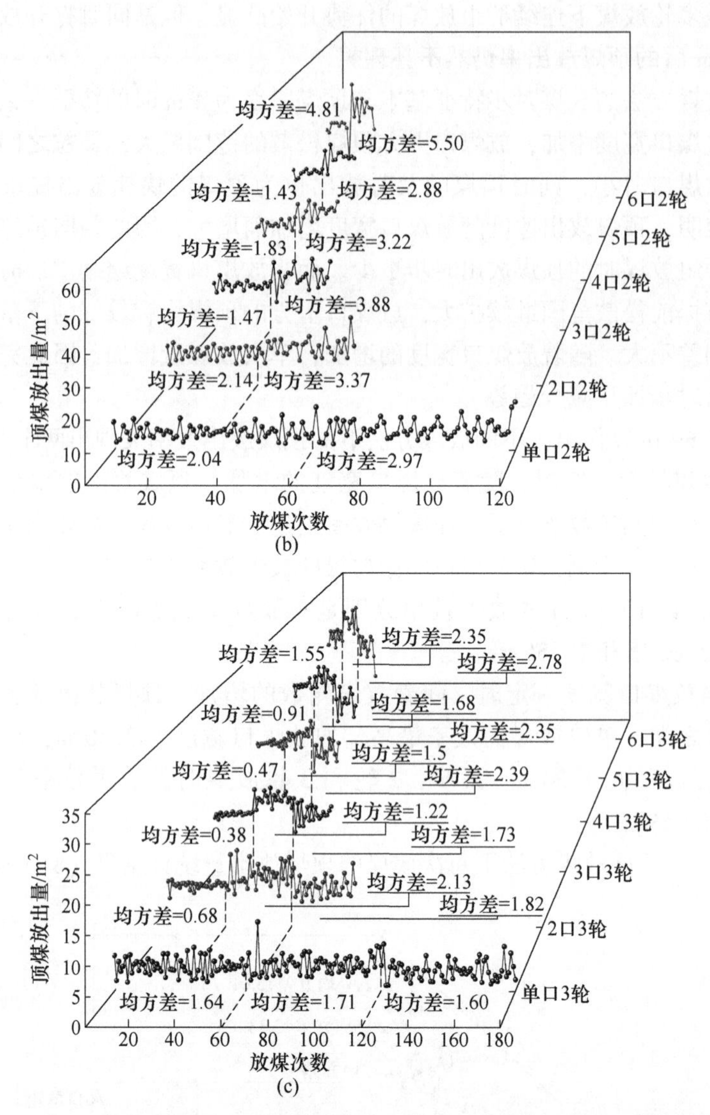

图 2.70　不同放煤方法下每次放煤的顶煤放出量统计结果（8 m 顶煤）

（a）单轮放煤；（b）2 轮放煤；（c）3 轮放煤

过分析统计结果可以得到以下规律：

（1）单轮放煤条件下，连续群组放煤随着放煤口宽度的增加，顶煤放出量的均方差值增加，放煤口宽度由 3.50 m 增加至 10.50 m 时，单次顶煤放出量的均方差分别为 5.14、6.68、7.98、8.07、8.76。从群组放煤的顶煤放出量分布特征来看，整个放煤过程可分为两个阶段，前面数次放煤的放出量波动较大，后面放煤的放煤量相对稳定，但是放煤口宽度不同，开始稳定时的放煤次数不定。放煤口宽度由 3.50 m 增加至 10.50 m 时，顶煤放出量开始稳定的次数分别是第 6 次、第 5 次、第 3 次、第 4 次，放煤量稳定后，其放煤量均方差分别为 3.56、3.44、3.24、3.33、5.01，较整体的放煤量均方差值有极大改变，该规律可以为实现放煤自动化提供借鉴。

(2) 多轮放煤条件下，前面轮次的顶煤放出量均方差均小于最后一轮，说明多轮放煤条件下，前面轮次的顶煤放出量更加均衡，最后一轮由于受煤岩分界面的影响较大，单次放出量不稳定，整体表现为均衡性较差。例如，放煤口宽度为 5.25 m 时，2 轮放煤时，第一轮顶煤放出量的均方差为 1.47，第 2 轮顶煤放出量的均方差为 3.88；3 轮放煤时，3 个放煤轮次顶煤放出量的均方差分别为 0.38、1.22、1.73。

(3) 随着放煤轮次的增多，顶煤放出量的整体均方差减小。例如，放煤口宽度为 5.25 m 时，单轮放煤、2 轮放煤和 3 轮放煤的顶煤放出量均方差分别为 6.68、3.36 和 1.88，这是由于放煤轮数增加后，每次顶煤放出高度较薄，不同放煤口之间顶煤放出量的差异性相对较小，因此表现为整体放煤的均衡性较好。

2.6.2.3 顶煤厚度为 12 m 时顶煤放出率和放煤效率分析

图 2.71 为顶煤放出效果统计曲线（12 m 顶煤），其中包括顶煤厚度为 12m 时不同放煤方法下顶煤放出率、顶煤放出时步和顶煤放出效率的变化曲线。由图 2.71 中可以看出，单轮放煤条件下，随着放煤口的增大，顶煤放出率呈现先增大再减小的规律。当放煤口宽度由 1.75 m 增加至 5.25 m 时，顶煤放出率由 84.42%升高至 85.77%；而放煤口宽度在 7.00 m 到 10.50 m 之间时，顶煤放出率则由 81.66%降低至 78.00%。据 2.5 节可知，放煤口宽度在 5.25 m 以下时，顶煤出现向左倾斜的顶煤遗留带，并随着放煤口增加顶煤遗留带逐渐减小，因此放煤口宽度由 1.75 m 增加至 5.25 m 时，顶煤放出率增大；而当放煤口宽度大于

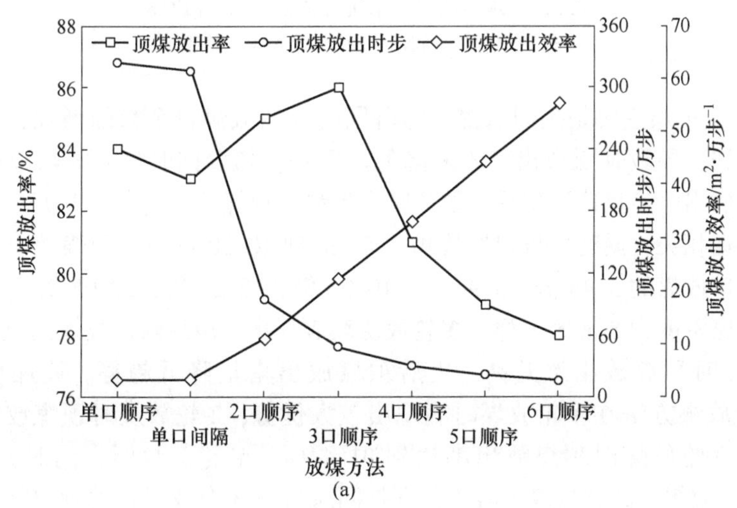

(a)

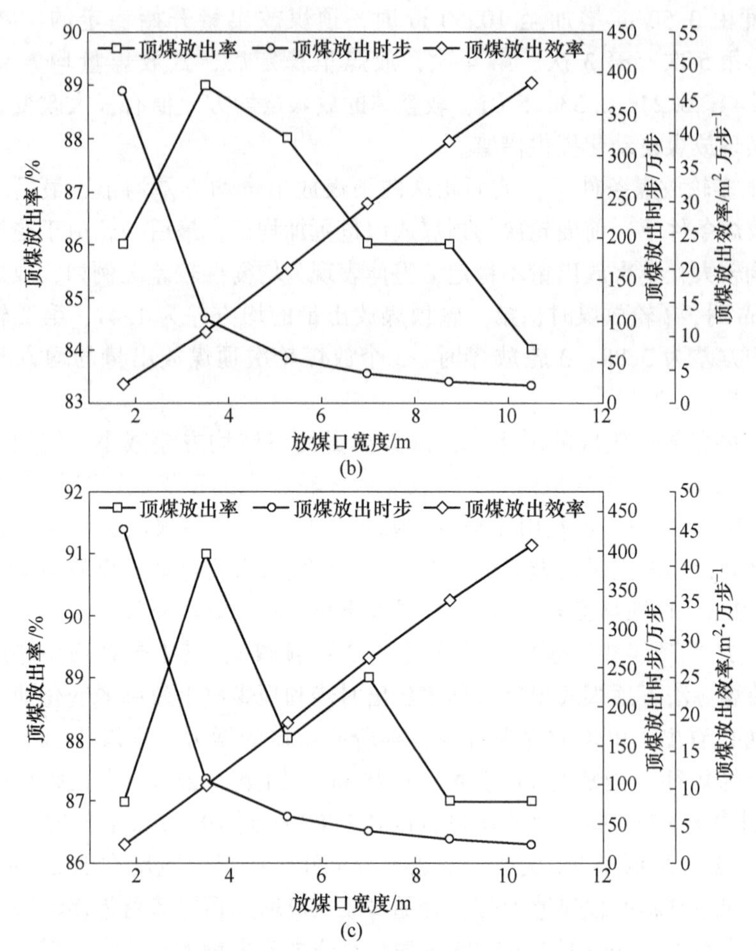

图 2.71　顶煤放出效果统计曲线（12 m 顶煤）

（a）单轮放煤；（b）2 轮放煤；（c）3 轮放煤

7.00 m 时，顶煤主要是架间遗煤，随着同时开启放煤口个数的增加，架间遗煤量不断增加，导致顶煤放出率不断降低。但是，随着同时打开放煤口个数的增加，顶煤放出时步呈现近似幂函数的减少趋势，顶煤放出率与同时开启放煤口个数呈线性正相关，同时放煤口宽度由 3.50 m 到 10.50 m 时，顶煤放出效率分别是单放煤口放煤的 3.43 倍、6.94 倍、10.26 倍、13.65 倍、17.05 倍。

与顶煤厚度为 8 m 时一样，多轮放煤均表现出由单放煤口放煤到放煤口宽度为 3.50 m 时顶煤放出率升高，之后顶煤放出率呈降低趋势。放煤口宽度为 3.50 m的放煤方法在多轮放煤时表现出较大优势，2 轮放煤时顶煤放出率达到 88.71%，3 轮放煤时顶煤放出率达到 91.44%。单轮放煤时，同时打开 4 个、5 个和 6 个放煤口的顶煤放出时步分别是同时打开 3 个放煤口的顶煤放出时步的

64.44%、46.64%和37.03%，相比于同时打开4个、5个和6个放煤口单轮放煤，2轮放煤时各放煤方式的顶煤放出率为86.33%、85.52%、83.98%，3轮放煤时各放煤方式的顶煤放出率为88.76%、87.01%、86.62%，可见，3轮放煤时同时打开4个、5个和6个放煤口的顶煤放出率均大于同时打开3个放煤口的放出率，而放煤效率分别为27.44 m^2/万步、35.36 m^2/万步、42.77 m^2/万步，均大于同时打开3个放煤口时的22.57 m^2/万步。因此在放煤时间需求一致时，可以通过同时打开较多放煤口、增加放煤轮数来提高顶煤放出率且保证较高的放煤效率。

不同放煤方法下每次放煤的顶煤放出量统计结果（12 m顶煤）如图2.72所示。单轮放煤时，同时打开的放煤口个数由1增加到6的放煤量均方差分别为13.58、13.76、16.81、20.05、19.51、20.44，整体呈现随放煤口个数增加而增大的特征。通过分析每次放煤的顶煤放出量规律可知，当放煤口同时打开个数为1和2时，全放煤过程每次放煤的放出量处于波动状态，除首次放煤的放出量较大外，其余各次放煤的放出量均在一定范围内波动。当同时打开放煤口个数增大到6时，整个放煤过程分为两个阶段，前面数次放煤的放出量波动较大，后面放煤的放出量相对稳定。但是同时打开不同放煤口个数开始稳定的放煤次数不定，同时打开3个、4个、5个、6个放煤口时，顶煤放出量开始稳定的次数分别是第9次、第9次、第6次、第7次，放煤量稳定后其放煤量均方差分别为6.59、2.31、4.71、3.25，比整体的放煤量均方差有极大改善，该结论与顶煤厚度为8 m时的情况类似，说明连续群组放煤后期每次放煤的顶煤放出量逐渐趋于稳定，如图2.72（a）所示。

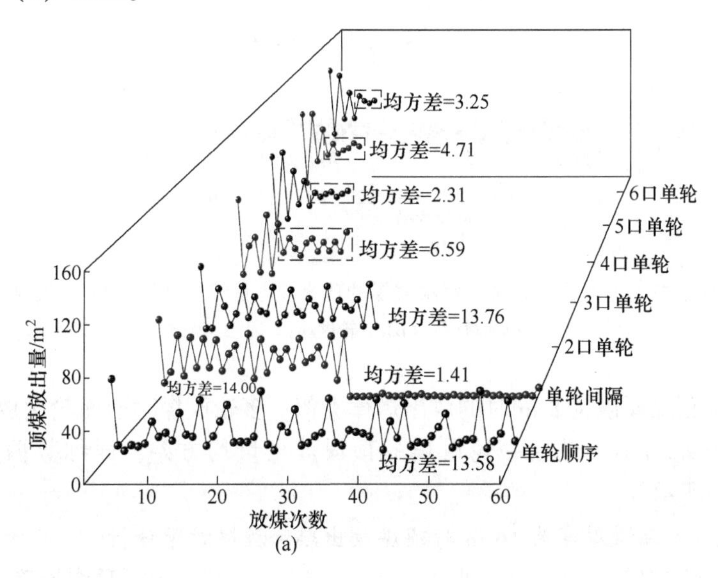

(a)

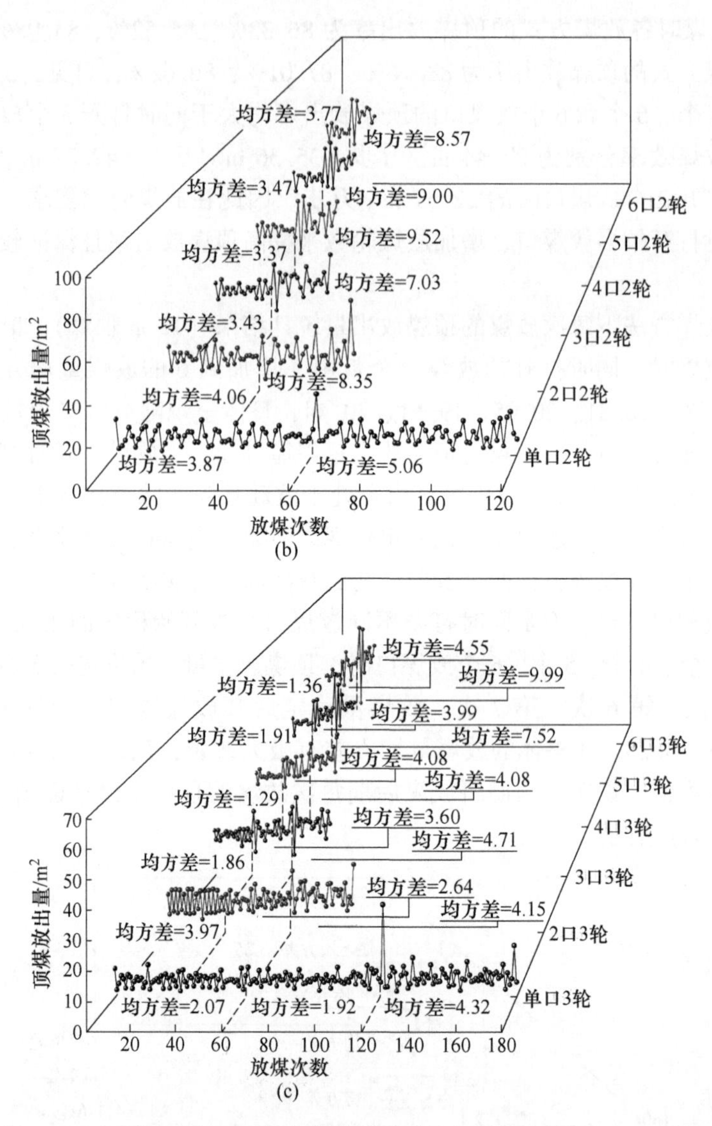

图 2.72　不同放煤方法下每次放煤的顶煤放出量统计结果（12 m 顶煤）

（a）单轮放煤；（b）2 轮放煤；（c）3 轮放煤

同样与顶煤厚度为 8 m 时的放出规律类似，多轮放煤时前面轮次放煤的顶煤放出量均方差均小于最后一轮放煤的顶煤放出量均方差，详细数据如图 2.72（b）、（c）所示。

2.6.2.4　顶煤厚度为 16 m 时顶煤放出率和放煤效率分析

图 2.73 顶煤放出效果统计曲线（16 m 顶煤），其中包括顶煤厚度为 16 m 时

不同放煤方法下顶煤放出率、顶煤放出时步和顶煤放出效率的变化曲线。总体来看，顶煤厚度为 16 m 时的放煤效果规律与顶煤厚度为 12 m 时的类似，单轮放煤时也呈现出随同时打开放煤口个数增加，顶煤放出率先升高后降低的变化规律，当同时打开放煤口个数为 3 时，顶煤放出率最高，为 85.44%。多轮放煤时，同样是同时打开 2 个放煤口，放煤时具有较好的顶煤放出率，2 轮放煤和 3 轮放煤时顶煤放出率分别为 90.38%和 91.72%。随着煤层厚度的增加，单放煤口采空区内遗留大量的倾斜遗煤带和同时打开放煤口个数较多时采空区存在的大量架间遗煤量，均使顶煤放出率进一步受到影响。

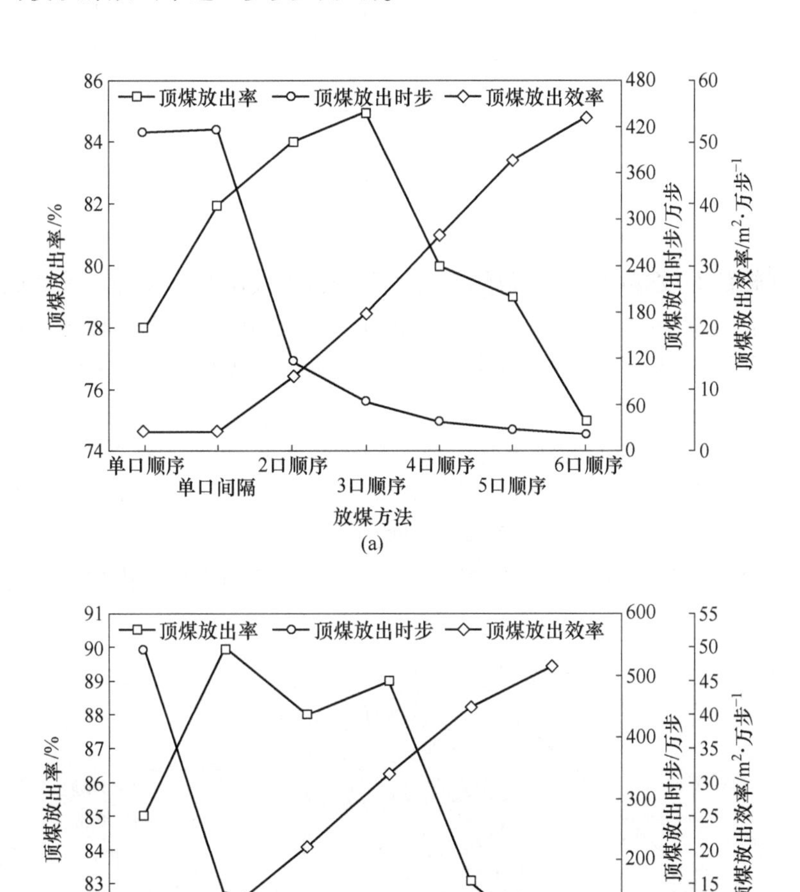

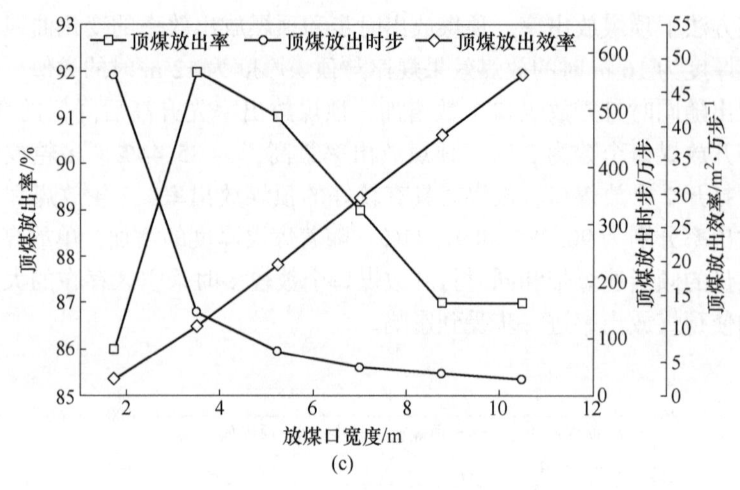

图 2.73　顶煤放出效果统计曲线（16 m 顶煤）

（a）单轮放煤；（b）2 轮放煤；（c）3 轮放煤

不同轮数的放煤中，群组放煤有着明显的顶煤放出效率优势，其完成整个工作面顶煤放出所用时步更少，而不同放煤方法之间顶煤放出率的相对变化范围较小，因此顶煤放出效率受顶煤放出时步影响较大，即顶煤放出效率随放煤轮数增加呈直线式上升。

图 2.74 为不同放煤方法下每次放煤的顶煤放出量统计结果（12 m 顶煤）。通过分析可以得知，每次放煤的顶煤放出量的规律与前文不同顶煤厚度的规律基本类似。但可以明显看出，当顶煤厚度增加后，连续群组每次放煤的放出量增加，而每次顶煤放出量的离散程度同样也在变大，不利于自动化放煤的实现，而

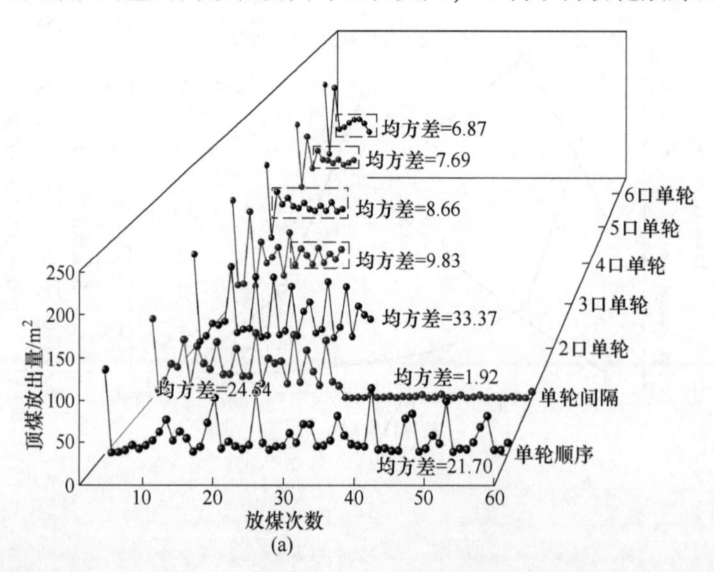

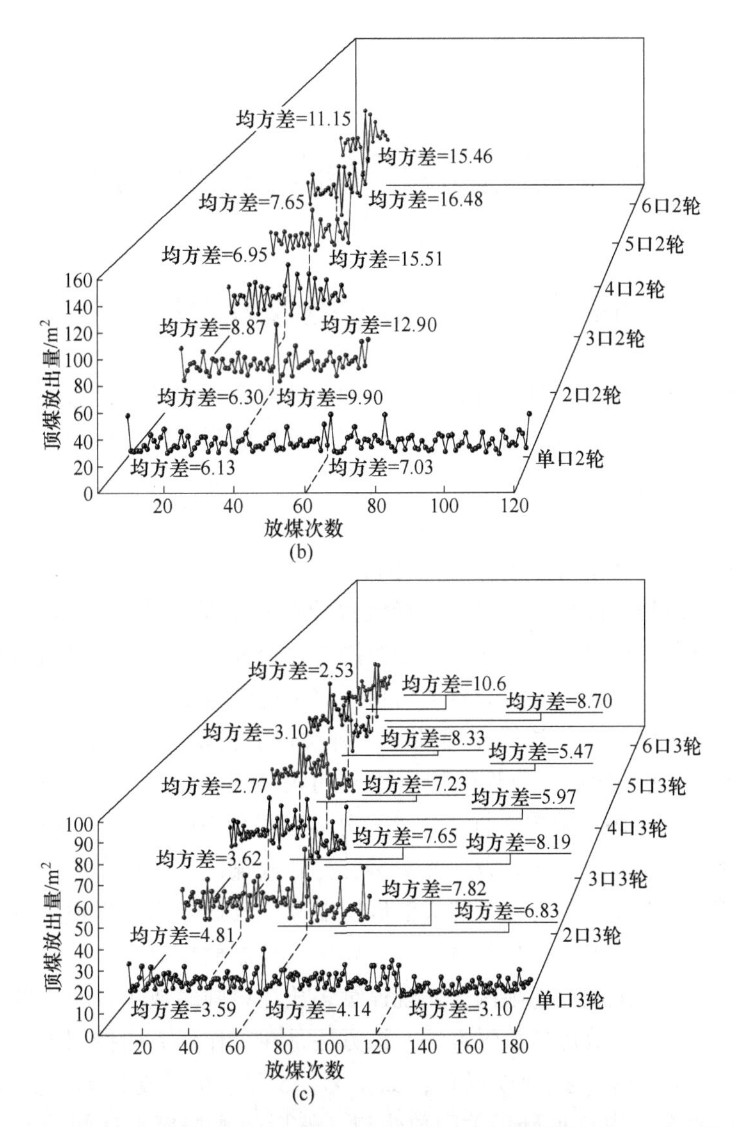

图 2.74 不同放煤方法下每次放煤的顶煤放出量统计结果（12 m 顶煤）

(a) 单轮放煤；(b) 2 轮放煤；(c) 3 轮放煤

单放煤口放煤时，由于单次顶煤放出量较小，具有更均衡的顶煤放出量，但是其放煤时间又过长，严重影响了顶煤放出效率。因此，对特厚煤层放煤采用连续群组多轮放煤方法时，可以适当增加放煤轮次，使得每次放煤的顶煤放出量在一个合理的范围之内。连续群组放煤具有顶煤放出效率高的特点，这样既能保证较高的顶煤放出率和顶煤放出效率，又有利于实现自动化放煤。

3　特厚煤层综放面间隔群组放煤方法

3.1　间隔群组放煤方法的含义及顶煤放出特征

顶煤放出过程可以分为纯煤放出阶段和煤矸混合放出阶段，煤岩分界面下顶煤属于纯煤放出阶段，当顶煤放出体超出其与煤岩分界面边界相切位置后开始进入煤矸混合放出阶段。当采用单轮放煤时，煤岩分界面对其下方顶煤放出体的发育影响较大。顶煤放出规律的 BBR 研究体系中提到，煤岩分界面与放出体是影响顶煤放出率与含矸率的因素。放出体是不可控因素，煤岩分界面是可控因素，控制煤岩分界面是提高顶煤放出率、降低含矸率的主要途径[83]，多轮顺序放煤或者不连续的多放煤口同时放煤常用来控制煤岩分界面的形态，目的均是让煤岩分界面缓慢下降，以减弱煤岩分界面对顶煤放出的影响。

多轮顺序放煤是按照放煤支架顺序，每次仅放出部分顶煤，如顶煤的 1/2、1/3 等，依次放完一轮后，再返回按照原来的顺序放第 2 轮、第 3 轮，如图 3.1（a）所示，该方法操作简单，且能使煤岩分界面平稳下降，顶煤含矸率降低。但是在人工放煤条件下，该放煤方式需要多次打开放煤口，而每次放出的煤量难以控制，使煤岩分界面多受扰动且造成混矸层变厚，反而导致煤炭损失量大、顶煤含矸率高。再者，人工进行多轮放煤，需要多次控制放煤口，作业烦琐，严重影响放煤效率；受人工放煤的限制，实现连续多放煤口同时放煤较有难度，因此现场多采用不连续的多放煤口放煤方法，该方法是在工作面方向按照支架顺序，依次间隔固定支架，打开数个放煤口，如 1 号、5 号、9 号支架同时放煤（见图 3.1（b）），直至放煤口见矸后关闭放煤口，然后依次按照上述间隔方式打开放煤口进行放煤。该放煤方法在放煤初期煤岩分界面可以平缓下降，当下降到一定程度后开始出现凹凸不平，随着煤岩分界面继续下降，凹凸不平现象越明显，直至放煤口见矸时，打开的放煤口之间就会形成倒 U 形脊背遗煤，在脊背遗煤放出过程中仍然可能会由于相邻支架矸石提前窜入而导致脊背遗煤大量损失。

上述两种方法各有优势，多轮顺序放煤方法在前面数轮中均处在纯煤放出阶段，在放煤口尺寸不变的条件下仅需控制放煤时间即能保证每轮的放煤量；不连续多放煤口放煤方法在一定高度内可以使煤岩分界面缓慢下降，有利于降低矸石的混入率。结合上述两种放煤方法的优势，提出了间隔群组放煤方法，该方法是

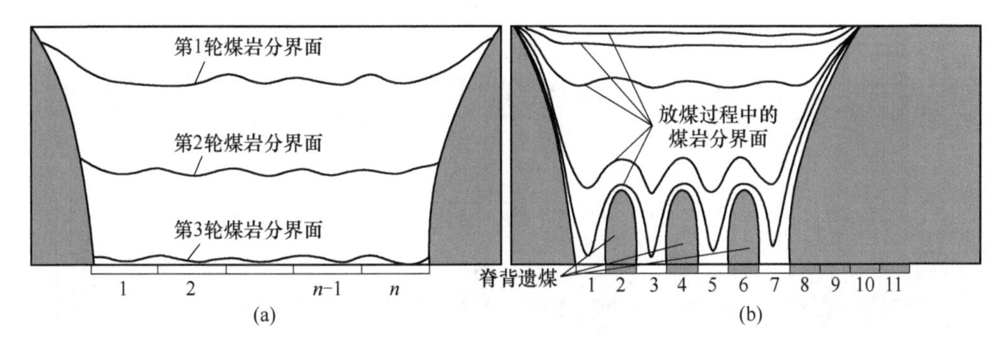

图 3.1 多轮顺序放煤（a）和不连续多放煤口放煤（b）示意图
（图中下方数据均为支架放煤口编号）

指放煤过程中沿工作面倾向方向同时打开 N 个放煤口（$N\geqslant2$）进行放煤，同时打开的放煤口之间间隔 n 个支架（$n\geqslant1$），放煤过程中煤岩分界面始终以倾斜直线的形式移动，使煤岩分界面缓慢下降，从而减小煤岩分界面对放煤的影响。该放煤方法分为初始放煤、中间放煤和末段放煤 3 个阶段：初始放煤阶段的意义在于构造出近似倾斜直线的初始煤岩分界面，有利于后续顶煤的放出；中间放煤阶段有 N 个放煤口同时放煤，以最后 1 轮的放煤口见矸为 N 个放煤口关窗的条件，使煤岩分界面始终以近似直线的形式移动；末段放煤阶段由第 1 轮最后一个放煤口关闭后开始，之后同时打开放煤口按照放煤顺序逐渐依次减少，直至第 N 轮最后一个关闭，工作面本循环放煤作业结束。

3.1.1 初始放煤阶段顶煤放出特征

3.1.1.1 初始放煤阶段

间隔群组放煤将整个顶煤分成 N 轮放出，初始放煤阶段时第 1 轮放煤口按照支架顺序放煤，每次放出约 $1/N$ 的顶煤，当第 1 轮放煤移动至（$n+1$）号支架时，同时第 2 轮放煤由 1 号支架开始放煤，每次仍放出约 $1/N$ 的顶煤，依次规律直到第 N 轮从 1 号支架开始，之后 N 个放煤口同时放煤，直至 1 号支架见矸关闭放煤口，此时初始放煤阶段结束，形成近似倾斜直线的煤岩分界面。

图 3.2 为顶煤厚度 12 m 时 3 轮间隔 6 架群组放煤初始放煤过程示意图，本节通过该条件介绍间隔群组初始放煤阶段的工艺流程。第 1 轮由 1 号支架开始顺序放煤，当第 1 轮放到 8 号支架时，第 2 轮放煤由 1 号支架开始，此时 1 号和8 号支架同时放煤，之后同时有 2 个放煤口按照支架顺序放煤（2 和 9，3 和10，……）；当第 2 轮放至 8 号支架时，第 3 轮放煤从 1 号支架开始，此时 1、8 和 15 号支架同时放煤，当第 3 轮的 1 号放煤口见矸关窗后，间隔群组放煤的初始阶段结束。

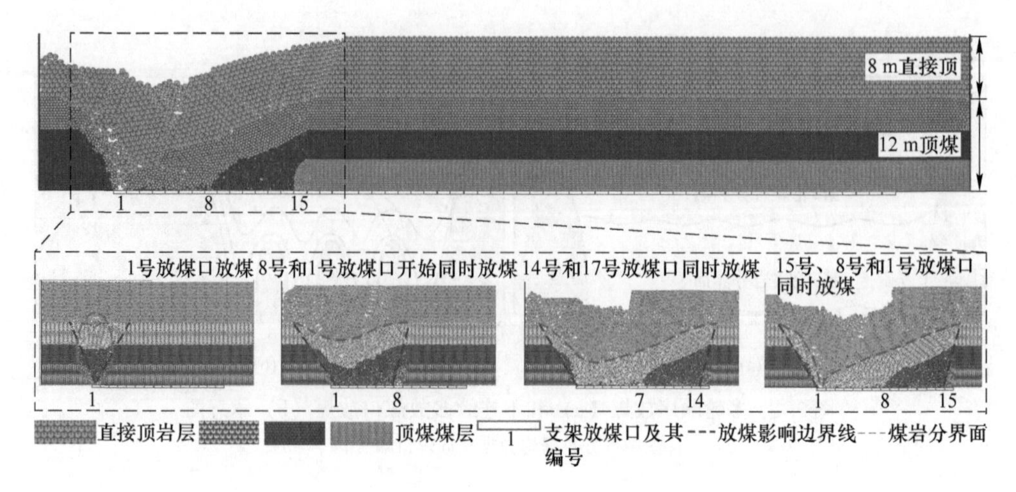

图 3.2 3 轮间隔 6 架群组放煤初始放煤过程示意图

3.1.1.2 初始放煤煤岩分界面演化过程

初始放煤是间隔群组放煤中最重要的阶段，该阶段形成的煤岩分界面直接影响后续放煤阶段的放煤效果，因此需要对初始放煤煤岩分界面的形态特征及演化过程进行研究。

(1) 散体顶煤颗粒的空间特征。散体顶煤颗粒由顶煤颗粒和顶煤颗粒间的空隙组成。其符合一般散体的物理力学性质，具有二次松散性和压实性。二次松散性是指一定空间内的散体颗粒由放出口放出一部分后，剩余散体颗粒的松散程度发生变化，一般采用二次松散系数表示。压实性是指自由堆积的散体在自重或者外力作用下被压实，使散体结构更加密实，一般采用压实系数表示。压实系数与时间密切相关，在自重作用下，随着时间的延长，散体物料压实程度更高[106]。二次松散系数和压实系数分别由式 (3.1) 和式 (3.2) 表示。

$$\eta = \frac{Q_{eh}}{Q_{eq}} \tag{3.1}$$

$$\psi = \frac{Q_{q'}}{Q_y} \tag{3.2}$$

式中，η 为二次松散系数，一般在 1.066~1.100 范围内变动；Q_{eh} 为二次松散后的散体体积，m^3；Q_{eq} 为二次松散前的散体体积，m^3；ψ 为压实系数，一般在 1.05~1.52 范围内变动；$Q_{q'}$ 为压实前的散体体积，m^3；Q_y 为压实后的散体体积，m^3。

(2) 散体顶煤颗粒的放出规律。根据间隔群组放煤的特征，将整个煤层厚度划分为 N 轮进行放出，每轮只放出 $1/N$ 的厚度，单轮放出高度小于顶煤厚度，因此，根据经典放矿理论[99,107]，顶煤由放煤口放出后，其原本所占空间为一旋转椭球体，成为放出椭球体，受放出顶煤影响而引起散体煤岩移动的空间为松动椭球体，与放出椭球体高度同水平的界面形成降落漏斗，在放出椭球体高度之上各水平形成的移动界面称为移动漏斗，降落漏斗和移动漏斗均为放出漏斗，其在松动椭球体内发育，顶煤放出过程中煤岩移动规律如图3.3所示。

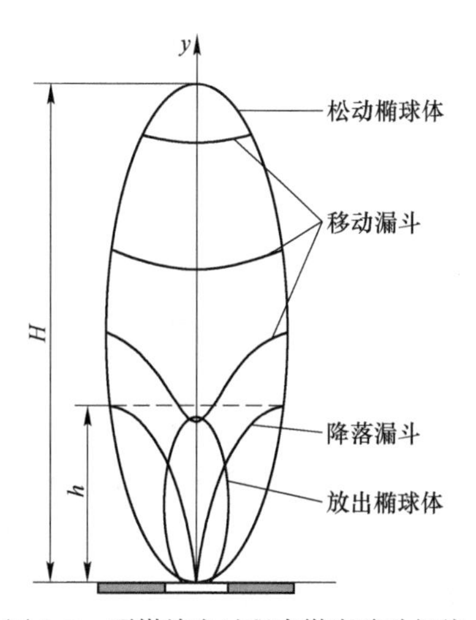

图3.3 顶煤放出过程中煤岩移动规律

H—松动椭球体高度；h—放出椭球体高度

（3）顶煤放出对上覆煤岩层的影响。结合煤层开采后地表移动特征，顶煤放出后对其上覆散体顶煤及散体矸石也有类似的影响。随着顶煤的放出，其上覆煤岩层也跟着发生移动，本节仅以初始煤岩分界面为研究对象，研究顶煤放出对煤岩分界面的影响规律。煤层开采过程中，随着采空区的增大，其上覆岩层移动发展至地表，地表开始变形下沉，形成移动盆地。随着开采的进行，移动盆地的最大下沉值逐渐增大。移动盆地的发展过程可以分为两个阶段，在移动盆地最大下沉值尚未达到峰值之前为非充分采动，该阶段地表移动盆地呈尖底对称的碗状形态且最大下沉值随开采范围增大而增大，如图3.4（a）中最大下沉值W_1、W_2、W_3、W_4逐渐增大；当移动盆地最大下沉值达到峰值之后为充分采动（或超充分采动），该阶段地表移动盆地最大下沉值不再随开采范围增大，如图3.4（a）中最大下沉值W_4与W_5相等，形成平底碗状形态。

但是，地表下沉是一个连续介质的弯曲下沉过程且地表没有载荷，而顶煤移动变形是散体介质的移动过程且受基本顶及直接顶的载荷影响，由于散体介质具有二次松散和压实的特性，煤岩分界面的弯曲下沉过程不同于地表下沉的规律。间隔群组放煤时，某一层顶煤放出后，上覆煤层移动发展至初始煤岩分界面，煤岩分界面发生弯曲下沉，同样形成移动盆地，随着放煤的进行，移动盆地的最大下沉值逐渐增大。煤岩分界面移动盆地的变化过程也大致可以分为两个阶段：在煤岩分界面最大下沉值尚未达到峰值之前为非充分变形阶段，当打开首个放煤口放出煤后，煤岩分界面可形成移动漏斗（见图3.3），呈对称状。随着放煤范围的逐渐增加，煤岩分界面移动盆地范围也在扩大，最大下沉值不断增大，但是由于散体顶煤具有二次松散和压实的特性，其中二次松散性具有瞬时的特征，压实性具有时效性，因此某一层顶煤放出后，上覆散体顶煤经历了瞬间二次松散和逐渐压实的过程。放煤过程中某个放煤口放煤后，其上覆顶煤发生二次松散，煤岩分界面下沉量相对较小，而其之间放煤口上覆顶煤在自重和上覆矸石负载作用

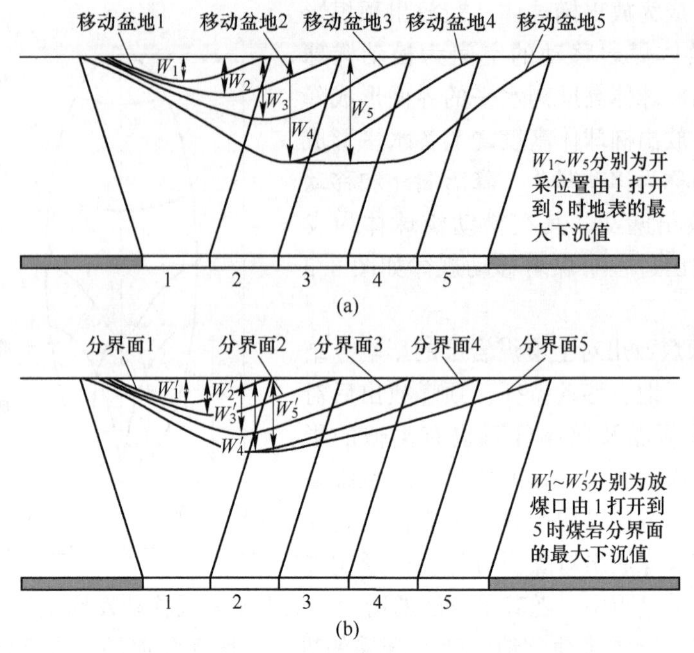

图 3.4 煤岩分界面移动盆地形成过程

（a）地表移动特征；（b）煤岩分界面移动特征

下，随时间延长逐渐压实，煤岩分界面下沉量逐渐增加。因此随着放煤的进行，放煤范围内前面放煤区间的煤岩分界面下沉量大并趋于稳定，后面放煤区间的煤岩分界面下沉量尚不稳定且处于由二次松散到压实的过程中，因此该区间煤岩分界面的斜率小于前面放煤区间，此时煤岩分界面形成不对称的尖底碗状形态且最大下沉值点位于放出范围中轴的前部，如图 3.4（b）中煤岩分界面 1~4；当煤岩分界面移动盆地最大下沉值达到最大值之后为充分变形阶段，此时煤岩分界面移动盆地的最大下沉值不再随放煤范围增大，形成平底碗状形态如图 3.4（b）中煤岩分界面 5，同样由于散体顶煤的二次松散和压实特征，该煤岩分界面呈不对称形成，煤岩分界面移动盆地的最大下沉位置之前顶煤基本压实，压缩变形变化率趋近于零，最大下沉位置之后散体顶煤处于二次松散后的压实过程中，不同位置的压缩量随时间延长而逐渐增加，形成一条近似的倾斜直线。

初始放煤后煤岩层移动特征如图 3.5 所示，图中的煤岩分界面的演化过程符合上述理论结果。当 1 号放煤口放煤结束后，放煤口上方的顶煤发生弯曲下沉，煤岩分界面在松动椭球体影响范围内形成移动漏斗，由于单次放出顶煤的体积较小，散体的顶煤二次松散后体积膨胀，移动漏斗下沉值较小。虽然松散椭球体外的煤体不发生沉降，但由于顶煤放出的影响，仍有一定范围内的顶煤颗粒发生松动而产生裂隙，由煤岩分界面至放煤口裂隙贯通形成移动边界线，此时移动边界线基本呈对称分布，如图3.5（a）所示。当第1轮放煤口打开到7号时，第2轮尚未开始，形成非对称的平底碗状煤岩分界面，且煤岩分界面在最大下沉值左侧的斜率大于右侧的斜率；随着放煤的进行，左侧移动边界线的影响范围逐渐增大，其倾斜变缓，由于放煤后顶煤二次松散减小了顶煤的变形，改变了顶煤变形的影响范围，因此右侧移动边界线较陡，如图3.5（b）所示。在第3轮开始前，2轮同时放煤时上述规律更加明显，如图3.5（c）所示，最大下沉值两侧煤岩分界面的斜率差值和长度差值均随放煤范围的增加而增大，最大下沉值右侧煤岩分界面逐渐形成倾斜直线；当3轮同时开始放煤后，形成放煤阶段的最终煤岩分界面，煤岩分界面被矸石阻隔为两段，煤岩分界面左侧边界不断下沉最终形成左侧移动边界线，煤岩分界面右侧边界由于三层顶煤同时放出，煤岩分界面本身存在梯度，但由于二次松散后的顶煤压实过程具有时效性，且煤岩分界面梯度落差小、覆盖范围大，使最终煤岩分界面形成类似倾斜直线的形态，如图3.5（d）所示。

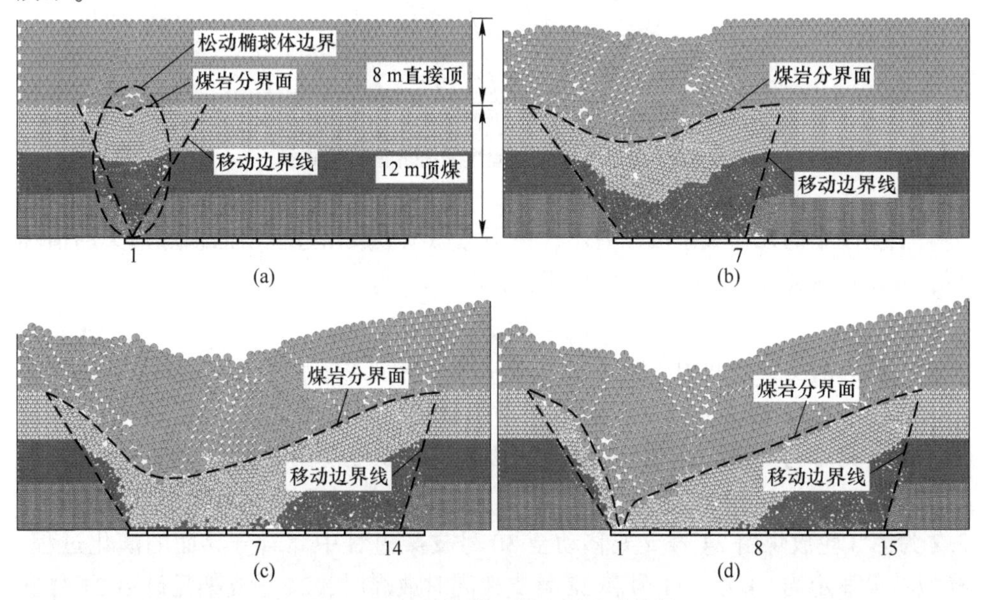

图3.5 初始放煤后煤岩层移动特征

（a）首次放煤后；（b）第2轮开始前；（c）第3轮开始前；（d）首次3轮同时放煤后

3.1.2 中间放煤阶段顶煤放出特征

中间放煤阶段是在初始放煤形成的煤岩分界面下进行，该阶段N个放煤口同时打开放煤，由于前（N+1）轮均是纯煤放出，因此放煤以最后一轮的放煤口见矸为停止条件。第1轮放煤和第N轮放煤之间间隔距离为$L_j = 2D[(n+1)(N-1)-1]$，且两者之间的煤岩分界面呈倾斜直线，因此在L_j足够长的情况下，最后一轮放煤口上方仅有少量的顶煤，顶煤放出时间较短。以最后一轮放煤见矸为关闭放煤口条件时，N 个放煤口在短时间内同时放出等量的顶煤，由于放出煤量较少，放煤对煤岩分界面的影响较小，除最后一轮的放煤口外其余放煤口上方的煤岩分界面仅有微弱下沉，煤岩分界面仍能保持倾斜直线的状态。

随着放煤的进行，煤岩分界面整体向前推进，由于单次放煤口放煤量较小，很难计算单次放煤的放煤量。但是通过分析中间放煤过程发现，每向前移动 1 架，该放煤口上方的煤岩分界面会有微弱下沉，当放煤口移动（n+1）架后，煤岩分界面会重新形成类似初始煤岩分界面的状态，因此可以计算移动（n+1）架后煤岩分界面围成的面积来估算该时间内放出的煤量，中间放煤过程煤岩分界面演化特征如图 3.6 所示。

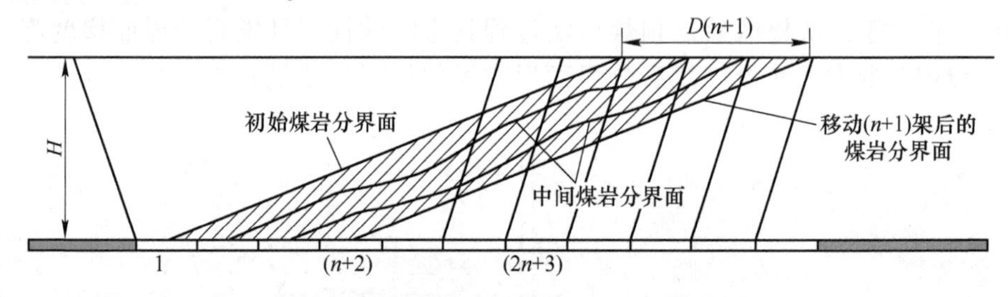

图 3.6 中间放煤过程煤岩分界面演化特征

根据图中的几何关系可以看出，在不考虑顶煤放出过程中的顶煤损失的情况下，放煤口每移动（n+1）架后的顶煤放出量 V_q 为：

$$V_q = D(n + 1)H \tag{3.3}$$

式中，D 为两支架之间中心距，m；n 为每轮间隔架数；H 为顶煤高度，m。

以顶煤厚度 12 m 时 3 轮间隔 6 架群组放煤初始放煤过程为例，初始放煤阶段之后，第 2 号（第 3 轮）、9 号（第 2 轮）、16 号（第 1 轮）支架同时放煤，之后每轮放煤均按照支架顺序进行放煤，以第 3 轮见矸为关闭放煤口条件。图 3.7 为第 3 轮放煤由 24 号支架移动至 30 号支架过程中煤岩分界面的演化过程，模拟结果显示当 24 号、31 号和 38 号支架同时放煤时，24 号支架见矸后 31 号支架上方煤岩分界面下沉，使直线成为中间弯曲的曲线，随着放煤口顺序开启，煤岩分界面中部的弯曲部分逐渐变缓，最终在第 3 轮放煤至 30 号支架时，煤岩分界面基本恢复成倾斜直线的状态。模拟结果与理论分析结果一致。

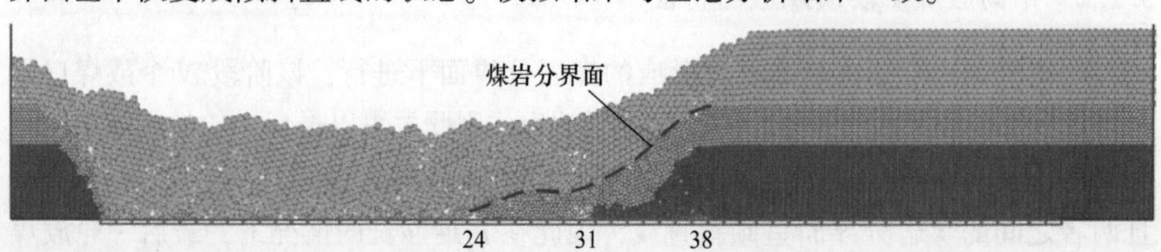

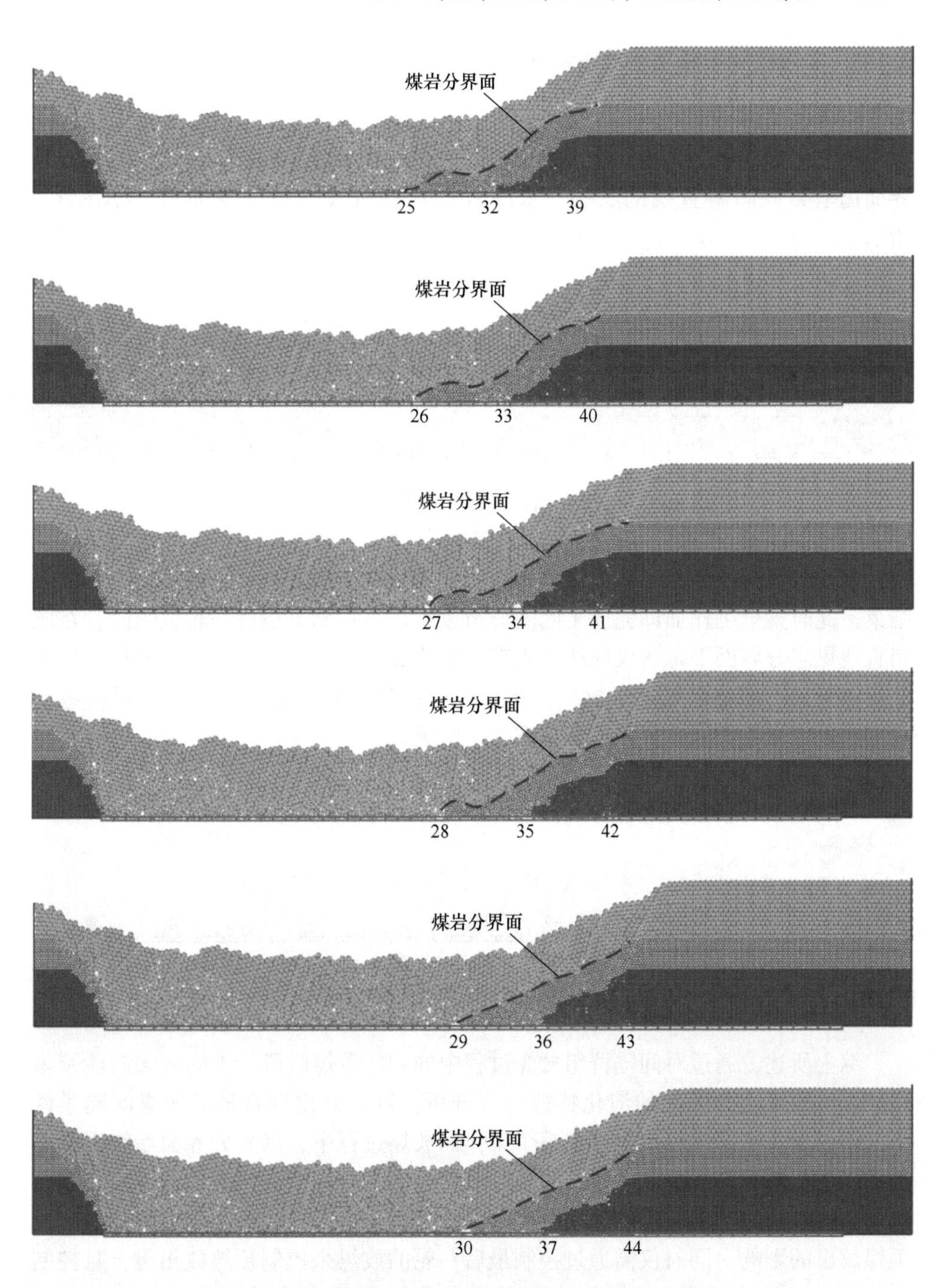

图 3.7　中间放煤阶段煤岩分界面演化过程模拟结果

（图中数字为支架放煤口编号）

3.1.3　末段放煤阶段顶煤放出特征

同样以顶煤厚度 12 m 时 3 轮间隔 6 架群组放煤初始放煤过程为例进行末段放煤研究。末段放煤阶段开始于第 1 轮最后一个放煤口结束放煤，此时的煤岩分界面仍呈类似倾斜直线的状态，末段放煤开始阶段煤岩分界面形态如图 3.8 所示。

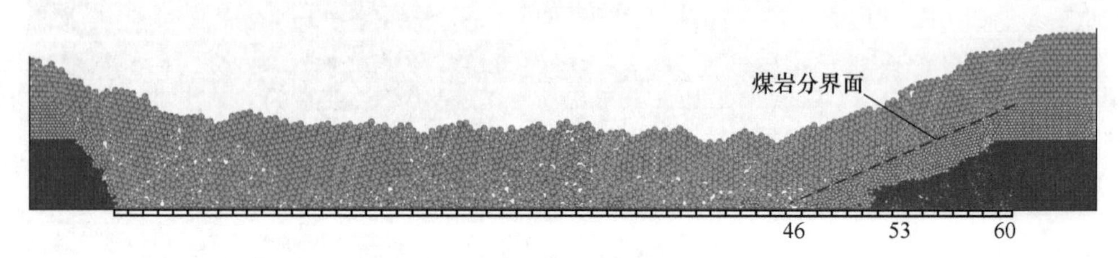

图 3.8　末段放煤开始阶段煤岩分界面形态

末段放煤开始后，各轮放煤口仍按照支架顺序依次打开，直至最后一轮放煤结束，此时整个工作面即完成了间隔群组放煤。当只剩下最后一轮放煤时，在倾斜直线煤岩分界面下每次仅能放出底部少量顶煤，上部顶煤依次向下滑移堆积在放煤口上方，部分顶煤难以放出，会形成“回勾”状煤岩分界面，间隔群组放煤完成后的最终煤岩分界面形态如图 3.9 所示。

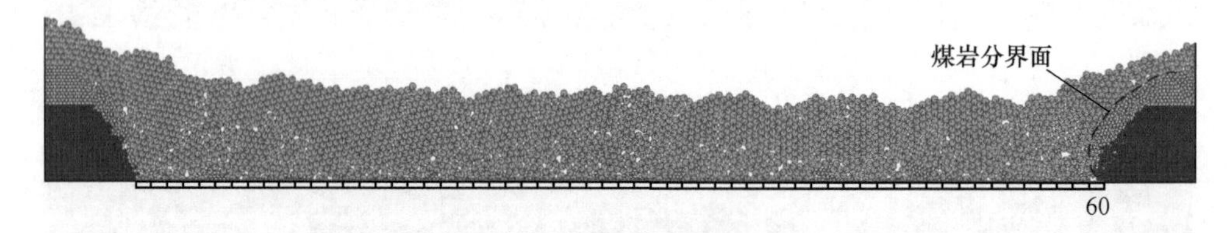

图 3.9　最终煤岩分界面形态

综上所述，通过对间隔群组放煤过程中的初始放煤阶段、中间放煤阶段及末段放煤阶段煤岩分界面的演化特征进行分析，可以看出在合理的放煤间隔条件下，该放煤方法基本可以保证在整个工作面放煤过程中，煤岩分界面始终以周期性的、类似倾斜直线的状态推进，该方法集合了多轮顺序放煤方法和不连续多放煤口放煤方法的优势，既能保证煤岩分界面缓慢下降，又能最小化煤岩分界面对顶煤放出的影响，同时仅需通过控制最后一轮的放煤来控制顶煤放出量，且控制方法相对简单。因此，该放煤方法为自动化及智能化放煤提供了良好的理论依据。

3.2 顶煤放出效果分析

3.2.1 间隔群组放煤效果分析

为研究间隔群组放煤的顶煤放出效果，以 2.2 节建立的顶煤厚度为 12 m 的模型为基础进行间隔群组放煤数值模拟试验，原始模型参数及边界条件均与 2.2 节中顶煤厚度为 12 m 的模型一致，在此不再赘述。根据间隔群组放煤的方法及煤层赋存特征，进行间隔同时打开 2~4 个放煤口、放煤口之间间隔 1~10 架条件下的放煤模拟试验，同时打开 2 个放煤口时每次放出约 1/2 的顶煤、同时打开 3 个放煤口时每次放出约 1/3 的顶煤、同时打开 4 个放煤口时每次放出约 1/4 的顶煤。分析间隔群组放煤过程中不同阶段的煤岩分界面形态特征、影响煤岩分界面的因素、顶煤放出率和放出效率等的规律特征。间隔群组放煤方法的模拟过程汇总见表 3.1。

表 3.1 间隔群组放煤方法的模拟过程汇总

放煤口个数	间隔架数	初始放煤阶段			中间放煤阶段	末段放煤阶段	
2	1	1^1—2^1	$(1^2,3^1)$		$(2^2,4^1)$—$(58^2,60^1)$	59^2—60^2	
	2	1^1—3^1	$(1^2,4^1)$		$(2^2,5^1)$—$(57^2,60^1)$	58^2—60^2	
	3	1^1—4^1	$(1^2,5^1)$		$(2^2,6^1)$—$(56^2,60^1)$	57^2—60^2	
	4	1^1—5^1	$(1^2,6^1)$		$(2^2,7^1)$—$(55^2,60^1)$	56^2—60^2	
	5	1^1—6^1	$(1^2,7^1)$		$(2^2,8^1)$—$(54^2,60^1)$	55^2—60^2	
	6	1^1—7^1	$(1^2,8^1)$		$(2^2,9^1)$—$(53^2,60^1)$	54^2—60^2	
	7	1^1—8^1	$(1^2,9^1)$		$(2^2,10^1)$—$(52^2,60^1)$	53^2—60^2	
	8	1^1—9^1	$(1^2,10^1)$		$(2^2,11^1)$—$(51^2,60^1)$	52^2—60^2	
	9	1^1—10^1	$(1^2,11^1)$		$(2^2,12^1)$—$(50^2,60^1)$	51^2—60^2	
	10	1^1—11^1	$(1^2,12^1)$		$(2^2,13^1)$—$(49^2,60^1)$	50^2—60^2	
3	1	1^1—2^1	$(1^2,3^1)$—$(2^2,4^1)$	$(1^3,3^2,5^1)$	$(2^3,4^2,6^1)$—$(56^3,58^2,60^1)$	$(57^3,59^2)$—$(58^3,60^2)$	59^3—60^3
	2	1^1—3^1	$(1^2,4^1)$—$(3^2,6^1)$	$(1^3,4^2,7^1)$	$(2^3,5^2,8^1)$—$(54^3,57^2,60^1)$	$(55^3,58^2)$—$(57^3,60^2)$	58^3—60^3
	3	1^1—4^1	$(1^2,5^1)$—$(4^2,8^1)$	$(1^3,5^2,9^1)$	$(2^3,6^2,10^1)$—$(52^3,56^2,60^1)$	$(53^3,57^2)$—$(56^3,60^2)$	57^3—60^3
	4	1^1—5^1	$(1^2,6^1)$—$(5^2,10^1)$	$(1^3,6^2,11^1)$	$(2^3,7^2,12^1)$—$(50^3,55^2,60^1)$	$(51^3,56^2)$—$(55^3,60^2)$	56^3—60^3

续表 3.1

放煤口个数	间隔架数	初始放煤阶段				中间放煤阶段	末段放煤阶段		
3	5	1^1—6^1	$(1^2,7^1)$—$(6^2,12^1)$	$(1^3,7^2,13^1)$		$(2^3,8^2,14^1)$—$(48^3,54^2,60^1)$	$(49^3,55^2)$—$(54^3,60^2)$	55^3—60^3	
	6	1^1—7^1	$(1^2,8^1)$—$(7^2,14^1)$	$(1^3,8^2,15^1)$		$(2^3,9^2,16^1)$—$(46^3,53^2,60^1)$	$(47^3,54^2)$—$(53^3,60^2)$	54^3—60^3	
	7	1^1—8^1	$(1^2,9^1)$—$(8^2,16^1)$	$(1^3,9^2,17^1)$		$(2^3,10^2,18^1)$—$(44^3,52^2,60^1)$	$(45^3,53^2)$—$(52^3,60^2)$	53^3—60^3	
	8	1^1—9^1	$(1^2,10^1)$—$(9^2,18^1)$	$(1^3,10^2,19^1)$		$(2^3,11^2,20^1)$—$(42^3,51^2,60^1)$	$(43^3,52^2)$—$(51^3,60^2)$	52^3—60^3	
	9	1^1—10^1	$(1^2,11^1)$—$(10^2,20^1)$	$(1^3,11^2,21^1)$		$(2^3,12^2,22^1)$—$(40^3,50^2,60^1)$	$(41^3,51^2)$—$(50^3,60^2)$	51^3—60^3	
	10	1^1—11^1	$(1^2,12^1)$—$(11^2,22^1)$	$(1^3,12^2,23^1)$		$(2^3,13^2,24^1)$—$(38^3,49^2,60^1)$	$(39^3,50^2)$—$(49^3,60^2)$	50^3—60^3	
4	1	1^1—2^1	$(1^2,3^1)$—$(2^2,4^1)$	$(1^3,3^2,5^1)$—$(2^3,4^2,6^1)$—	$(1^4,3^3,5^2,7^1)$	$(2^4,4^3,6^2,8^1)$—$(54^4,56^3,58^2,60^1)$	$(55^4,57^3,59^2)$—$(56^4,58^3,60^2)$	$(57^4,59^3)$—$(58^4,60^3)$	59^3—60^3
	2	1^1—3^1	$(1^2,4^1)$—$(3^2,6^1)$	$(1^3,4^2,7^1)$—$(3^3,6^2,9^1)$—	$(1^4,4^3,7^2,10^1)$	$(2^4,5^3,8^2,11^1)$—$(51^4,54^3,57^2,60^1)$	$(52^4,55^3,58^2)$—$(54^4,57^3,60^2)$	$(55^4,58^3)$—$(57^4,60^3)$	58^3—60^3
	3	1^1—4^1	$(1^2,5^1)$—$(4^2,8^1)$	$(1^3,5^2,9^1)$—$(4^3,8^2,12^1)$—	$(1^4,5^3,9^2,13^1)$	$(2^4,6^3,10^2,14^1)$—$(48^4,52^3,56^2,60^1)$	$(49^4,53^3,57^2)$—$(52^4,56^3,60^2)$	$(53^4,57^3)$—$(56^4,60^3)$	57^3—60^3
	4	1^1—5^1	$(1^2,6^1)$—$(5^2,10^1)$	$(1^3,6^2,11^1)$—$(5^3,10^2,15^1)$—	$(1^4,6^3,11^2,16^1)$	$(2^4,7^3,12^2,17^1)$—$(45^4,50^3,55^2,60^1)$	$(46^4,51^3,56^2)$—$(50^4,55^3,60^2)$	$(51^4,56^3)$—$(55^4,60^3)$	56^3—60^3
	5	1^1—6^1	$(1^2,7^1)$—$(6^2,12^1)$	$(1^3,7^2,13^1)$—$(6^3,12^2,18^1)$—	$(1^4,7^3,13^2,19^1)$	$(2^4,8^3,14^2,20^1)$—$(42^4,48^3,54^2,60^1)$	$(43^4,49^3,55^2)$—$(48^4,54^3,60^2)$	$(49^4,55^3)$—$(54^4,60^3)$	55^3—60^3
	6	1^1—7^1	$(1^2,8^1)$—$(7^2,14^1)$	$(1^3,8^2,15^1)$—$(7^3,14^2,21^1)$—	$(1^4,8^3,15^2,22^1)$	$(2^4,9^3,16^2,23^1)$—$(39^4,46^3,53^2,60^1)$	$(40^4,47^3,54^2)$—$(46^4,53^3,60^2)$	$(47^4,54^3)$—$(53^4,60^3)$	54^3—60^3
	7	1^1—8^1	$(1^2,9^1)$—$(8^2,16^1)$	$(1^3,9^2,17^1)$—$(8^3,16^2,24^1)$—	$(1^4,9^3,17^2,25^1)$	$(2^4,10^3,18^2,26^1)$—$(36^4,44^3,52^2,60^1)$	$(37^4,45^3,53^2)$—$(44^4,52^3,60^2)$	$(45^4,53^3)$—$(52^4,60^3)$	53^3—60^3

续表 3.1

放煤口个数	间隔架数	初始放煤阶段				中间放煤阶段	末段放煤阶段		
4	8	1^1—9^1	$(1^2,10^1)$—$(9^2,18^1)$	$(1^3,10^2,19^1)$—$(9^3,18^2,27^1)$—	$(1^4,10^3,19^2,28^1)$	$(2^4,11^3,20^2,29^1)$—$(33^4,42^3,51^2,60^1)$	$(34^4,43^3,52^2)$—$(42^4,51^3,60^2)$	$(43^4,52^3)$—$(51^4,60^3)$	52^3—60^3
	9	1^1—10^1	$(1^2,11^1)$—$(10^2,20^1)$	$(1^3,11^2,21^1)$—$(10^3,20^2,30^1)$—	$(1^4,11^3,21^2,31^1)$	$(2^4,12^3,22^2,32^1)$—$(30^4,40^3,50^2,60^1)$	$(31^4,41^3,51^2)$—$(40^4,50^3,60^2)$	$(41^4,51^3)$—$(50^4,60^3)$	51^3—60^3
	10	1^1—11^1	$(1^2,12^1)$—$(11^2,22^1)$	$(1^3,12^2,23^1)$—$(11^3,22^2,33^1)$—	$(1^4,12^3,23^2,34^1)$	$(2^4,13^3,24^2,35^1)$—$(27^4,38^3,49^2,60^1)$	$(28^4,39^3,50^2)$—$(38^4,49^3,60^2)$	$(39^4,50^3)$—$(49^4,60^3)$	50^3—60^3

注：表中数字上标代表轮数，非上标数字代表支架编号。例如，2^3 表示第 3 轮的 2 支架。

3.2.2 不同放煤阶段煤岩分界面演化规律

分析指出，间隔群组放煤的关键在于能否形成类似倾斜直线的初始煤岩分界面，以及在中间放煤过程中是否能保持煤岩分界面以倾斜直线的形式移动，因此煤岩分界面的形态特征是影响顶煤效果的主要因素，本节通过分析间隔群组放煤初始放煤、中间放煤和末段放煤 3 个阶段煤岩分界面的演化形态特征，分析其对顶煤放出的影响。

3.2.2.1 *初始放煤阶段*

初始放煤阶段是间隔群组放煤的关键，需要构建近似倾斜直线的煤岩分界面，煤岩分界面越接近倾斜直线，后续放煤出现煤矸互层的现象越少，越有利于后续顶煤的放出。统计煤层厚度为 12 m 条件下上述不同参数组合下间隔连续放煤初始放煤阶段后形成的煤岩分界面，如图 3.10~图 3.12 所示。

由图 3.10 中可以看出，不同参数的间隔放煤形成的初始煤岩分界面大致可以分为台阶型和直线型两种类型，台阶型煤岩分界面主要出现在放煤口间隔架数相对较少的情况，直线型煤岩分界面主要出现在煤口间隔架数相对较多的情况。当同时打开 2 个放煤口，台阶型煤岩分界面出现在间隔架数为 8 之前，间隔架数为 9 和 10 时为直线型煤岩分界面；当同时打开 3 个放煤口时，台阶型煤岩分界面出现在间隔架数为 5 之前，间隔架数为 6~10 时为直线型煤岩分界面；当同时打开 3 个放煤口时，台阶型煤岩分界面出现在间隔架数为 3 之前，间隔架数为4~10 时为直线型煤岩分界面。

可以看出，相邻放煤口间隔架数越多、每轮放煤高度越低，初始放煤阶段越

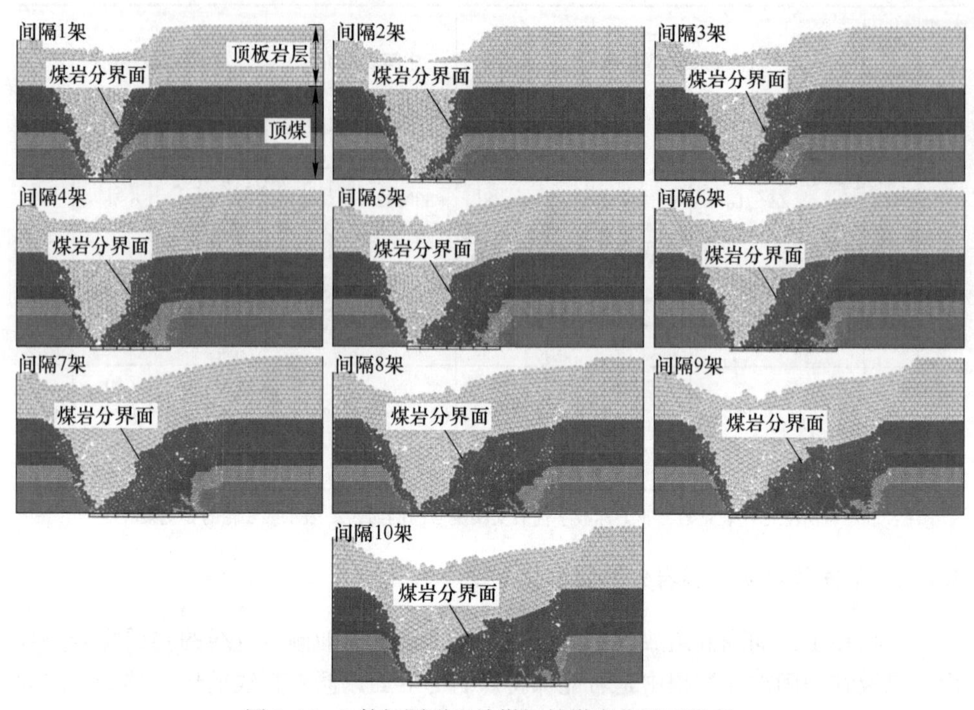

图 3.10　2 轮间隔群组放煤初始煤岩分界面形态

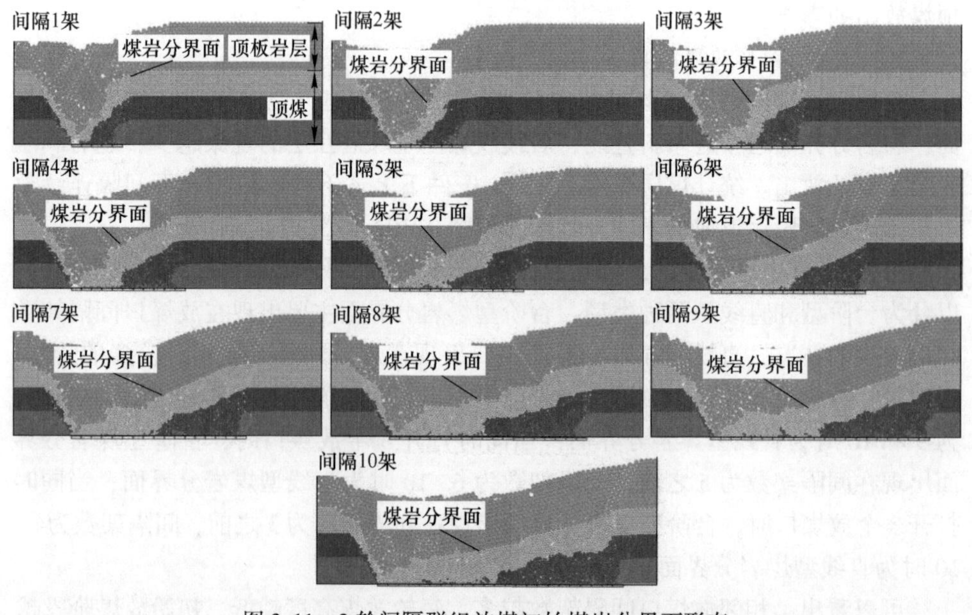

图 3.11　3 轮间隔群组放煤初始煤岩分界面形态

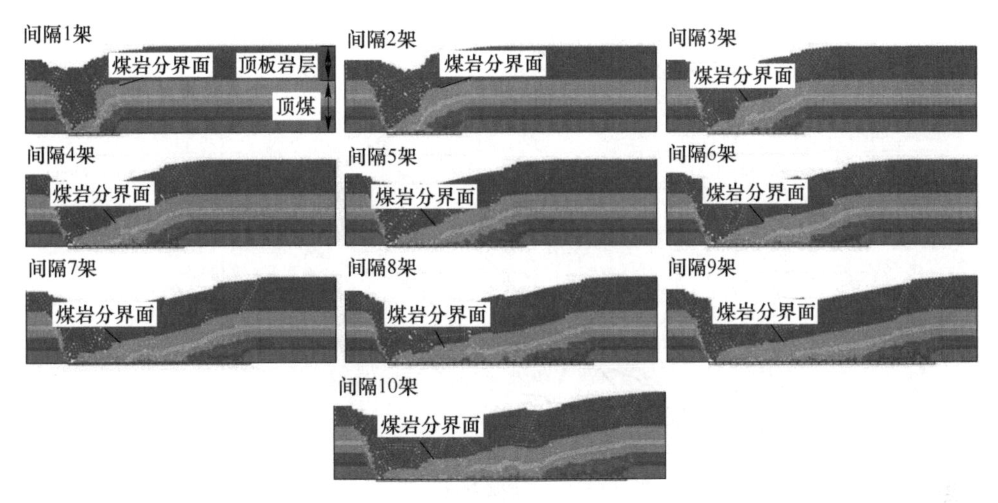

图 3.12 4 轮间隔群组放煤初始煤岩分界面形态

容易形成直线型煤岩分界面。因此，初始煤岩分界面的形态受放煤轮数和间隔架数等 2 个因素影响。

在每轮放煤高度一定的条件下，当相邻放煤口间距较小时，后一轮放煤过程对前一轮放煤形成的煤岩分界面影响较大。在放煤影响范围内，顶煤快速放出，煤岩分界面下降幅度大于放煤影响范围之外区域的下降幅度，而前一轮放煤后顶煤仍处于压实初期，没有充分的时间压实，煤岩分界面相对较高，因此在已经放煤的区域就形成了台阶型煤岩分界面。当相邻放煤口间距较大时，后一轮放煤口上方的顶煤压实较为充分，因此煤岩分界面相对较低，后一轮放煤后的影响范围内煤岩分界面的下降高度相对减小。同时，间隔距离大时煤岩分界面更长更平缓，进一步削弱了后一轮放煤对煤岩分界面的影响，后一轮放煤口上方的煤岩分界面略有下降，但整个煤岩分界面仍呈近似倾斜直线的状态。

在放煤间隔架数一定的条件下，当每轮放煤高度较小时，后面轮次的放煤影响范围和影响程度均相对较小，每次放出顶煤后对前一轮形成的煤岩分界面形态的影响就越小，更容易使煤岩分界面保持倾斜直线的状态。反之，后面轮次放煤的影响范围和影响程度均相对加大，更容易形成台阶型煤岩分界面。

初始放煤阶段形成的初始煤岩分界面对后面阶段的放煤影响较大，因此在设计间隔群组放煤工艺参数时，应根据煤层赋存条件合理地选择放煤轮数和间隔架数。

不同初始放煤工艺参数不但影响煤岩分界面的形态，而且影响初始放煤阶段的时间，间隔架数越多，相应地，初始放煤阶段的耗时就越多。统计不同工艺参数下初始放煤阶段的放出时步，得到间隔群组放煤初始放煤阶段放煤时步曲线如图 3.13 所示。

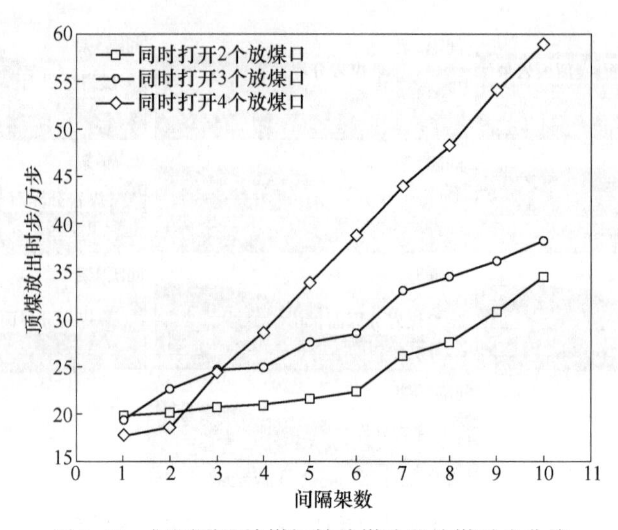

图 3.13　间隔群组放煤初始放煤阶段放煤时步曲线

由图 3.13 中可以得到，随着相邻两轮放煤间隔架数的增多，初始放煤阶段的顶煤放出时步均近似呈线性增加的趋势，但同时打开放煤口个数不同，则放煤时步增加的幅度不同。同时打开 2 个放煤口时，间隔架数由 1 到 10 对应的顶煤放出时步由 19.75 万步增长到 34.56 万步，增长率为 74.96%；同时打开 3 个放煤口时，间隔架数由 1 到 10 对应的顶煤放出时步由 19.37 万步增长到 38.28 万步，增长率为 97.6%；同时打开 4 个放煤口时，间隔架数由 1 到 10 对应的顶煤放出时步由 17.81 万步增长到 58.95 万步，增长率为 231.02%。可见，同时打开的放煤口越多，对初始放煤阶段的放煤时间影响越大。

3.2.2.2　中间放煤阶段和末段放煤阶段

与间隔群组放煤的初始放煤阶段和末段放煤阶段相比，中间放煤阶段较为简单，其是在初始放煤阶段形成的初始煤岩分界面下进行放煤。中间放煤和末段放煤均以最后一轮放煤口见矸为群组放煤口关闭的条件。由于最后一轮放煤口上方处于煤岩分界面的最末端，其上方的顶煤相对较少，因此每次各放煤口仅能放出少量顶煤，对煤岩分界面的整体形态影响较小，有利于煤岩分界面在后续放煤阶段始终保持近似倾斜直线的形态移动。为分析间隔群组放煤中间放煤阶段和末段放煤阶段煤岩分界面的形态特征，以相邻放煤口间隔 1 架、5 架和 10 架为例，分析各阶段的煤岩分界面形态特征。

图 3.14~图 3.16 分别为顶煤厚度为 12 m 时间隔群组 2 轮、3 轮和 4 轮条件下，相邻放煤口不同间隔架数的中间放煤和末段放煤的煤岩分界面形态。可以看出，在放煤轮数一定时，相邻放煤口间隔架数越多，中间放煤移动煤岩分界面的倾斜长度明显越长。当相邻放煤口间隔架数较少时，中间放煤的煤岩分界面较陡

且呈类似单口顺序放煤时的“回勾”状，这是因为顶煤厚度较大、放煤口间隔较小时，放煤影响范围较小，下部顶煤放出较多，而中部及上部顶煤放出较少，在煤岩分界面形态上即表现为下部发育过多形成内凹，整体呈“回勾”状煤岩分界面。当中部放煤形成“回勾”状煤岩分界面时，在采空区内也会形成类似单放煤口放煤时周期性的向左倾斜的遗煤带，造成大量顶煤损失。相邻放煤口间隔架数较多时，煤岩分界面的倾斜长度较长，单个放煤口对煤岩分界面的整体形态影响较小，中间放煤阶段基本可以保持倾斜的煤岩分界面，最终采空区内的遗煤也不再有倾斜的遗煤带，仅在工作面底板分布零星遗煤。

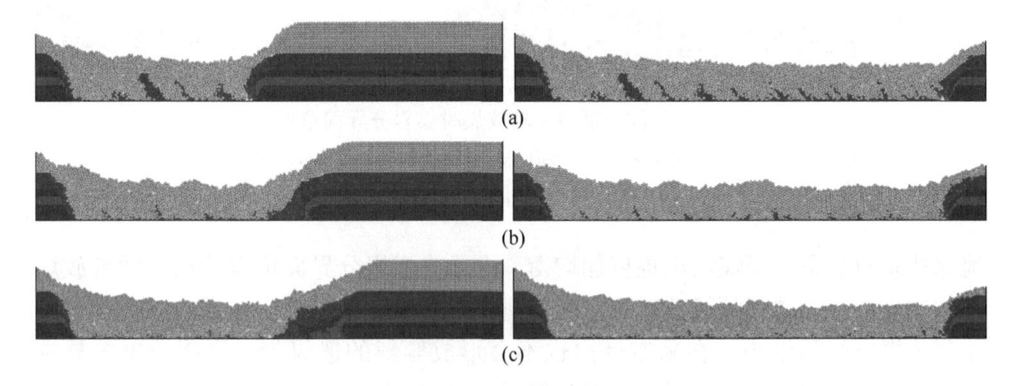

图 3.14 间隔群组 2 轮放煤时煤岩分界面形态

(a) 间隔 1 架中间及最终煤岩分界面；(b) 间隔 5 架中间及最终煤岩分界面；(c) 间隔 10 架中间及最终煤岩分界面

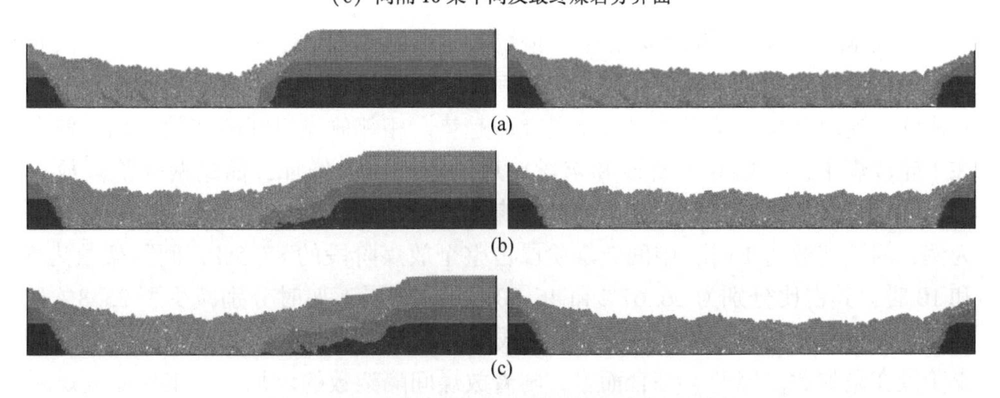

图 3.15 间隔群组 3 轮放煤时煤岩分界面形态

(a) 间隔 1 架中间及最终煤岩分界面；(b) 间隔 5 架中间及最终煤岩分界面；(c) 间隔 10 架中间及最终煤岩分界面

当放煤间隔架数一定时，随着放煤轮数的增多，煤岩分界面也呈倾斜长度增加的趋势，这是由于放煤轮数越多，放煤影响范围相应增大。放煤轮数增加使得单次放煤的厚度减小，对煤岩分界面的扰动就会减弱，煤岩分界面形态即可较好

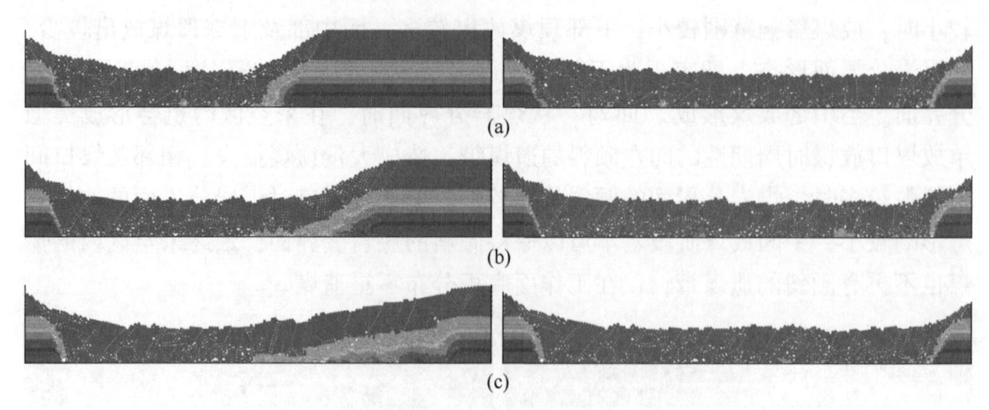

图 3.16　间隔群组 4 轮放煤时煤岩分界面形态

（a）间隔 1 架中间及最终煤岩分界面；（b）间隔 5 架中间及最终煤岩分界面；（c）间隔 10 架中间及最终煤岩分界面

地保持倾斜状态，顶煤放出也更加均衡。由最终煤岩分界面可以看出，随着放煤轮数的增加，相同间隔架数时采空区的遗煤量更少，且当放煤轮数较多时，即使相邻放煤口间隔较小，在采空区内也不会形成倾斜的遗煤带，说明放煤轮数越多，顶煤放出越精细，顶煤回收率就越高。

3.2.3　顶煤放出率和放煤效率分析

图 3.17 为间隔群组放煤条件下顶煤放出效果统计图。由图 3.17 中可以看出，不同放煤轮数下，随着相邻放煤口间隔架数的增加，顶煤放出率和顶煤放出时步均呈递增趋势，顶煤放出效率呈递减趋势。相邻放煤口间隔架数增加，使得在 1 轮放煤中，初始放煤阶段和末段放煤阶段的占比增加，而这两个阶段放煤时，同时打开的放煤口个数少于中部放煤阶段，导致放煤时间增加。以 3 轮放煤为例，间隔架数为 1 时，中间放煤阶段占整个放煤阶段的 87.5%，间隔架数为 5 和 10 时，其占比分别为 66.67%和 46.30%，较间隔 1 架时分别减少了 23.8%和 25.5%。经分析可知，初始放煤阶段的放煤时间随间隔架数增加而增加，末段放煤阶段亦是如此。因此，综合而言，随着放煤间隔架数的增加，全工作面放煤时间增加。虽然顶煤放出量随间隔架数增加整体呈增加趋势，但增加的幅度相对顶煤放煤时间来说要小，使得整体放煤效率呈降低趋势。同样以 3 轮放煤为例，相邻间隔架数为 5 和 10 时较间隔架数为 1 时，顶煤放出量分别增加了 1.58%和 4.62%，而顶煤放出时间分别增加了 27.62%和 78.45%，顶煤放出时间的增加幅度明显大于顶煤放出量的增加幅度，因此随着间隔架数的增加，顶煤放出效率明显降低。

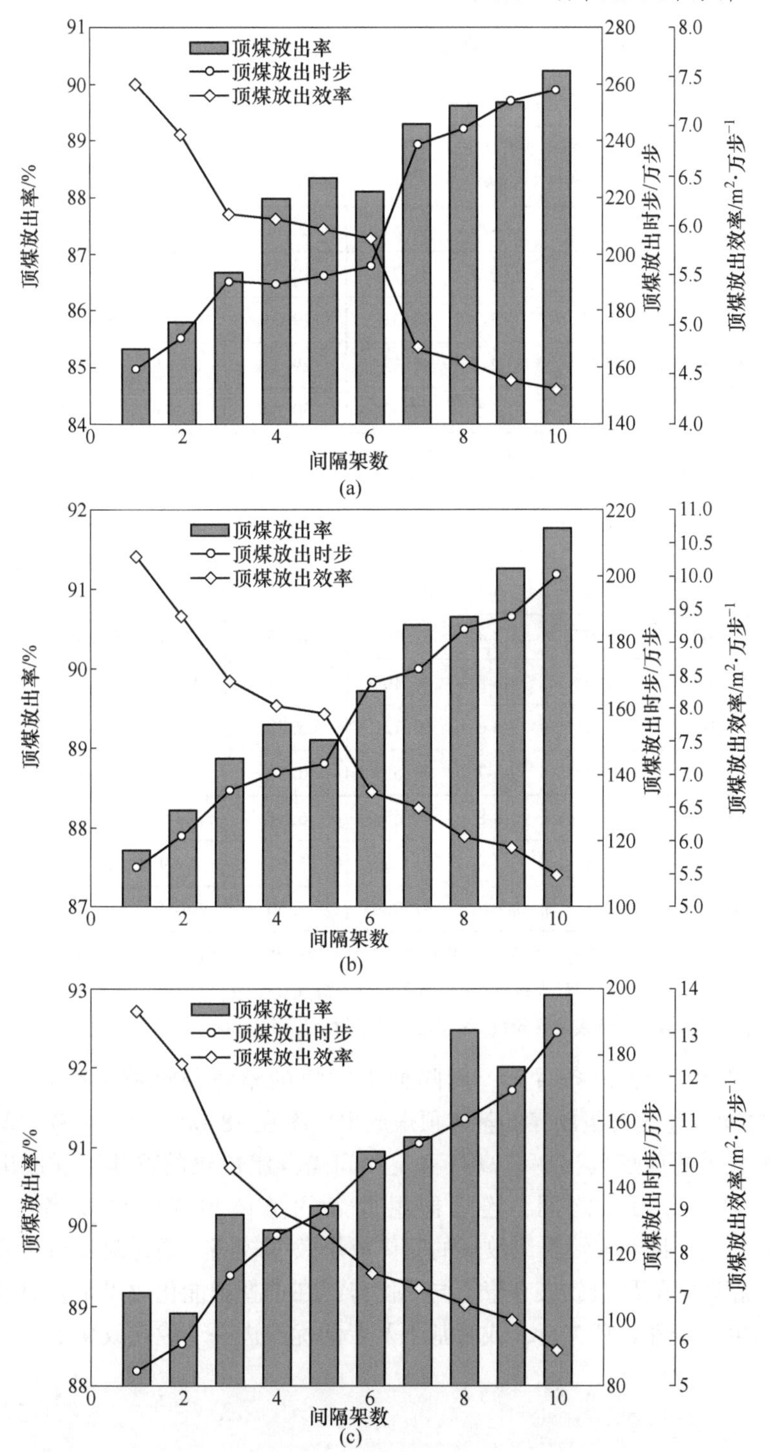

图 3.17 间隔群组放煤条件下顶煤放出效果统计图（12 m 顶煤）
（a）2 轮放煤；（b）3 轮放煤；（c）4 轮放煤

顶煤厚度为 12 m 时不同放煤方法的顶煤放出效果统计表，见表 3.2。

表 3.2 顶煤厚度 12 m 时不同放煤方法的顶煤放出效果统计表

放煤方法编号	放出率	放出效率/m²·万步⁻¹	放煤方法编号	放出率	放出效率/m²·万步⁻¹	放煤方法编号	放出率	放出效率/m²·万步⁻¹
D-1	84.41%	3.25	D-2	85.54%	2.84	D-3	86.98%	2.54
Q-1-2	84.99%	11.15	Q-2-2	88.71%	10.74	Q-3-2	91.44%	10.48
Q-1-3	85.77%	22.57	Q-2-3	88.33%	19.99	Q-3-3	88.21%	18.81
Q-1-4	81.26%	33.18	Q-2-4	86.33%	29.58	Q-3-4	88.76%	27.44
Q-1-5	78.65%	44.38	Q-2-5	85.52%	39.01	Q-3-5	87.01%	35.36
Q-1-6	78.00%	55.42	Q-2-6	83.98%	47.67	Q-3-6	86.62%	42.77
J-2-1	85.32%	7.42	J-3-1	87.71%	10.27	J-4-1	89.15%	13.48
J-2-2	85.79%	6.92	J-3-2	88.22%	9.39	J-4-2	88.91%	12.25
J-2-3	86.67%	6.12	J-3-3	88.86%	8.43	J-4-3	90.15%	9.94
J-2-4	87.98%	6.07	J-3-4	89.30%	8.05	J-4-4	89.95%	8.98
J-2-5	88.34%	5.97	J-3-5	89.10%	7.92	J-4-5	90.27%	8.45
J-2-6	88.10%	5.87	J-3-6	89.72%	6.72	J-4-6	90.95%	7.57
J-2-7	89.29%	4.75	J-3-7	90.55%	6.51	J-4-7	91.12%	7.24
J-2-8	89.61%	4.63	J-3-8	90.67%	6.04	J-4-8	92.47%	6.83
J-2-9	89.68%	4.44	J-3-9	91.27%	5.91	J-4-9	92.01%	6.51
J-2-10	90.21%	4.35	J-3-10	91.76%	5.50	J-4-10	92.91%	5.83

注：“D-*a*”形式的编号代表单放煤口放煤方法，*a* 表示放煤轮数；“Q-*b*-*c*”形式的编号代表连续群组放煤方法，其中 *b* 代表放煤轮数，*c* 代表同时打开放煤口个数；“J-*d*-*e*”形式的编号代表间隔群组放煤方法，其中 *d* 代表放煤轮数，*e* 代表间隔架数。

顶煤厚度为 12 m 条件下，间隔群组放煤的整体顶煤放出率在 85.32%～92.91%之间，连续群组放煤的整体顶煤放出效率在 78.00%～91.44%之间，说明间隔群组放煤的顶煤放出率较高且稳定；间隔群组放煤的整体顶煤放出效率在 4.35～13.48 m²/万步之间，连续群组放煤的整体顶煤放出效率在 10.48～55.42 m²/万步，说明连续群组放煤的整体放煤效率较高。通过对比可以发现，连续群组放煤和间隔群组放煤有着不同的优势，在选择智能化放煤工艺时应根据生产要求和生产条件合理进行，或者基于两者的优势进一步优化放煤工艺。

4 特厚煤层综放面采放协调控制方法

综放面包括采煤作业和放煤作业等多个工序，各工序空间上存在配合关系，既不能相互干扰又要保证协同高效。综放面采放平行作业的本质在于采煤系统和放煤系统协调作业，使工作面生产系统的整体效能最大，且尽可能使每个采放循环中的采煤作业与放煤作业时间接近。与综采相比，综放面增加了后部的出煤点，而前、后出煤能力不同，需要基于运输系统的能力合理分配前、后出煤的能力，使产煤与运煤协同作业。受人工作业能力的限制，要实现采放作业在时间、空间和运能上的协调比较困难，自动化及智能化开采为采放协调作业提供了可能，但是采放自主、自适应作业能力需要加强。因此，本章基于特厚煤层综放面采煤作业和放煤作业的配合逻辑，建立包含时间协调、空间协调和运能协调的综放面采放协调控制模型，为特厚煤层采放作业的智能控制提供理论依据。

4.1 人工放煤条件下采放协调作业存在的问题

4.1.1 综放面主要工序及作业流程

综放面的一个采放循环包括采煤机斜切进刀、割煤、移架、推前部刮板运输机、放顶煤、拉后部刮板运输机等主要工序，其中采煤机斜切进刀、割煤、移架、推前部刮板运输机属于采煤工序，放顶煤和拉后部刮板运输机属于放煤工序。以晋能控股煤业集团有限公司同忻煤矿（以下简称同忻煤矿）8202 工作面为例，介绍各工序的主要流程和相互之间的协调配合关系。

4.1.1.1 采煤工序分析

8202 工作面采用单一走向长壁后退式综合机械化低位放顶煤开采的采煤方法，端部斜切进刀、双向割煤的采煤方式。

A 采煤机斜切进刀

如图 4.1 所示，采用工作面端部斜切进刀方式时，采煤机由工作面头部或尾部以前滚筒在上、后滚筒在下的模式沿前部刮板运输机开始割煤，通过前部刮板运输机设置的斜切段（斜切进刀长度不小于 30 m）采煤机斜切进入煤层，直至采煤机滚筒完全进入煤壁，如图 4.1（a）、（b）所示。然后，推移采煤机与工作面端部之间的刮板运输机至煤壁，分别调换采煤机前、后滚筒的上、下位置，采煤机反向割煤至工作面端部，将之前未采的三角煤段采出，并在端头斜切段来回往返2~3次以清理浮煤，如图4.1（c）、（d）所示。之后，采煤机正常割煤至工作面另一端部，液压支架跟机移架，前部刮板运输机依次推移，如图4.1（e）所示。

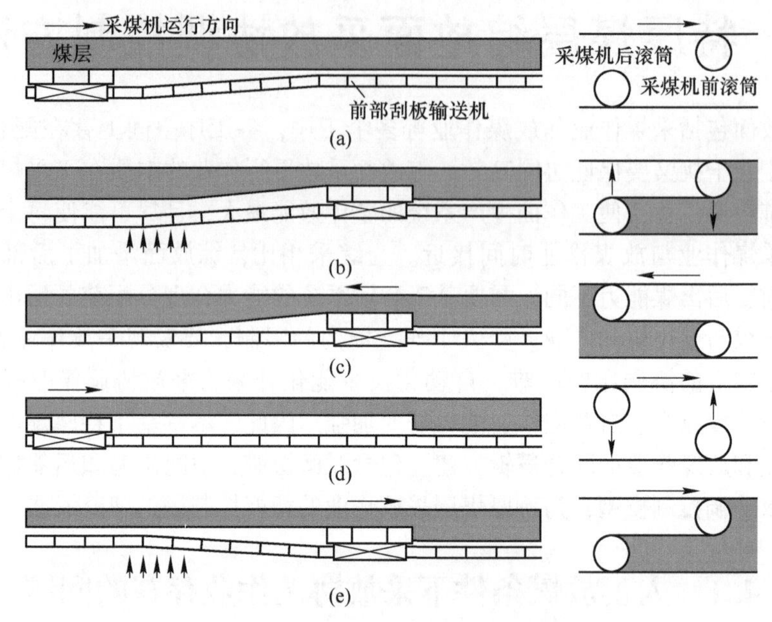

图4.1 工作面端部斜切进刀示意图

（a）采煤机开始由工作面头部割煤；（b）采煤机斜切进刀完成；（c）推移采煤机位置之前的前部刮板输送机；（d）采煤机反向割煤至工作面头部；（e）采煤机由头部向尾部正常割煤，依次推移前部刮板输送机

B 割煤工序

采煤机进入正常割煤段后，正常情况下，采用双向割煤的方式，采煤机往返一次进两刀。采煤机截割深度为0.8 m，前滚筒截割工作面顶部煤层，后滚筒割底部煤层，滚筒割掉的煤大部分依靠后滚筒的转动装载至前部刮板运输机上，剩余小部分在推移前部刮板运输机时通过铲板装入运输机槽。割煤过程中需要控制顶底板割平不留底煤，且煤壁控制为直线，同时采煤机速度应与刮板运输机运载量相匹配，防止运输设备过载。

C 移架工序

随着采煤机割煤，液压支架采用追机支护的移架方式及时进行顶板支护，正常情况下移架应滞后采煤机后滚筒不超过3架，当顶板破碎严重时，滞后采煤机前滚筒不超过5架或采取超前移架的方式。

移架流程包括：收回护帮板—降前探梁—收回前伸梁—降主顶梁（后柱稍超前前柱降架）—调整侧护板—推移支架—升主顶梁（前柱稍超前后柱升架）—升前探梁—伸前伸梁—伸护帮板-推开侧推千斤顶。支架动作是由支架控制器通过控制电液阀组的通断实现的，液压支架动作控制示意图如图 4.2 所示。移架过程中工作面方向支架移架后，支架应整体处于一条直线上，偏差不得超过±50 mm,中心距偏差不得超过±100 mm，端面距不得大于 477 mm。

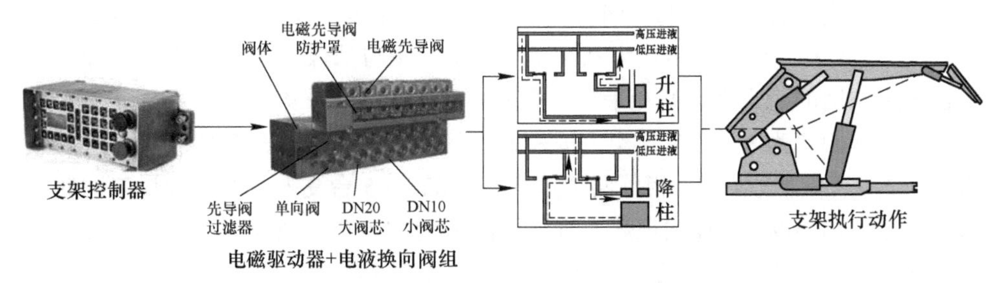

图 4.2 液压支架动作控制示意图

D 推移前部刮板运输机

前部刮板运输机不但能将采煤机割落的煤连续运出采面至转载机，而且是采煤机的运行轨道和液压支架的拉架连接点。为保证刮板运输机及时为下一刀提供采煤机运行轨道，同时使其有充足的推移空间且不影响割煤和移架工序，一般情况下，推移前部刮板运输机工序滞后采煤机后滚筒约 20 m，以液压支架为支点，通过支架推移千斤顶成组推移刮板运输机。由于刮板运输机的中部槽之间通过哑铃销连接，推移的过程中刮板运输机会产生一段弯曲区间，刮板运输机弯曲区间示意图如图 4.3 所示。为减小过度弯曲对刮板运输机铰接处机械构件的损坏，刮板运输机在水平方向的弯曲度不得大于 3°，弯曲段长度不小于 20 m，且保持多个推移千斤顶同时工作。

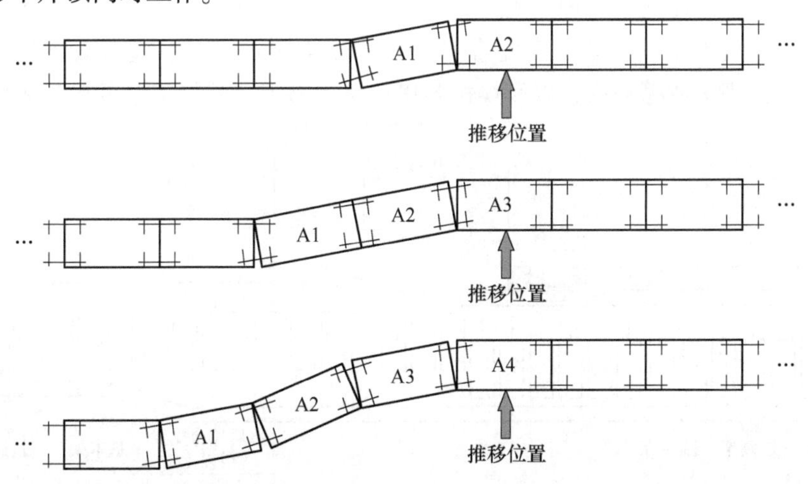

图 4.3 刮板运输机弯曲区间示意图

4.1.1.2　放煤工序分析

A　放顶煤工序

放煤工序包括放顶煤和拉后部刮板运输机两个工序，对整个工作面的开采效率和开采质量有着重要影响。同忻煤矿 8202 工作面采用多轮顺序放煤方法，采放比为 1∶2.91，放煤步距均为 0.8 m，放煤工序与采煤工序采用平行作业，为保证开采空间的稳定性，避免采放工序间内有较大干扰，第 1 轮放煤开始位置滞后移架位置距离为 8~10 台支架，按采煤机运行方向顺序打开支架放煤口进行放煤，配置 2~3 个放煤工，相邻两个放煤工间隔 3~5 台支架，所有放煤工同时放煤，每轮放出 30%~50%的顶煤，直至见矸关闭放煤口。放煤过程中，放煤工不得一次将放煤尾梁打开至最大角度，且放煤工之间需要互相配合，根据后运输机上的煤量适当控制放煤量，尽量不让或少让顶煤流出刮板运输机之外。

B　拉后部刮板运输机

顶煤放完后，滞后放煤位置约 10 台支架开始进行拉后部刮板运输机工序，以支架为支点通过拉后溜千斤顶将后部刮板运输机成组顺序拉回，拉到 10 号（120 号）支架时，待机组割通头尾后整体拉回。与推移前部刮板运输机类似，后部刮板运输机拉完后呈一条直线，不得出现急弯，减小后部运输机的负荷，杜绝后部运输机发生断链和卡链事故。

4.1.1.3　采放工艺配合分析

分析可知，综放面采放作业各工序以采煤机位置和速度作为其他工序的动作依据。因此，一般情况下，工作面采放工艺的配合是以采煤机位置为基准，基于“割煤—移架—推前部刮板运输机—放顶煤—拉后部刮板运输机”的平行作业顺序，在保证各工序之间合理间隔距离的条件下，在工作面开采空间内有序开展采放作业，综放工作面采放工序配合流程如图 4.4 所示，图中框内数字为支架编号。一个正规采放循环内，以采煤机割煤位置为基点，移架工序开始位置滞后采

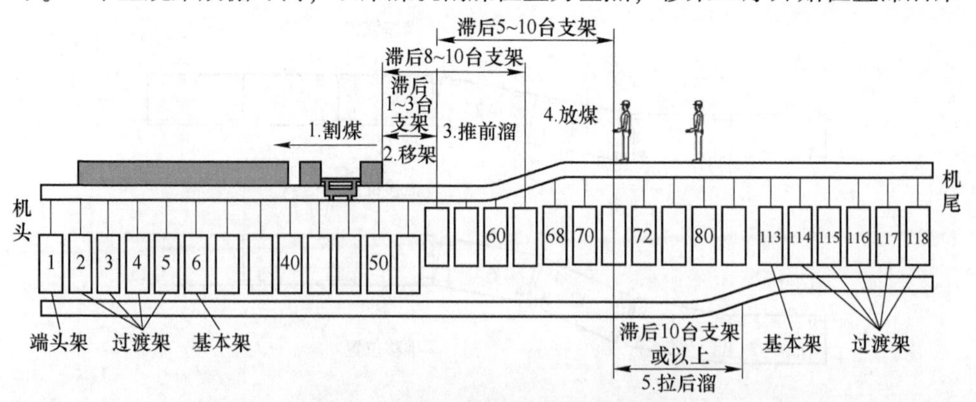

图 4.4　综放面采放工序配合流程

煤机尾滚筒1~3台支架，如顶煤破碎移架滞后采煤机前滚筒1~3台支架，推移前部刮板运输机工序滞后采煤机后滚筒距离约15 m，放顶煤工序与割煤工序采用平行作业方式，滞后移架位置距离为8~10台支架，相邻两个放煤工相距3~5台支架，拉后部刮板运输机工序滞后最后一个放煤作业10台支架进行，拉移距离为一个放煤步距。

4.1.2 人工放煤采放工序监测及存在的问题

人工放煤条件下，由于受作业环境复杂、劳动强度大和人工经验水平、身体及精神状态等多因素影响，采放作业难以完全按照既定的作业流程进行，常出现割煤等放煤、移架滞后距离大、割煤和放煤工艺未按照规定执行等现象。为具体了解人工放煤条件下综放面采煤作业和放煤作业的特点，在晋能控股煤业集团有限公司塔山和同忻煤矿从2018年10月至2019年5月进行8个多月的现场观测，记录综放面开采作业流程各工序的参数，统计不同工序的作业特征，分析各工序相互之间的影响关系。在充分了解目前人工放煤条件下综放面开采特征的基础上，找出采煤作业和放煤作业在采放协调上存在的问题，有利于进一步优化采放工艺协调作业模式，形成合理化、标准化、程序化的作业流程，为智能化综放面的实现提供支撑。

4.1.2.1 采放作业时间参量监测及存在的问题

根据综放面的作业流程和工序空间关系，可认为对放煤工序影响较强的是割煤工序和移架工序。因此，在现场观测过程中主要分析割煤工序耗时、移架工序耗时和放煤工序耗时之间的关系。

A 采煤时间统计

采煤机在割煤过程中可能受到多种影响而导致停机，因此在进行割煤时间统计时采用记录采煤机割煤速度来计算工作面的割煤时间。以同忻煤矿8202工作面为例，该工作面长度为200 m，放煤支架108台，过渡支架9台，支架中心距为1.75 m，以20台支架的范围（即35 m）为一个测试样本区间，共监测98个样本。采煤机割煤速度统计结果如图4.5所示。

统计结果显示，在统计时段内采煤机的平均割煤速度为4.43 m/min，最大割煤速度为7.56 m/min，最小割煤速度为1.90 m/min。根据采煤机在工作面不同区段的速度分布特征可知，在工作面两端斜切进刀段和割三角煤段（端头35台支架，即1~35号支架和83~117号支架）采煤机速度较小，平均割煤速度为3.50 m/min，机头至机尾或者机尾至机头的正常割煤区间（36~82号支架）割煤速度相对较快，平均速度分别为5.10 m/min和4.70 m/min。

由上述统计结果，整个工作面内采煤机的割煤时间 $T_G \approx 35 \times 1.75/3.50 + 82 \times 1.75/(4.70 \sim 5.10) = (45.6 \sim 48)$ min。

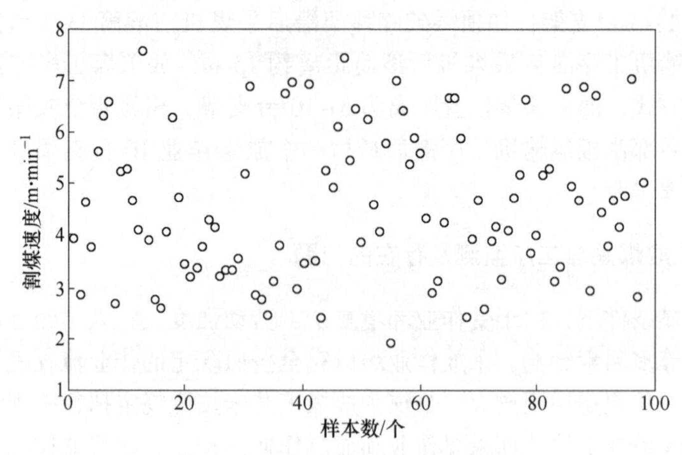

图 4.5　采煤机割煤速度统计结果

B　移架时间统计

共统计了 8202 工作面人工移架的 417 个监测样本，人工移架时间统计结果如图 4.6 所示。

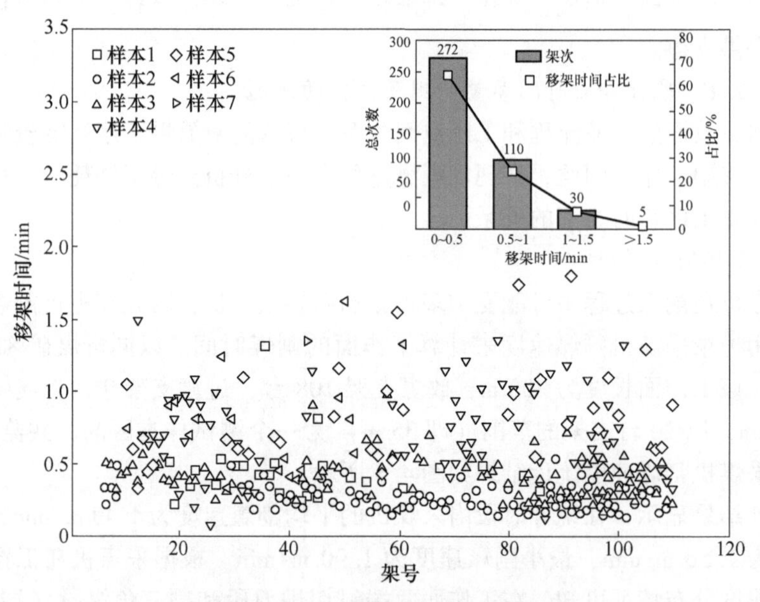

图 4.6　人工移架时间统计结果

影响支架移架时间的因素主要有地质条件和供液条件两个因素，结合统计结果可以得知，在顶底板稳定、供液正常条件下，支架移架时间通常在 0.5 min 以内，其中移架时间多为 0.2～0.4 min，说明在现有供液系统、液压支架油缸规格、工序动作顺序及顶底板稳定条件下，供液系统可确保支架的单台移架时间为

0.2~0.4 min，超过该移架时间范围的部分，通常是由地质条件、顶板破碎度和工作面直线度要求造成的。

分析得知，8202 工作面平均每台支架移架时间约为 32.4 s，根据同忻煤矿综放面的采放作业流程，移架工序滞后采煤机 1~3 台支架，采煤机长度约为 10 台支架，结合上述采煤机割完一刀的时间，可以得到完成割煤和移架工序的时间 $T_C = (45.6 \sim 48) + 0.54 \times 13 = (52.62 \sim 55.02)$ min。

C　放煤时间统计

同忻煤矿 8202 工作面煤层厚度为 13.61 ~ 28.92 m，平均煤层厚度为 15.26 m，设计采高为 3.90 m，为保证统计结果更具有代表性，分别统计顶煤厚度为10.9 m和 16.5 m 条件下的顶煤放出时间。

（1）顶煤厚度为 10.9 m 条件下，共统计 543 个放煤时间样本，放煤时间区间分布特征（10.9 m 顶煤）如图 4.7 所示。统计结果显示，当顶煤厚度为 10.9 m 时，一般采用单轮顺序放煤，每台支架的放煤时间主要集中在 0.5 ~ 2.0 min 之间，平均每台支架的放煤时间为 1.2 min。因此，顶煤厚度为 10.9 m 条件下，整个工作面完成放煤作业需要时间 $T_{F1} \approx 1.2 \times 108 = 129.6$ min。

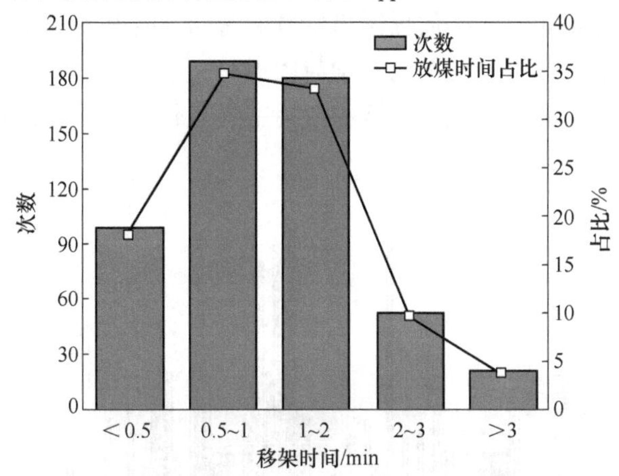

图 4.7　放煤时间区间分布特征（10.9 m 顶煤）

（2）当顶煤厚度为 16.5 m 时，共监测了 564 个放煤时间样本，放煤时间区间分布特征（16.5 m 顶煤）如图 4.8 所示。在顶煤厚度为 16.5 m 条件下，每台支架平均放煤 2 轮，个别支架放煤 3~4 轮，每台支架的总放煤时间均大于 1 min，主要集中在 1~3 min 之间，平均每台支架放煤时间为 2.63 min，因此，顶煤厚度为 16.5 m 条件下，整个工作面完成放煤作业需要的时间 $T_{F2} \approx 2.63 \times 108 = 284.04$ min。

综上所述，无论是顶煤厚度为 10.9 m 还是 16.5 m 时，工作面完成放煤工序用时都远大于完成割煤和移架工序用时。除此之外，人工放煤时的架间移动时间

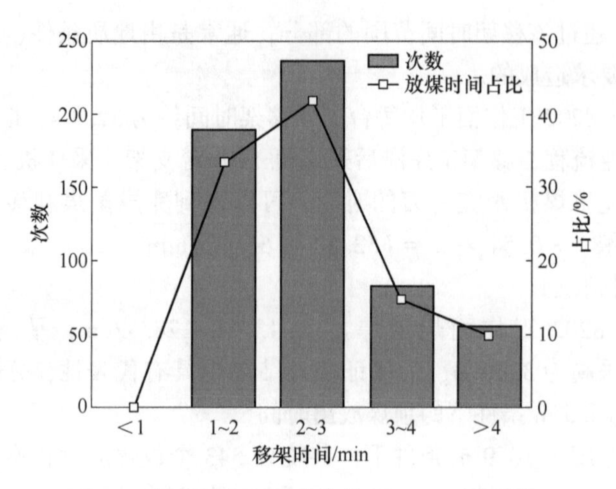

图 4.8　放煤时间区间分布特征（16.5 m 顶煤）

也是造成放煤工序作业时间增加的因素。图 4.9 统计了放煤工从关闭 1 台支架的放煤口到打开相邻支架放煤口的时间间隔，该时间段主要包括合上本架放煤键盘保护盒的时间、走到相邻支架放煤键盘位置的时间、打开相邻支架放煤键盘保护盒的时间。实际中，在打开与关闭尾梁与插板时，千斤顶进回液也存在一定时间耗费，但时间太短，无法测量，且该项指标主要与胶管管径、接口直径及泵站流量有关，这里忽略不计。

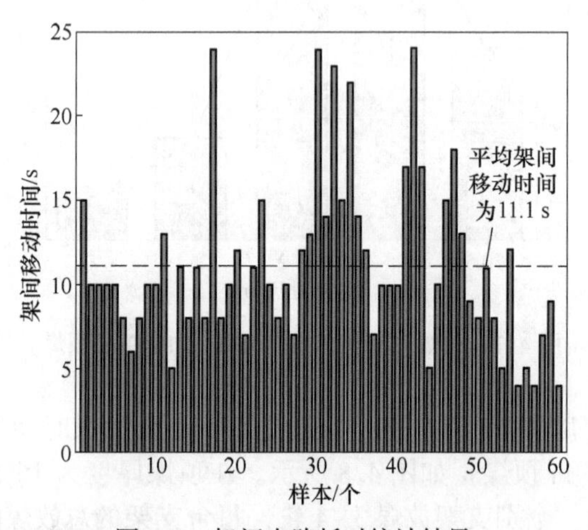

图 4.9　架间走路耗时统计结果

从图 4.9 可以看出，放煤的时间间隔范围为 4.0~24.0 s，平均 11.1 s。工作面目前有 108 台支架需要放煤，即使忽略其他放煤干扰项，放煤间隔时间总计也将耗费 11~18 min，如果按一天 7 刀计算，每天将耗费放煤时间 77~126 min。因此，在人工放煤条件下，采放平行作业在时间上的配合是不协调的，放煤作业消耗时间明显大于采煤作业消耗时间。

4.1.2.2 采放作业空间参量监测及存在的问题

本节主要针对采煤作业和放煤作业的空间位置及人工操作对不同作业的影响进行统计，以分析人工放煤条件下采煤作业和放煤作业的空间关系。

A 采放作业流程监测

通过对现场采放作业流程的监测，发现采煤作业一般可按照自动采煤作业流程执行，但是放煤作业受放煤工主观意识、工序影响等因素影响，不能按照规程执行，尤其是在多轮顺序放煤条件下，前、后放煤工缺少配合，放煤秩序混乱，多轮放煤工人作业路线图如图 4.10 所示。

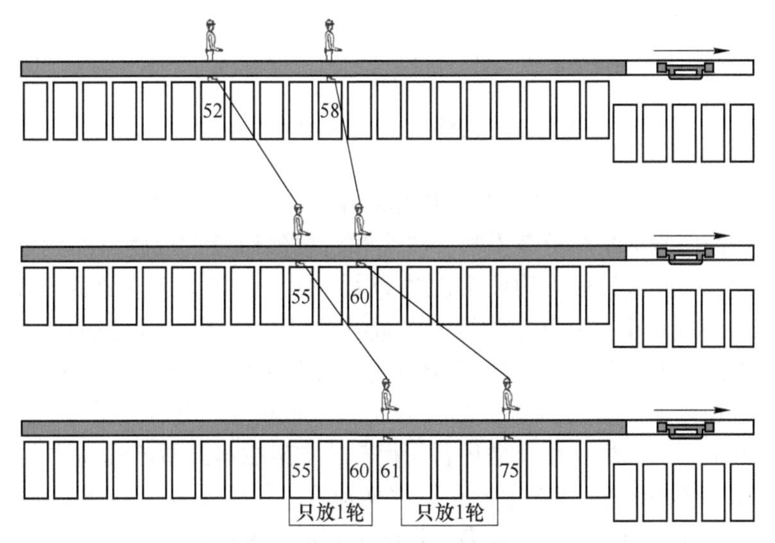

图 4.10 多轮放煤工人作业路线图

统计结果表明，第 1 个放煤工的放煤顺序为“58—59—60—75—76—…”，第 2 个放煤工的放煤顺序为“52—53—54—55—61—62—…”，观测区段内 55～60 号支架和 61～75 号支架仅放了 1 轮。并且在工作面某些区域存在先由 3 人放煤、后变为 2 人放煤或者先由 2 人放煤、后变为 1 人放煤的情况，这些情况均导致了顶煤的少放、漏放。

放煤工的不规范作业，一方面降低了顶煤回收率，另一方面不利于煤岩分界面的控制，这可能会导致某些区域的矸石提前混入煤体，进而影响相邻区域的顶煤回收率。

B 放煤次数统计

采放作业空间不协调还表现为放煤作业的不均衡，体现在综放面不同位置的放煤次数不一致。对 8202 工作面连续监测了 8 个采放循环，其中工作面支架放煤次数分布图如图 4.11 所示。

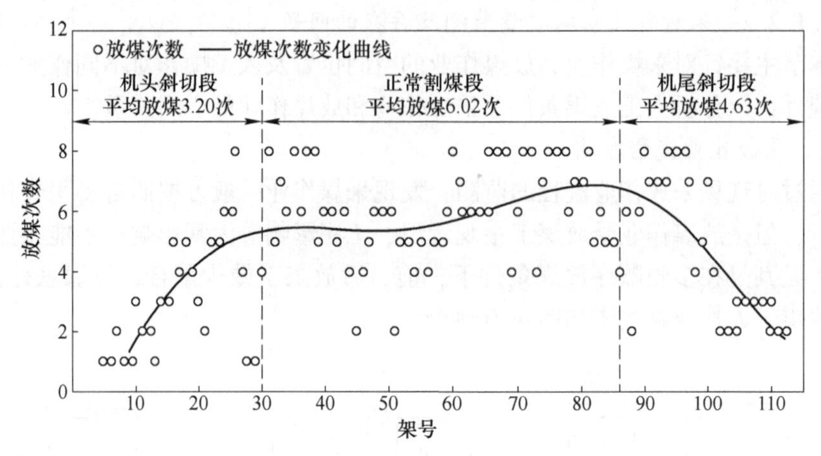

图 4.11　工作面支架放煤次数分布图

由图 4.11 可知，观测的 8 个放煤循环中，工作面中间中部的平均放煤次数要大于工作面两端的平均放煤次数，机头和机尾斜切段平均放煤次数分别为 3.6 次和 4.5 次，中间放煤段平均放煤次数为 6.2 次。出现上述现象的主要原因有：(1) 放煤工不能完全按照既定放煤工艺进行放煤，具有较强的随意性与主观性，导致部分支架少放、漏放；(2) 放煤工序滞后于割煤工序，而且割煤速度大于放煤速度，在保证产量与推进度的要求下，采煤机通常还未等所有支架放煤结束，就进入下一刀割煤、移架循环，使得部分支架在本刀循环难以放煤，造成漏放；(3) 即使放煤速度能跟上割煤、移架速度，但由于本刀割至端部后进入下一刀割煤，端部斜切进刀工序繁多，且端头支护要求较高，支架需要及时跟机支护，也应避免同时在该区域进行放煤作业。只有斜切进刀完成后才能继续放煤，否则常造成端头部分存在推进两刀而只放 1 次煤的现象。

4.1.2.3　综放面运能系统监测及存在的问题

综放面有前、后两部刮板运输机，前部刮板运输机负载受采煤机的割煤速度、进尺量、采煤机位置、煤壁性质等因素影响。除遇到煤壁片帮等情况，前部刮板运输机的负载较容易控制在一个合理的范围，而后部刮板运输机受人工放煤不规范、放煤量不易控制、顶煤结构不明等影响，负载情况较不稳定，常出现欠载、过载甚至空载的情况。

现场监测了由机头向机尾放煤期间后部刮板运输机机头电机的电流数据，每 2 s 采集一个电流数据，共记录 2462 个电流值，后部刮板运输机电机电流统计结果如图 4.12 所示。

现场生产管理中以刮板运输机电流在 80~120 A 之间为正常负载状态，电机

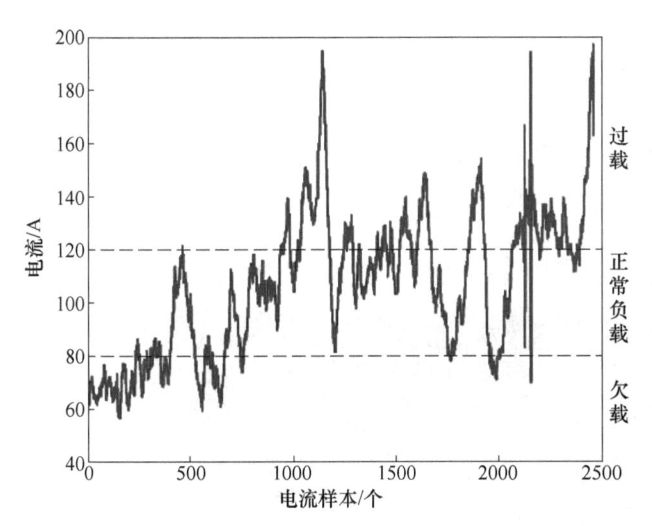

图 4.12 后部刮板运输机电机电流统计结果

电流小于 80 A 为欠载状态，电机电流大于 120 A 为过载状态，过载时会响起警报进行提醒。由图 4.12 可以看出，当放煤作业在工作面头部时，顶煤放出后在刮板运输机上铺设的距离较短，且顶煤能被及时运出工作面，此时运输机处于欠载状态；向工作面尾部放煤刮板运输机电流呈增长趋势，在工作面尾部放煤时，顶煤铺满了整个刮板运输机，其电流大部分在 120 A 以上；同时由于人工放煤的不规范和随机性，在工作面中间放煤时也多次出现刮板运输机过载现象。在全部记录的统计数据中，小于 80 A 的电流占总统计数的 22%，大于 120 A 的电流占 33%，电机电流在 80~120 A 之间的占 45%，可以看出，人工放煤情况下，后部刮板运输机的运输能力长时间处于不合理状态，尤其是过载状态，可能会造成刮板运输机停机，进一步影响放煤作业效率，增加采放作业的不协调程度。

4.2 综放面采放协调控制方法

通过上述特厚煤层综放面人工放煤的现场监测情况来看，在自动化采煤、人工放煤条件下要达到采煤和放煤协调作业相对困难，支架放煤过程复杂、放煤时间长、人工影响大等成为综放面协调作业的制约因素。在放煤工艺方面，上述群组放煤方法为顶煤的高效、高回收率放出提供了理论基础，同时自动放煤控制技术的发展也为综放面采放协调作业提供了技术支撑。

4.2.1 特厚煤层综放面采放协调的基本内涵

特厚煤层综放面采放协调是指在自动化或智能化放煤条件下，以采煤机运行方向、速度和作业时间为控制依据，以工作面运输系统运载能力为约束条件，以工作面地质及开采条件为影响变量，通过自动调整放煤工艺参数，实现割煤与放煤高度平行作业，保证综放面安全、高效、连续生产。从综放面的主要作业工序的协调作业特征可以看出，采放协调主要包括时间协调、空间协调、运能协调3方面，采放协调架构示意图如图4.13所示。

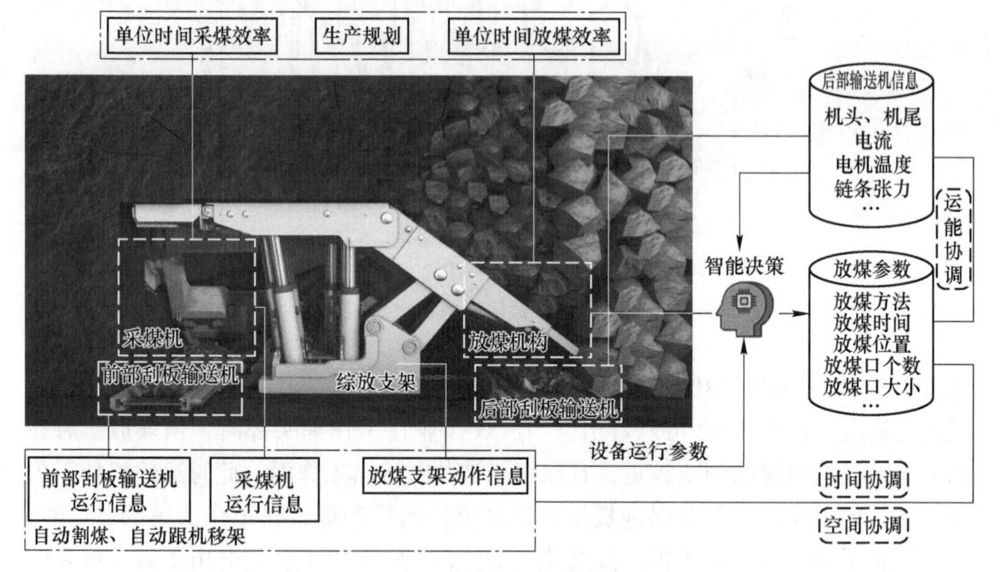

图4.13　采放协调架构示意图

“时间协调”是指每一个采放循环内，尽可能使采煤作业时间与放煤作业时间相匹配，实现采放平行作业。当放煤作业时间与采煤时间相近时，采用完全平行作业；当放煤作业时间过长，必要时需采用采煤作业等待放煤作业的操作，以保证顶煤的高效产出。

“空间协调”是指每一个采放循环内，“采—支—放—运”各工序涉及的设备在空间上的配合，既要保证各工序顺利进行，同时又要将各工序在空间上的影响降至最小，如移架速度及与采煤机间的距离相协调、移架和放煤位置之间的协调等。

“运能协调”是指采放作业的开采强度应与运输系统相互匹配，不但要保证煤炭的高效产出，同时要保证运输系统的运载能力得到最大利用，且不能超载。

采放作业的时间协调、空间协调和运能协调三者相互关联又相互影响，采放时间协调是综放面采放平行作业的目的，也是实现采放空间协调和运能协调的前提。采放工序的空间配合及运输系统运能利用程度会影响采放时间协调的程度，不同的采放工序空间特征也会导致运输系统负载分布的不同，因此实现综放面采放协调必须同时实现采放时间协调、采放空间协调和采放运能协调。

4.2.2 综放面采放时间协调控制模型

现场监测结果显示，放煤时间过长、难以与采煤机割煤速度相匹配是影响采放协调的主要原因，由于人工放煤条件下放煤劳动强度大、放煤间隔时间长、难以实现多放煤口同时放煤等，使放煤时间难以进一步优化，而减少放煤时间必将导致降低放煤质量。因此，采放时间协调是采放协调作业的重点和难点，自动化和智能化放煤为实现放煤工艺的革新提供了可能，也为优化放煤时间和采煤时间的匹配提供了技术支撑。

简单来讲，采放时间协调就是采煤机割煤作业时间和支架放煤时间的协调，按照综放面作业要求就是实现采放平行作业，即在一个采放作业循环内，割煤所用时间与放煤所用时间大致相等。

采煤机循环割煤时间受割煤速度影响，而割煤速度又受进刀方式、割煤方式、运输系统能力、开机率、循环作业要求等因素综合影响。以同忻和塔山特厚煤层综放面为例，采煤机端部斜切进刀、双向割煤，采煤机单个割煤循环平均作业时间为：

$$T_{\mathrm{c}} = \frac{\sum_{i=1}^{n} \frac{L_i}{V_i}}{\mu} \tag{4.1}$$

式中，T_{c}为采煤机循环割煤时间，min；L_i为割煤不同工序的等价割煤长度，m，$i=1$，2，3，4，其中L_1为斜切进刀段等价割煤长度，L_2为采煤机反向割三角煤段等价割煤长度，L_3为清浮煤段等价割煤长度，L_4为采煤机正常割煤段等价割煤长度；V_i为采煤机在不同割煤工序段的平均运行速度，m/min，$i=1$，2，3，4，其中V_1为斜切进刀段采煤机平均运行速度，V_2为反向割三角煤段采煤机平均运行速度，V_3为清浮煤段采煤机平均运行速度，V_4为正常割煤段采煤机平均运行速度；μ为采煤机开机率。

循环放煤时间与放煤工艺、同时打开放煤口个数、运输系统能力等因素密切相关，工作面单个循环放煤平均作业时间为：

$$T_{\mathrm{f}} = \sum_{x=1}^{n} \sum_{j=1}^{k} \frac{N_x}{n_x} t_{\mathrm{f}j} \tag{4.2}$$

$$t_{\mathrm{f}j} = f(H,\ D,\ \omega',\ q',\ \eta')$$

式中，T_{f}为每个放煤循环平均放煤时间，min；N_x为不同放煤段工作面放煤支架总数；n_x为不同放煤段同时放煤的放煤口个数，为保证后部刮板运输机运载能力稳定，在工作面内不同位置打开放煤口个数一般为机头≥中部≥机尾；$t_{\mathrm{f}j}$为综放面在一个正规循环内第j轮单次平均放煤时间，min；H为顶煤厚度；D为放煤口宽度；ω'为顶煤冒放性系数；q'为放煤口流量；η'为放煤机构动作系数；k为综放面在一个正规循环内放顶煤的轮数，一般情况下取值为1~3。

根据采放平行作业对采放时间协调的要求，采煤机平均割煤循环时间和放顶煤循环时间相等时，综放面采放工序可最大限度地实现平行作业，即时间协调为：

$$T_f = \frac{M_f}{M_c} T_c \tag{4.3}$$

式中，T_f 为放煤时间；M_f为放煤步距；M_c为割煤步距；T_c 为割煤时间。

综放面采放时间协调控制流程如图4.14所示。在现实生产场景中，自动化割煤及跟机移架已经较为成熟且相对易调控，因此对采放时间协调的控制应以控制放煤时间为主要手段。在自动化及智能化放煤应用过程中，将上述模型编制为判断算法内置于放煤决策软件中，每进行一个放煤循环，需对该循环的采放时间作出评价，当放煤时间不大于采煤时间时，下个循环不需要调整放煤参数，当放煤时间大于采煤时间时，需增加同时打开放煤口个数或增加放煤机构开口度。在运输系统的能力允许范围内，如果放煤参数调整至最大限度仍出现放煤时间大于采煤时间，则需等本循环放煤作业执行完后，才能开采下个循环的割煤作业，下个循环的放煤参数不变。

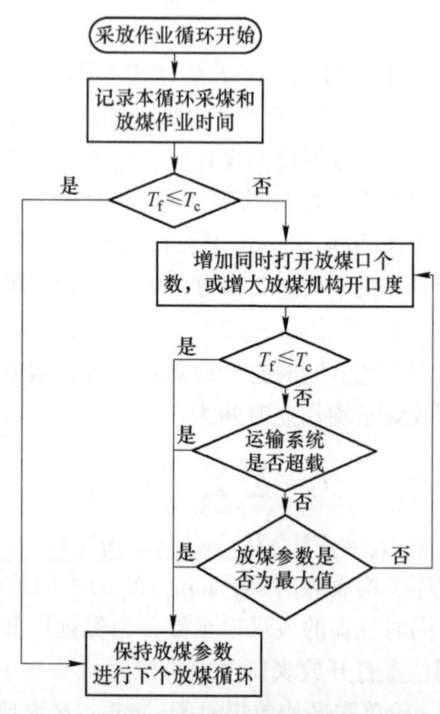

图4.14 综放面采放时间协调控制流程

4.2.3　综放面采放空间协调控制模型

由于采放作业空间狭小且采放工作衔接紧密，合理的采煤机、液压支架和刮板运输机的空间位置协同控制及采煤工序和放煤工序在空间上的合理安排，可使采放作业更加高效。采煤机、液压支架和刮板运输机三者之间的空间位置关系以采煤机位置和速度为动作依据，同时又互为条件、有机配合，共同完成采放作业的整个流程。

4.2.3.1　采放工艺空间协调

采放工艺流程是“三机”装备作业的基础和标准，因此采煤工序和放煤工序的合理安排是采放空间协调的基础。通过分析特厚煤层综放面的放煤特点发现，在工作面两端头位置放煤轮次较中部少（见图4.11），主要原因在于采用双向割煤的采煤方式，在两端头部上一刀的采煤与下一刀的斜切进刀相隔较近。如果在上一刀割完后暂停进刀，则采煤作业等待放煤作业的时间较长，就会严重影响开采效率；而如果上一刀割完直接进入下一刀斜切进刀，则在工作面端头部采了两刀煤而只放一刀煤，就会造成顶煤资源的损失。

为避免上述情况的发生，本节提出采用机头或机尾部割煤与放煤交叉作业方式，不但满足时间协调的要求，而且有利于“三机”空间协调。该方法将工作面分为3段，2个端头斜切进刀段和1个中部正常放煤段，其中端头斜切进刀段长度至少包括两个采煤机长度和最短斜切段的长度，中间正常放煤段为除端头斜切进刀段和两端不放煤段外工作面中部的放煤区域，采放协调作业工序流程示意图如图4.15所示。当采煤机由机头（或机尾）斜切进刀开始本次割煤循环时，同时机尾（或机头）段提前移架，放煤作业由此开始由机尾（或机头）向机头（或机尾）同步进行。在采煤机在机头（或机尾）斜切进刀、反向空刀、往返清底煤的过程中，机尾（或机头）处提前完成本次循环的放煤。值得注意的是，上述机尾（或机头）提前放煤段采用逆序放煤方法，即放煤顺序与采煤机割煤顺序相反，该放煤顺序不但有效保证了工作面端头部放煤作业的次数，同时有利于提高端头顶煤的采出率[100]。当采煤机进入正常放煤段后，放煤作业按照正常采放作业流程由机头（或机尾）开始跟机放煤，直至采煤机本次割煤循环结束，放煤作业跟机放煤至正常放煤段结束，此时此次割煤和放煤循环全部结束。该协作模式采放协调效率高，人工放煤作业难以实现高效配合，但在自动化控制条件下，通过多工序时空关系综合判别，可以实现采放协同作业，适合顶煤厚度较大且需要多轮放煤才能完成顶煤回收任务的情况。

4.2.3.2　采放工艺流程空间协调

根据现有综采工作面生产过程可知，在跟机放煤时，一个完整的采放流程为

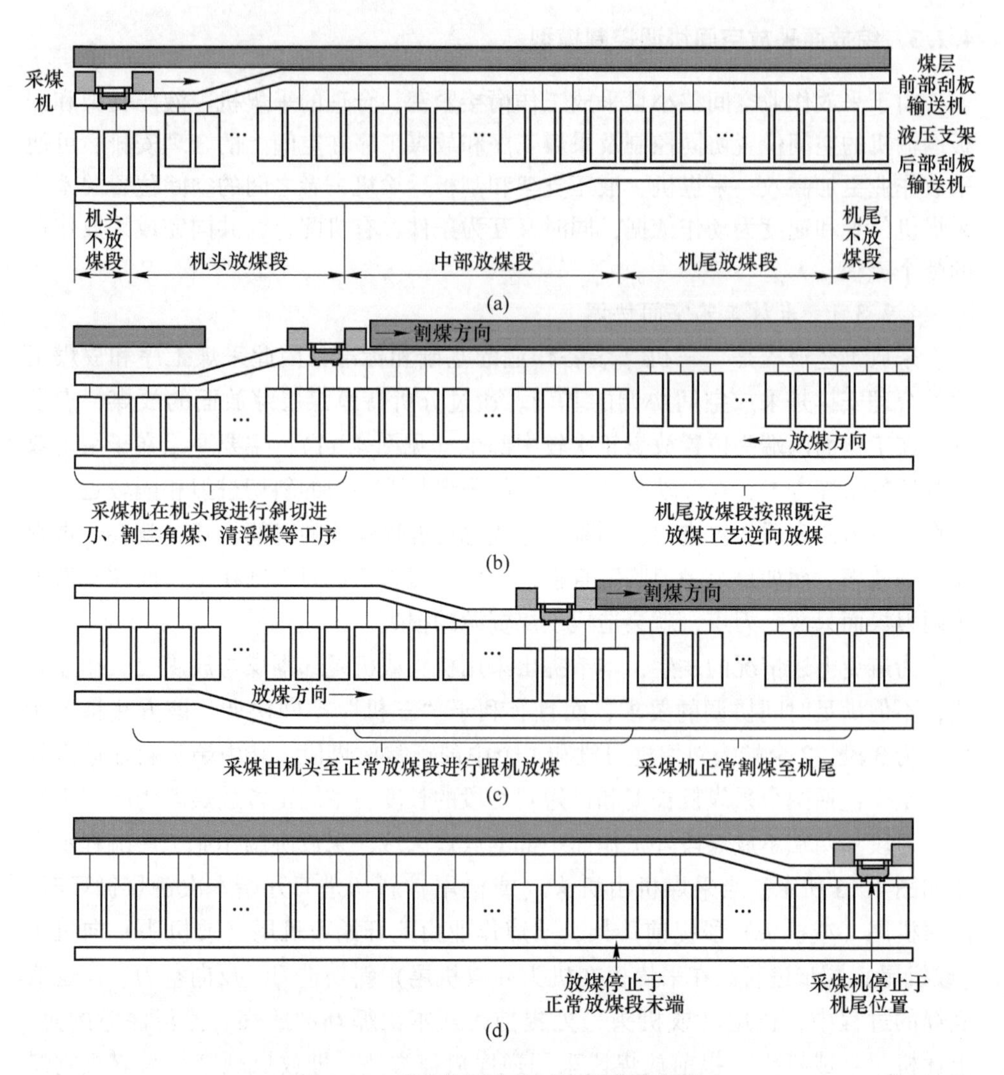

图 4.15　采放协调作业工序流程示意图

（a）工作面放煤区域划分；（b）端头割煤时采放协调工序；（c）正常割煤时采放协调工序；（d）本轮采放作业结束

“采煤机割煤—移架—推前溜—放煤—拉后溜”，采煤机位置和速度是液压支架和刮板运输机执行动作的依据，也是保证安全有序放煤作业的基础。因此确定采煤机位置是采放作业空间协调的首要任务，后续以采煤机由机头向机尾割煤为例，分析采放工艺流程空间协调机理。

A　采煤机位置

通过分析可知，采煤机在整个割煤循环可以大致分为 4 种不同状态，即斜切进刀、反向割三角煤、清浮煤和正常割煤，以工作面机头部为工作面坐标原点，根据上述 4 种不同状态可以将采煤机的位置按照时间序列划分为如下阶段。

$$L_c = \begin{cases} \dfrac{L_m}{2} + \displaystyle\int_0^t V_1 \mathrm{d}t & 0 < t \leqslant t_1 \\ \dfrac{L_m}{2} + \displaystyle\int_0^{t_1} V_1 \mathrm{d}t - \int_{t_1}^t V_2 \mathrm{d}t & t_1 < t \leqslant t_2 \\ \dfrac{L_m}{2} + \displaystyle\int_{t_2}^t V_3 \mathrm{d}t & t_2 < t \leqslant t_3 \\ L_m + \displaystyle\int_{t_3}^t V_4 \mathrm{d}t & t_3 < t \leqslant t_4 \end{cases} \tag{4.4}$$

式中，L_c为采煤机行走的距离，m；t 为采煤机运行时间，min；L_m为采煤机两滚筒中心距，m；V_1为斜切进刀段采煤机平均割煤速度，m/min；V_2为反向割三角煤段采煤机平均割煤速度，m/min；V_3为清浮煤段采煤机平均割煤速度，m/min；V_4为正常割煤段采煤机平均割煤速度，m/min；t_1为采煤机斜切进刀完成时间，min；t_2为采煤机反向割三角煤结束时间，min；t_3为采煤机端头往返清浮煤结束时间，min；t_4为采煤机完成本循环割煤时间，min。

采煤机位置对应的支架编号分别为：

$$N_Z = \frac{L_c}{D} = \begin{cases} \dfrac{\dfrac{L_m}{2} + \displaystyle\int_0^t V_1 \mathrm{d}t}{D} & 0 < t \leqslant t_1 \\ \dfrac{\dfrac{L_m}{2} + \displaystyle\int_0^{t_1} V_1 \mathrm{d}t - \int_{t_1}^t V_2 \mathrm{d}t}{D} & t_1 < t \leqslant t_2 \\ \dfrac{\dfrac{L_m}{2} + \displaystyle\int_{t_2}^t V_3 \mathrm{d}t}{D} & t_2 < t \leqslant t_3 \\ \dfrac{L_m + \displaystyle\int_{t_2}^t V_4 \mathrm{d}t}{D} & t_3 < t \leqslant t_4 \end{cases} \tag{4.5}$$

式中，N_Z为采煤机中部位置对应的支架编号；D 为相邻支架的中心距，m。

B 采煤机位置与移架工序的空间协调

根据同忻煤矿 8202 工作面自动化割煤中斜切进刀段的工艺流程，以工作面机头部斜切进刀为例，采煤机由机头开始斜切进刀，前部刮板运输机斜切位置为 15~25 号支架，采煤机上行到达 30 号支架时，斜切段 25 号支架向端头 2 号支架推溜；采煤机从 30 号支架停止割煤反向下行割三角煤，23~13 号支架滞后采煤机1~2台支架跟机移架；采煤机割透三角煤后，在机头至7号支架之间扫底清浮煤，随后反向上行正常割煤，当采煤机上行至17号支架时，按2~12号支架顺序移架（12号支架开始至2号支架结束）；采煤机上行至26支架时，从2~20号支架补充推溜；进入正常割煤阶段后，由24号支架开始跟机移架，由21号支架向机尾跟机推溜。

为保证工作面顶板的稳定性，支架滞后于采煤机一定架数进行移架支护顶板，关键在于移架支护速度要与采煤机割煤速度相匹配，不能使工作面顶板与煤壁暴露时间过长，但是从上述斜切进刀段的工艺流程来看，移架与割煤配合复杂，因此本书仅对正常割煤后移架与割煤工序之间的空间协调关系进行分析。正常割煤阶段，液压支架的移架速度必须与采煤机的割煤速度相匹配，既要保证采煤机连续割煤，又要保证整个工作面的移架速度不应小于采煤机连续割煤的平均速度[108]。

设支架滞后于采煤机后滚筒的安全距离支架数为 B，工作面移架速度与采煤位置应满足式（4.6）。

$$
\begin{aligned}
V_{y} &= \frac{D}{t_{yj} + t_{ry}} \\
V_{y} &\geqslant V_{c} \\
V_{c}t + B &\geqslant V_{y}t
\end{aligned}
\tag{4.6}
$$

式中，V_{y} 为液压支架移架速度，m/min；V_{c} 为平均采煤机割煤速度，m/min；t_{yj} 为液压支架完成降架、移架、升架动作所需时间，min；t_{ry} 为液压支架移架调整及人员移动影响时间，min。

式（4.6）表示，采煤机割煤与液压支架移架工序的配合，首先需要提高支架移架速度，使其处在一个合理的范围。当移架速度过快时，支架移架位置与采煤机之间的相对位置不断较小，甚至小于安全距离，存在安全隐患；当移架速度较慢时，支架移架位置与采煤机之间的相对位置随时间不断加大，一方面支架无法及时支护顶板，另一方面影响后续工序的开展。因此，采煤机割煤与移架工序的空间协调应保证移架速度大于采煤机速度，并且移架位置与采煤机位置之间始终保持合理的安全距离。

C　液压支架移架与放煤工序的空间协调

推移前部刮板运输机和放煤工序互不干扰，推前溜的空间位置和放煤位置可以重叠，因此本书仅考虑放煤工序与割煤、移架工序之间的空间关系。本节将放煤作业分为两个阶段，即提前放煤阶段和跟机放煤阶段，提前放煤时（即端头斜切进刀阶段）放煤作业与采煤机割煤分别在工作面两端头进行，采煤作业和放煤作业空间互不影响，因此不进行特别分析，主要讨论跟机放煤阶段放煤作业与采煤机和移架的位置关系。

现场监测显示，移架工序与放煤工序空间不协调对采放协调有着严重影响。当放煤工序开始位置与完成移架位置距离过小时，存在放煤完成而移架未完成的现象，会造成放煤工序等待移架工序，增加了放煤工序整体完成时间；当放煤工序开始位置与完成移架位置距离过大时，工作面完成移架作业后放煤完成仍需未完成，会造成采煤作业等待放煤作业，同样不利于采放协调作业。因此，合理确定放煤开始位置与完成移架位置间的距离是保证移架工序和放煤工序空间协调的关键。

人工放煤条件下，放煤效率较低，放煤速度严重落后于移架速度，因此难以实现移架工序和放煤工序空间协调，而自动化和智能化放煤条件下放煤效率大大提高，同时连续群组放煤方法更加有利于提高放煤速度，使得放煤工序与移架工序的空间协调更加容易控制。放煤工序与移架工序的空间协调关系应满足式（4.7）。

$$\begin{gathered} V_f = \frac{nD}{t_d} \\ C_{min} \leqslant V_y t - V_f t \leqslant C_{max} \end{gathered} \tag{4.7}$$

式中，V_f为放煤作业移动速度，m/min；n为单次放煤同时打开的放煤口个数；t_d为单次放煤时间，min；C_{min}为放煤作业与移架完成支架间的最小安全距离，m；C_{max}为放煤作业与移架完成支架间的极限距离，m。

综放面采放空间协调控制流程如图4.16所示。

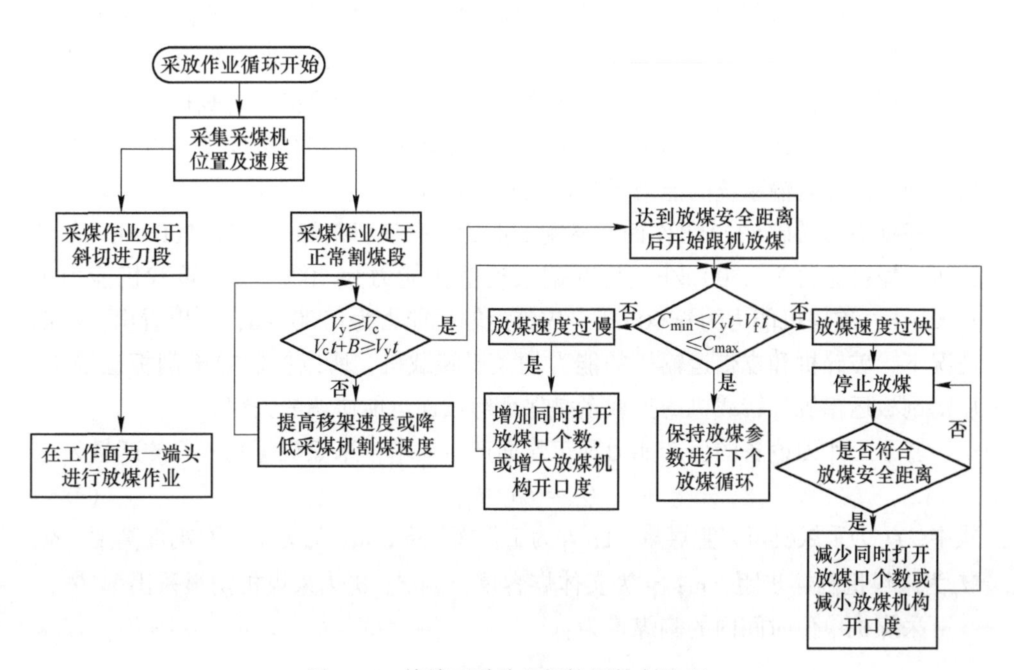

图4.16 综放面采放空间协调控制流程

采放作业空间协调控制关键在于控制好采放各工序的移动速度，使割煤工序、移架工序和放煤工序之间既能保持合理的安全距离，又能紧密衔接，保证采放工序处于合理的空间状态。目前综放面前部已经实现采煤机自动割煤和自动跟机移架，且基本能保证割煤工序和移架工序自动配合作业，因此采放空间控制模型同样以控制放煤工序移动速度为主。在自动化及智能化放煤应用中，将上述模型编制为判断算法内置于放煤决策软件中，当进入正常放煤阶段后，首先判断已经完成移架工序的支架与准备放煤位置的距离，其中完成移架以支架执行完“降架—移架—升架”动作为判断依据，当两者距离不小于安全距离后即可开始放煤。每进行一个放煤循环，需对该循环的采放空间作出评价，当移架工序位置与放煤位置的间距超出极限距离时，需增加同时打开放煤口个数或增加放煤机构开口度，提高放煤工序移动速度；当移架工序位置与放煤位置的间距小于最小安全距离时，放煤作业暂停，待两者距离达到安全值后继续放煤，此时需减少同时打开放煤口个数或减小放煤机构开口度；当进行移架工序位置与进行放煤位置的间距处于合理范围时，保持放煤参数不变。下个采放循环采用上个采放循环结束时的放煤参数。

4.2.4　综放面采放运能协调控制模型

综放面出煤量由采煤机割煤和放顶煤两部分组成，割煤量与放煤量分别由前部刮板运输机和后部刮板运输机运送至转载机，然后由工作面皮带运送至大巷主运输系统。工作面出煤量能被及时运出，是保证综放面采放作业协调的重要条件。采放运能协调指在采放平行作业前提下，以刮板运输机、转载机及皮带组成的运输系统的运载能力为约束，最大限度地保证采煤机割煤量和支架放煤量的产出，同时保证运输系统的能力得到最大限度发挥。

根据塔山煤矿 8222 工作面装备配套能力，采煤机割煤能力为 2700 t/h、前部刮板运输机能力为 2500 t/h、后部刮板运输机能力为 5000 t/h、转载机能力为 5500 t/h、破碎机能力为 6000 t/h、皮带运输机能力为 6000 t/h，可以看出，一般情况下，破碎机和皮带运输机的能力均大于转载机，所以控制前部刮板运输机、后部刮板运输机和转载机的负载量是保证综放面运能协调的关键。

基于工作面设备的生产能力和工作面产量要求，采煤机每割一刀的产量为：

$$Q_c = Lh_cM_c\gamma\delta_c \tag{4.8}$$

式中，Q_c为采煤机每刀割煤量，t；L 为工作面长度，m；h_c为工作面割煤高度，m；M_c为采煤机割煤步距，m；γ 为实体煤容重，t/m^3；δ_c为采煤机割煤采出率，%。

采煤机单位时间内的割煤量为：

$$q_{cd}=\frac{Q_c}{T_c}=60V_c h_c M_c \gamma \delta_c \tag{4.9}$$

式中，q_{cd}为采煤机割煤流量，t/h。

可见，采煤机平均割煤流量主要受采高、截深、割煤速度等因素影响，而顶煤放出量受控因素较多，包括顶煤厚度、顶煤块度、放煤口尺寸、放煤工艺参数等。为便于计算，假设综放面顶煤垮落后破碎均匀、块度大小和块度分级合理，多轮放煤时每轮放出高度一致，多放煤口放煤时顶煤平均放出速度相等。则每个放煤循环顶煤放出量为：

$$Q_f=L_f H M_f \gamma \delta_f(1+\delta_g) \tag{4.10}$$

式中，Q_f为单个放煤循环内顶煤放出量，t；L_f为工作面放煤段长度，m；δ_f为顶煤采出率，%；δ_g为顶煤含矸率，%。

单位时间内顶煤放出流量为：

$$q_{fd}=\frac{Q_f}{T_f}=60\overline{V}_f h_f M_f \gamma \delta_f(1+\delta_g) \tag{4.11}$$

式中，q_{fd}为顶煤放出流量，t/h；$\overline{V}_f$为顶煤平均放出速度，m/min。

考虑到采煤机和放煤速度均具波动性，且刮板运输机自身姿态对运输负载存在影响，因此前、后刮板运输机的实际负载应按照式（4.12）计算[73]。

$$\begin{aligned} Q_q &= K_y K_v K_c q_{cd} \\ Q_h &= K_y K_f q_{fd} \\ K_v &= V_q/(V_h-\overline{V}_c/60) \\ K_c &= 1+U_\alpha \sigma_c/v_c \\ K_f &= 1+U_\alpha \sigma_f/v_f \end{aligned} \tag{4.12}$$

式中，Q_q为前部刮板运输机实际负载，t/h；Q_h为后部刮板运输机实际负载，t/h；K_y为考虑刮板运输机运输方向及倾角的修正系数；K_v为考虑采煤机与刮板运输机同向运行时的修正系数；V_q为刮板运输机运行速度，m/min；K_c为采煤机割煤速度不均匀性系数；σ_c为割煤速度标准差，m/min；U_α为标准正态分布关于α的上侧分位数；K_f为放煤流量不均匀性系数；σ_f为放煤速度标准差，m/min。

综放面单位时间内产出的煤量为：

$$Q_z=Q_q+Q_h \tag{4.13}$$

由现场装备配套情况可知，前、后刮板运输机的额定运载能力之和大于转载机的额定运载能力，因此综放面运行协调受转载机运能的限制。为了使综放面的生产能力最大，同时保证转载机运载能力得到充分发挥，综放面的出煤能力与转载机的运载能力应满足式（4.14）。

$$0.8\widehat{Q_z} \leqslant Q_z \leqslant \widehat{Q_z} \tag{4.14}$$

式中，$\widehat{Q_z}$ 为转载机额定运载能力，t/h。

在满足式（4.14）的前提下，采煤机割煤流量和顶煤放出流量也应在前、后刮板运输机的运载能力范围之内，同时保证前、后刮板运输机的运载量相匹配[73]，即满足式（4.15）。

$$\begin{aligned} \widehat{Q_q} &\geqslant Q_q \\ \widehat{Q_h} &\geqslant Q_h \\ Q_q &= K_{cf} K_j Q_h \end{aligned} \tag{4.15}$$

式中，$\widehat{Q_q}$、$\widehat{Q_h}$ 为前、后刮板运输机额定运载能力，t/h；K_{cf}为综放面的采放高度比，其值等于 H/h_c；K_j为综放面采放开采参数匹配系数，满足式（4.16）。

$$K_j = K_f V_f M_f \delta_f (1 + \delta_g) / (K_v K_c V_c M_c \delta_c) \tag{4.16}$$

综放面采放运能协调控制流程如图 4.17 所示。综放面的生产活动必须以工作面运输系统的负载能力为制约，因此采放运能协调是采放时间协调和空间协调的约束条件。在进行采放协调控制时，采放运能协调具有控制优先级。前部刮板输送机的负载由采煤机控制，主要的控制参数为采煤机割煤速度，后部刮板运输机的负载由放煤工序控制，主要控制参数为同时开启放煤口个数和放煤机构开口度。由于在现场应用中，各运输系统的负载量无法直接获取，故采取各运输系统的电机电流作为其负载的判断依据。在综放面自动化或智能化开采过程中，首先对转载运输机的负载进行判断，当转载机电流处于合理工作状态时，采放作业参数保持不变；当转载机电流过小时，说明工作面整体出煤量较小，需要根据前、后刮板运输机负载情况，增加采煤机割煤速度或提高单位时间放煤量（增加同时打开放煤口个数或增加放煤机构开口度）；当转载机电流过大甚至超载时，需要先停止采煤和放煤，待转载机电流恢复正常后，以降低采煤机割煤速度或减小单位时间放煤量的方式进行开采。然后分别对前、后刮板输送机的负载情况进行判断，当前、后刮板运输机电机电流处于正常区间时，采放作业参数保持不变。当前部刮板机电流过小时，需要提高采煤机割煤速度；当前部刮板机电流过大甚至超载时，需要停止采煤机割煤，待前部刮板机电流恢复正常后，采煤机以较小割煤速度进行开采。当后部刮板机电流过小时，需要调整参数，提高单位时间顶煤放出量；当后部刮板机电流过大甚至超载时，需要停止放煤作业，待后部刮板机电流恢复正常后，需减少同时打开放煤口个数或减小放煤机构开口度，进行放煤作业。

虽然采放协调控制中的时间协调、空间协调和运能协调是相互影响、相互关联的，但是根据三者的影响关系得知，其在控制过程中需要有不同的优先级，运

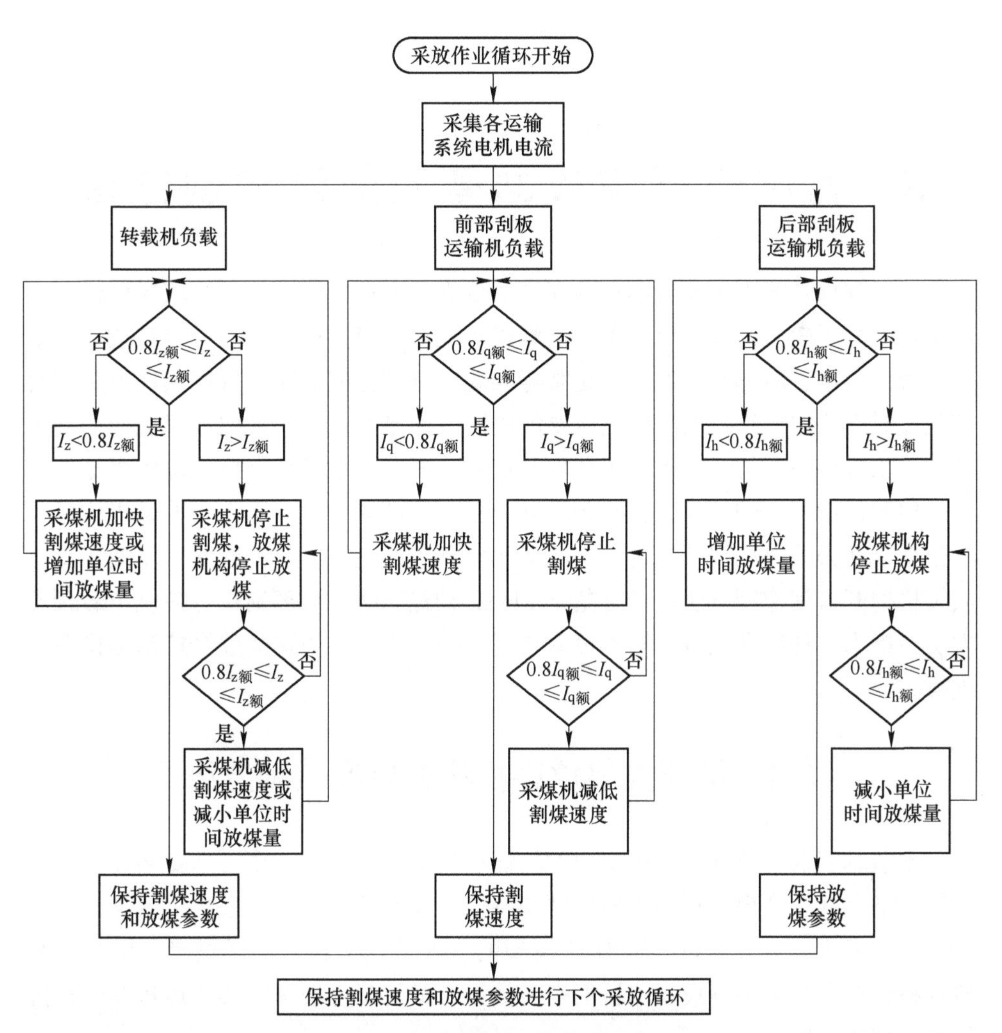

图 4.17 综放面采放运能协调控制流程

输系统是整个工作面开采作业的约束条件，因此采放运能协调控制具有最高优先级；采放工序的空间位置影响各工序的协调配合作业，同时关系到生产作业安全，因此采放空间协调控制具有次一级的优先级；采放平行作业是采放协调控制的目的，但是需要在安全和能力范围内实现，因此采放时间协调控制的优先级最低。

5 特厚煤层综放面智能放煤控制方法

群组放煤是实现采放协调和顶煤高效放煤的有效手段，但群组放煤单位时间放出煤量相对较大，人工放煤条件下难以实现对放煤的精准控制，容易造成多放煤口协调困难、后部刮板运输机超载等问题。自动化或智能化放煤条件下更容易实现放煤作业的群组控制，但仍需要解决两方面难题：一是支架放煤机构的精准控制；二是后部刮板运输机的负载均衡控制。因此，本章在分析低位放煤液压支架结构和运动特征的基础上，基于机器人正向运动学构建液压支架放煤机构运行学模型，获得放煤机构开口度在不同支架姿态下的表征方法，以此建立液压支架放煤机构开口度控制方法；结合基于 Elman 神经网络的后部刮板运输机负载预测方法，提出一种后部刮板运输机负载自适应控制方法，为智能放煤控制提供理论支撑。

5.1 液压支架放煤机构开口度控制方法

本节基于低位放顶煤液压支架的放煤机构运动特征，建立动态支架姿态感知系统，结合低位放顶煤液压支架的结构特征及姿态感知参数，采用机器人正向运动学分析的方法，以构建基于 D-H 模型的支架放煤机构运动学模型，解析支架放煤机构末端与后部刮板运输机的空间关系，最终建立液压支架放煤机构开口度解算及控制方法。

5.1.1 支架姿态与放煤机构开口度的关系

5.1.1.1 低位放顶煤液压支架放煤机构特征

按照顶煤放出位置的不同，可将放顶煤液压支架划分为高位、中位和低位放顶煤液压支架，由于低位放顶煤液压支架具备没有脊背煤损、放煤效果好、有利于顶煤破碎、煤流容易运输、煤尘对放煤工影响小等优点，目前绝大多数综放面采用低位放顶煤液压支架进行放煤，低位放顶煤液压支架结构示意图如图 5.1 所示。

低位放顶煤液压支架主体主要由前梁机构、顶梁、底座、掩护梁、尾梁、插板、前连杆、后连杆等结构件组成。前梁机构和顶梁主要用于支撑顶板、支护煤

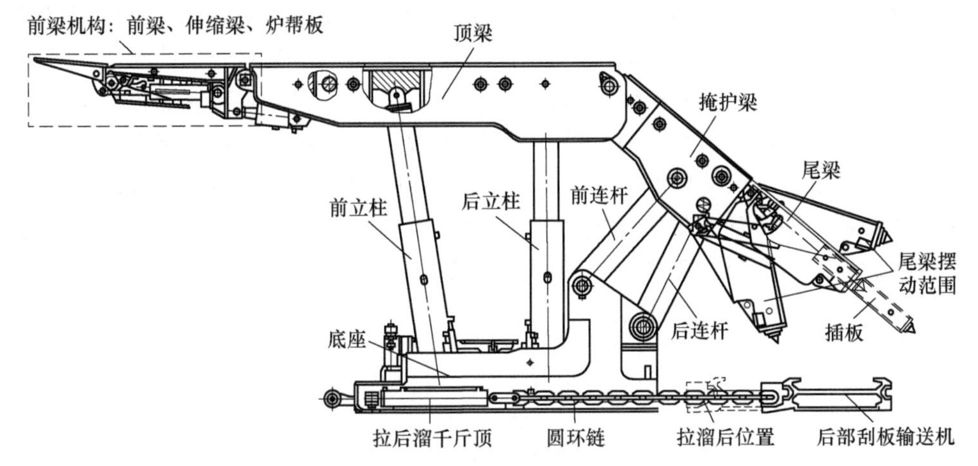

图 5.1 低位放顶煤液压支架结构示意图

壁、创造开采空间等，顶梁反复支撑顶煤，对顶煤起破碎作用。底座是将顶板压力传递到底板和稳定支架的部件，并与顶梁共同构成工作面作业空间。掩护梁、尾梁和插板是液压支架直接影响放煤的结构件，掩护梁用于阻挡后部落煤串入工作面，维护工作空间，同时对顶煤的流动特征产生影响；尾梁是支架掩护和实现放顶煤的关键部件，通过上、下摆动控制放煤口大小；插板是实现放顶煤开闭的直接部件，同时起到破碎大块顶煤的作用。前连杆、后连杆分别与掩护梁和底座铰接，共同形成四连杆机构，增加支架的稳定性。

液压支架通过收插板和摆动尾梁实现顶煤的放出，插板处于尾梁内部，因此放煤控制主要通过尾梁开启的角度来控制放煤口的大小。尾梁通过铰链与掩护梁连接，为保证放煤结构不受顶煤冲击而产生损伤和减少采空区煤矸石串入后部刮板运输机，放煤结束后常统一将尾梁停止在与掩护梁平直或略微上翘的位置，同时，该位置也是下次放煤的开始位置。尾梁与支架主体由掩护梁连接，因此，掩护梁的姿态是尾梁控制摆动角度的基准。掩护梁和底座通过前连杆、后连杆连接形成四连杆结构，该结构有且仅有一个自由度，因此底座的姿态变化会影响掩护梁的姿态。顶梁与掩护梁通过铰链连接，两者的运动相互独立，因此当两者的铰接位置不变时，掩护梁的姿态不受顶梁姿态变化影响。通过上述分析可知，影响放煤的主要机构由底座、前连杆、后连杆、掩护梁、尾梁、插板构成，这些结构件构成了 1 个铰链四连杆和 1 个二连杆结构，影响放煤的支架结构件简化示意图如图 5.2 所示。该结构具有 2 个自由度，即铰接四连杆和二连杆分别有 1 个自由度，二连杆的姿态和动作以四连杆的一端（即 I 点）为端点进行转动，四连杆结构则以底座为固定边，则前连杆、后连杆的姿态将会影响掩护梁的姿态。

由图 5.2 可知，以综放面开采参数为基础进行装备配套时，以底板水平、采高一定为基础条件，掩护梁的位置和姿态即可确定，尾梁的初始位置与掩护梁平直，当插板前部推出时，插板尾部与后部刮板运输机的后端对齐，此时的状态是液压支架和刮板运输机的初始空间状态。尾梁以铰接点 I 为旋转支点进行上、下摆动，以掩护梁位置为基准面，当尾梁摆动至 J'点时，放煤口打开最大，为尾梁摆动最下端位置，摆动角度为 θ'；当为尾梁摆动至 J''点时，放煤口打开最小，为尾梁摆动最上端位置，摆动角度为 θ''。因此受机械结构的限制，尾梁的摆动范围为以掩护梁为基准面，在 $\theta''\sim\theta'$之间上、下摆动。

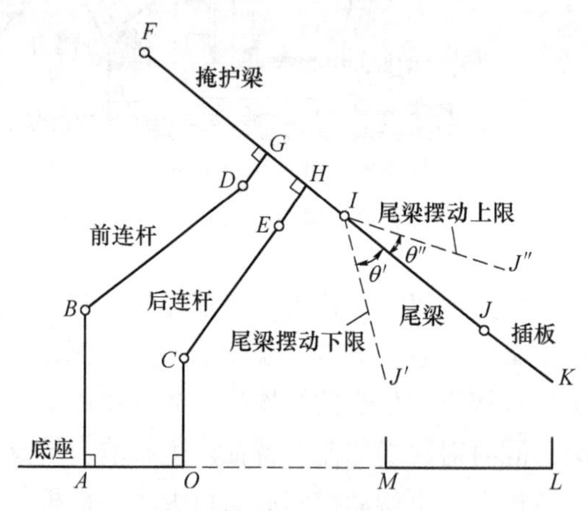

图 5.2　影响放煤的支架结构件简化示意图

5.1.1.2　液压支架姿态对放煤机构与刮板运输机空间关系的影响

液压支架工作姿态对支架承载能力、控制顶板稳定性、支架结构件可靠性等都有重要影响，主要影响支架放煤机构与后部刮板运输机的位置关系。一般而言，后部刮板运输机不具备主动改变姿态的能力，其工作姿态主要受底板起伏控制，因此，液压支架的姿态是影响两者空间关系的主动因素。

在工作面倾向方向，后部刮板运输机与液压支架基本处于同一水平或倾角，在分析两者之间的空间关系时，假设两者在工作面倾向方向不存在角度差。在工作面走向方向，液压支架的顶梁和底座均存在仰斜、水平、俯斜 3 种状态，液压支架各结构件随顶梁与底座的姿态发生变化，进而影响放煤机构与后部刮板运输机的空间关系，后续针对支架的不同状态对两者之间的空间关系进行分析。

A　顶梁姿态对放煤机构和刮板运输机空间关系的影响

基于工作面作业要求，需保证工作面的采高不能发生较大变化，因此在进行姿态变化分析时假设工作面采高始终不变。根据工作面装备的配套关系，设定支架底座和顶梁的初始状态为水平状态，顶梁和底座均水平时液压支架姿态特征示意图如图 5.3（a）所示。当底座处于水平状态时，顶梁姿态分别有仰斜和俯斜两种状态，如图 5.3（b）、（c）所示，图中的虚线支架状态为底座和顶梁均处于水平时的状态，可体现并对比支架姿态的变化情况。

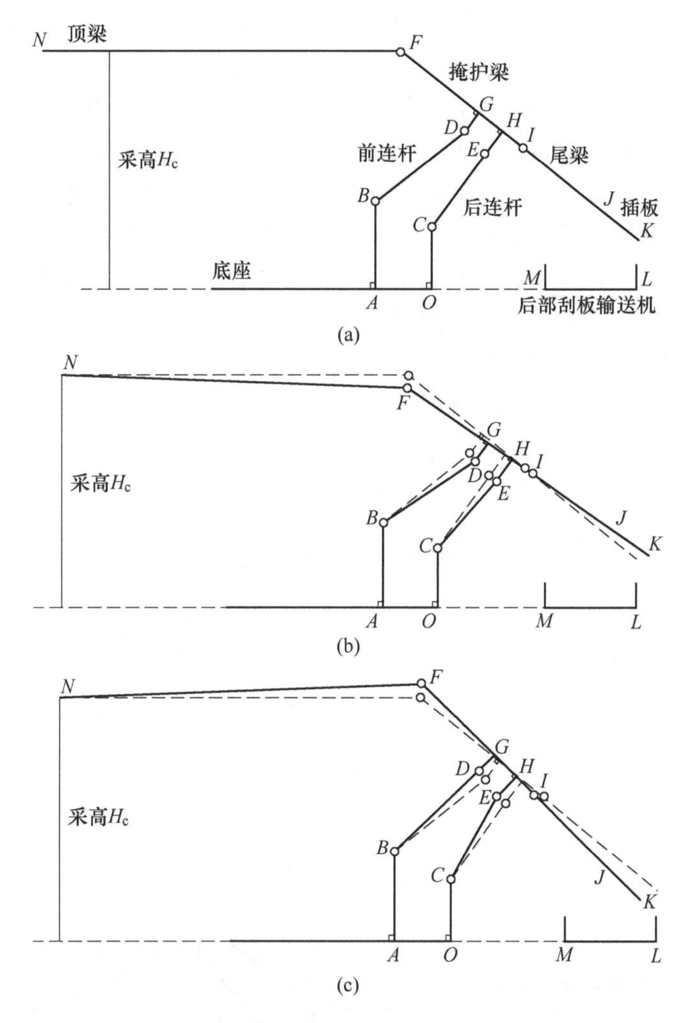

图 5.3 底座水平和顶梁在不同状态时液压支架姿态特征示意图

（a）顶梁和底座均水平；（b）底座水平、顶梁仰斜；（c）底座水平、顶梁俯斜

以底座上点 O 为基准点，与初始状态相比，当支架处于仰斜状态时，顶梁与掩护梁的铰接点 F 向下移动。F 点的位置变化对四连杆结构的也产生影响，前连杆、后连杆分别绕其与底座的铰接点（B、C 点）顺时针向下旋转，掩护梁绕其与顶梁的铰接点（B、C 点）发生逆时针旋转，前连杆、后连杆和掩护梁的倾角均变小。掩护梁与尾梁的铰接点 I 向右下方偏移，插板打开后其端部超出后部刮板运输机后端，尾梁以掩护梁此时的状态摆动时，摆动相同的角度比原始位置时对放煤口的影响宽度小，并且当尾梁向下摆动至最大角度时难以打开全部放煤口宽度。

当支架顶梁处于俯斜状态时，与初始状态相比，顶梁与掩护梁的铰接点 F 向上移动，前连杆、后连杆分别绕其与底座的铰接点（B、C 点）逆时针向上旋转，掩护梁绕其与顶梁的铰接点顺时针旋转，前连杆、后连杆和掩护梁的倾角均增大，铰接点 I 向左上偏移，插板打开后其端部难以覆盖后部刮板运输机后端，可能形成采空区遗煤、遗矸漏入后部刮板运输机，造成运输机运载状态不平衡。

据上述分析可以看出，当采高一定时，顶梁姿态的变化影响铰接点 F 的空间位置，进而影响掩护梁、前连杆、后连杆、尾梁的姿态，因此，液压支架结构件的姿态相互影响、相互制约。根据常用低位放顶煤液压支架结构特征，顶梁姿态对放煤机构姿态的影响可通过支架四连杆结构的姿态特征变化来反映。

B　底座姿态对放煤机构和刮板运输机空间关系的影响

当顶板处于水平状态时，底座随工作面底板的仰俯角发生变化，也存在水平、仰斜和俯斜 3 种姿态，设定底座以顶点 O 为基准点且采高一定，顶梁水平、底座不同状态时液压支架姿态特征示意图如图 5.4 所示。

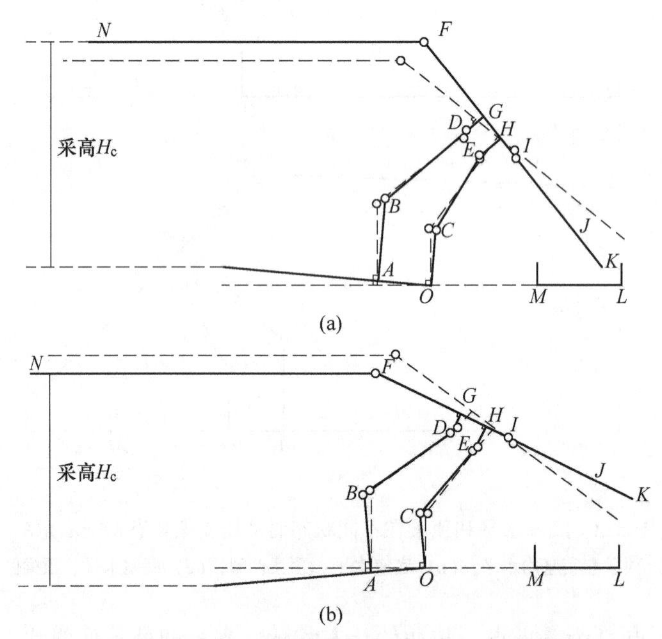

图 5.4　顶梁水平、底座不同状态时液压支架姿态特征示意图
（a）顶梁水平、底座仰斜；（b）顶梁水平、底座俯斜

图 5.4（a）为液压支架处于顶板水平、底座仰斜的姿态，以底座顶点 O 为基准点，与底座链接构成四连杆结构的其他构件姿态发生相应改变，前连杆、后连杆分别绕其与底座的铰接点（B、C 点）发生轻微转动，其倾角略微增大，掩护梁绕其与顶梁的铰接点发生顺时针旋转，其倾角明显增大，掩护梁与顶梁的铰

接点 F 向右上方偏移，铰接点 I 向右下方移动，插板端部向下方移动，该姿态下插板打开后与刮板运输机距离过近，存在插板插入刮板链的风险，且可能存在采空区遗煤、遗矸漏入刮板运输机的情况。图 5.4（b）为液压支架处于顶板水平、底座俯斜的姿态，底座以点 O 为支点逆时针转动后，前连杆、后连杆与底座的铰接点（B、C 点）向左移动，前连杆、后连杆分别绕其与底座的铰接点（B、C 点）发生轻微转动，其倾角略微减小，掩护梁绕其与顶梁的铰接点发生逆时针旋转，其倾角明显减小，掩护梁与顶梁的铰接点 F 向左下方偏移，铰接点 I 向左上方偏移，插板尾端距后部刮板运输机端部位置较远，尾梁摆动相同的角度比原始位置时对放煤口的影响宽度变小，存在难以完全打开放煤空间的情况。

由上述分析可知，当采高一定时，底座状态发生变化会直接影响与其连接的四连杆结构的姿态，进而对顶梁位置及放煤机构和刮板运输机相对空间关系产生影响。

C 底座和顶梁同时发生姿态变化

当底座和顶梁同时为非水平状态时，根据底座与顶梁的仰俯情况，工作面采高一定时，液压支架的姿态可存在以下 4 种，如图 5.5 所示。

由图 5.5 可知，采高一定条件下，当支架顶板和底座均处于非水平状态时，支架姿态对放煤机构和后部刮板运输机的空间关系产生较大的影响。

当底座和顶梁均仰斜时，以底座顶点 O 为基准点，前连杆、后连杆和掩护梁分别绕其与底座（B、C 点）及顶梁（F 点）的铰接点发生顺时针转动，前连杆、后连杆倾角相对原始位置减小，掩护梁倾角则相对增大，掩护梁与顶梁的铰接点 F 向右上方偏移，铰接点 I 向右下方移动，插板打开后端部均比原始状态的位置低，在尾梁摆动作时均存在插板插入刮板链的风险，且尾梁摆动相同角度比原始位置时放煤口开口度小；当底座仰斜、顶梁俯斜时，以底座顶点 O 为基准点，前连杆、后连杆分别绕其与底座的铰接点（B、C 点）发生明显逆时针转动，前连杆、后连杆倾角显著增大，掩护梁绕其与顶梁的铰接点发生顺时针旋转，其倾角明显增大，掩护梁与顶梁的铰接点 F 向右上方偏移，铰接点 I 向左下方移动，插板打开后端部均比原始状态的位置低，且插板打开后均能覆盖部分后部刮板运输机空间，采空区遗煤、遗矸漏入运输机的风险较大。

当底座俯斜、顶梁仰斜时，前连杆、后连杆分别绕其与底座的铰接点（B、C 点）发生顺时针转动，其倾角减小，掩护梁绕其与顶梁的铰接点发生逆时针旋转，其倾角明显增大，掩护梁倾角则相对减小，掩护梁与顶梁的铰接点 F 向左下方偏移，铰接点 I 向右上方发生微弱偏移，插板打开后端部位置相对较高，放煤后关闭时仍存在采空区矸石或遗煤漏入后部刮板运输机的风险；当底座与顶板均俯斜时，前连杆、后连杆和掩护梁分别绕其与底座（B、C 点）及顶梁（F 点）的铰接点发生逆时针转动，前连杆、后连杆倾角相对原始位置增大，掩护梁倾角

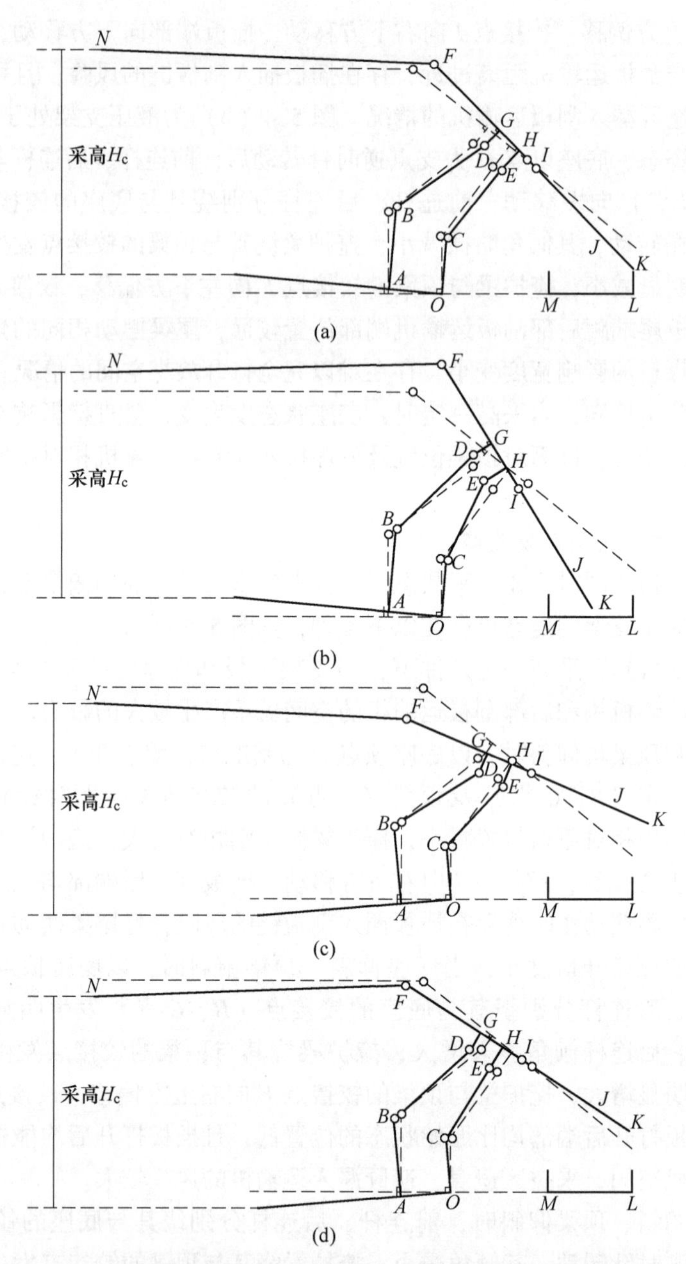

图 5.5　顶梁和底座在不同状态时液压支架姿态特征示意图

（a）底座仰斜、顶梁仰斜；（b）底座仰斜、顶梁俯斜；

（c）底座俯斜、顶梁仰斜；（d）底座俯斜、顶梁俯斜

则相对减小，铰接点 F 向左下移动，铰接点 I 向左上方偏移，插板打开后其端部距后部刮板运输机较远，也存在采空区矸石或遗煤漏入后部刮板运输机的风险。

5.1.2 支架姿态参数的监测与获取

放顶煤支架放煤机构控制的关键在于支架姿态的实时判断，支架姿态判断的前提是姿态信息的精准感知。在人工放煤阶段，放煤作业包括放煤口大小、尾梁摆动方式等均由人工判断及控制，无须支架自主进行放煤支架放煤口控制，因此缺少相关结构件的姿态监测传感器的应用。在自动化及智能化开采阶段，综采面支架常安装顶板倾角传感器、连杆倾角传感器和底座倾角传感器等来辅助计算支架高度[109]。相对于智能化综采面，综放支架增加了可以自由活动的尾梁，增加了支架动作的自由度，仅靠上述倾角传感器难以计算得到尾梁的运动状态。因此，要实现放煤支架姿态，尤其是放煤口的自动控制，需要增加放煤支架结构件的姿态监测数据。根据上述需求，结合矿井生产条件搭建了包含底座倾角、前连杆倾角和尾梁行程的四柱式放煤支架运动状态监测系统，液压支架运动状态监测系统总架构如图5.6所示。

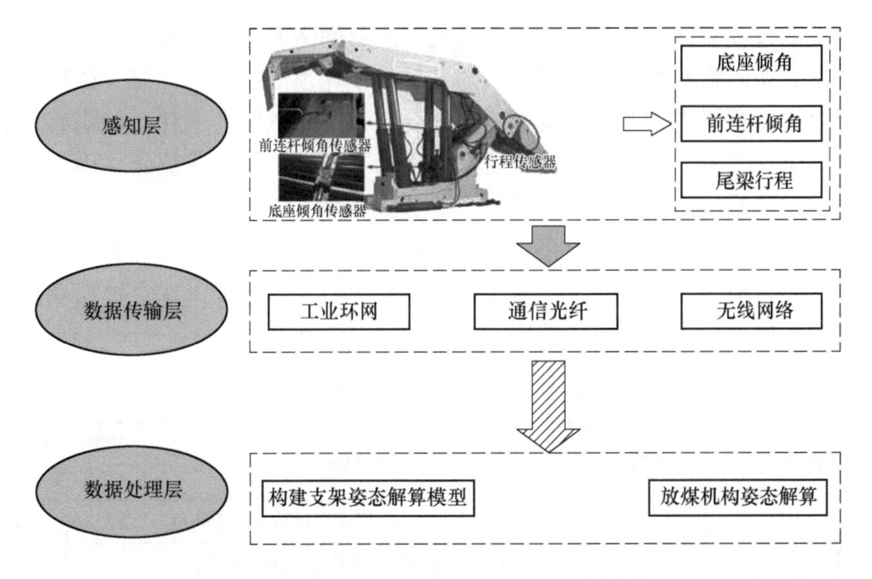

图5.6 液压支架运动状态监测系统总架构

该支架姿态监测系统主要由感知层、数据传输层和数据处理层组成，感知层主要包含各类支架姿态传感器，用于实时采集液压支架结构件姿态参数，为支架姿态解算提供基础数据；数据传输层由工业环网、通信光纤或无线网络等组成，电液控系统将采集到的支架姿态感知信息通过数据传输层将数据上传至云端或边缘计算节点，并且上层决策信息也需要通过数据传输层下发至执行机构；数据处理层主要是指对支架姿态数据进行处理的程序或软件，这些程序或软件需要通过通信协议与支架电液控系统连接，接收到电液控系统传输的原始监测数据后，对其进行滤波、分析、计算等操作，然后在可视端显示同时计算结果，并通过支架电液控系统发送至支架控制器，对支架进行相应动作控制。

5.1.2.1 传感器的选型

液压支架底座和前连杆倾角传感器采用的是基于微电机系统（MEMS）的倾角传感器，为与支架电液控系统能有较好的适配性，选用天玛公司的 TMDQJC 型矿用倾角传感器。该倾角传感器是基于重力加速度计的工作原理，即在测量支架结构件倾角时，通过检测待测结构件在静止或匀速运动状态下重力矢量在各轴的投影分量，然后利用三角函数计算坐标轴与竖直方向的夹角，即为被测构件的倾斜角度。

尾梁与掩护梁之间的行程传感器是千斤顶内置位移传感器，该类传感器利用采取磁致伸缩原理进行杆件相对运动的测量。行程传感器为细长直管架构，其一端固定在推移千斤顶缸底端部，传感器管体置于活塞杆中心的长孔内，其内部沿着轴向规则布置密排的电阻列和干簧管列，形成网络电位器电路。千斤顶活塞镶嵌一个可套在传感器管体上的磁环。随着推移千斤顶活塞杆的伸缩，磁环的磁场使所处位置传感器管体上的干簧管接点闭合，等同于电位器的移动触刷移动到该位置，电位器输出值的变化反映了活塞行程的变化，再经传感器管体内放大器的变换，向控制器输出电压模拟信号。

以晋能控股煤业集团有限公司塔山煤矿和同忻煤矿的中部低位放煤顶煤支架（ZF17000/27.5/42D）为例，放煤支架传感器参数见表 5.1，其中包括底座、前连杆倾角传感器和尾梁行程传感器的选型结果及参数要求。

表 5.1 放煤支架传感器参数

序号	传感器位置	型号	监测数据	精度/(°)	数据上传时效要求/s
1	底座	TMDQJC	沿工作面走向方向，底座底板与水平面夹角	±0.3	2
2	前连杆	TMDQJC	沿前连杆（两个铰接点圆心连线方向）与工作面走向方向水平面夹角	±0.3	2
3	尾梁与掩护梁之间	TMDXC	尾梁与掩护梁之间千斤顶位移		2

5.1.2.2 传感器的安装

倾角传感器的精度与其测量的角度范围有关，TMDQJC 型矿用倾角传感器在测量角度为 0°~30°时，测量精度为±0.3°；在测量角度为 30°~60°时，测量精度为±0.9°；在测量角度范围为 60°~ 90°时，测量精度为±3°。倾角传感器测量角度为 0°~±30°时测量精度较高，支架底座一般在近水平工作面时其倾角变化不大，因此底座倾角传感器按照与底座水平安装即可，而前连杆与水平面（底座平面）存在较大夹角，为保证角度测量的准确度，在安装时通过安装板使液压支架正常工作状态倾角传感器安装在近水平位置。

尾梁行程传感器一般安装在推移千斤顶内，在工作面定制液压支架初期未在尾梁千斤顶内安装行程传感器，因此需在掩护梁与尾梁之间增设外置行程传感器。行程传感器两端分别固定在掩护梁和尾梁的侧护板的连接槽内，从而监测尾梁与掩护梁之间的距离参数。

支架姿态传感器安装位置示意图如图 5.7 所示，其中包括底座倾角传感器、前连杆倾角传感器和尾梁行程传感器的安装位置。

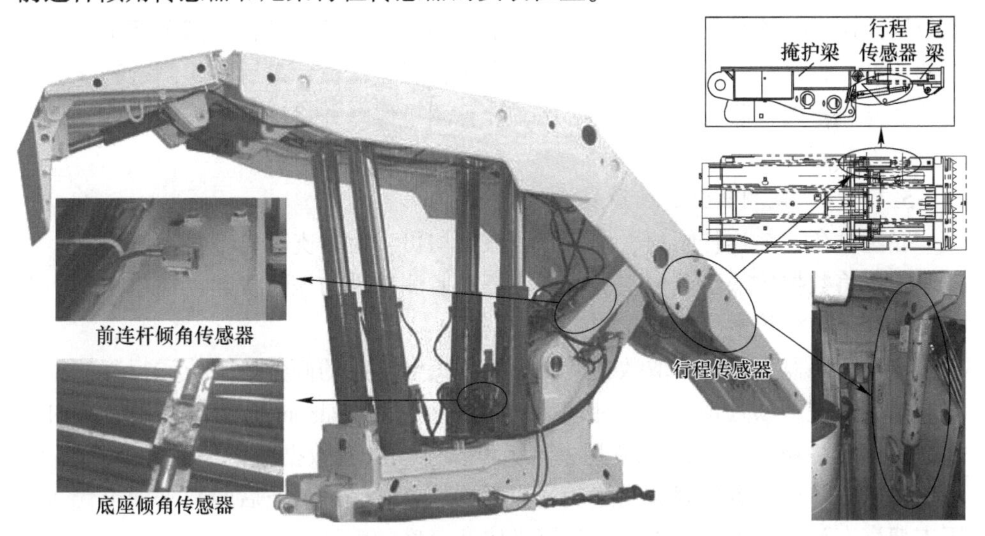

图 5.7 支架姿态传感器安装位置示意图

5.1.2.3 传感器的调试与校准

姿态传感器在感知支架姿态参数时存在测量精度和试验误差，测量误差主要有传感器自身设计精度误差和安装误差。对于传感器采集过程中出现的数据干扰，可以采用数据滤波的方法消除影响，但是上述两个误差是传感器的固有误差，只能通过调试和校准来尽量减小对测量参数的影响。

对于倾角传感器，除传感器自身的零偏移误差及增益误差外[110]，支架各部件均为焊接件，存在加工误差、焊接变形，以及倾角传感器与安装架之间的安装误差等，因此倾角传感器输出值一定存在系统误差。为使测量数据能够用于支架姿态模型的计算和提高计算精度，在正常使用前必须通过现场校准来消除传感器安装时产生的误差。行程传感器同样由于自身的设计精度误差和安装误差，在测量行程时存在监测误差，而且支架姿态不同，对尾梁和掩护梁支架的距离也有明显影响，以致不同位置支架的行程传感器的测量区间不同。因此在安装完成后也需要通过现场校准来统一标定行程传感器的测量区间和消除安装误差。

倾角传感器和行程传感器的校准作业在支架布置于切眼后即可进行，将支架尽量设置为标准状态，即顶梁和底板均处于水平状态，支架支撑高度为设定采高。倾角传感器在校准时，应首先打开液压支架电液控面板，调出各构件的实时测量角度数值；然后通过角度测量仪实测待校准构件的倾角值，为保证数据的可靠，反复实测 5 次并取平均值作为该构件的实际倾角值；最后将实际倾角值和测量倾角值进行对比，将其误差值设定为倾角校正角度，再进行计算时可消除测量误差。行程传感器在校准时，应首先将尾梁下摆至最低位置，并将该位置电液控面板上的监测行程值设定为 0 mm，然后通过激光测距仪分别测量尾梁下摆至最低位置、尾梁与掩护梁平直、尾梁摆动至最高位置时外置行程传感器两个销轴之间的长度，计算前、后两个位置之间的实测行程变化值；最后将实测行程变化值与传感器测量的行程变化值进行对比，计算测量误差并将误差值设定为该支架的行程误差校正值。

5.1.2.4　监测数据的获取及滤波

底座倾角、前连杆倾角、尾梁行程数据均可实时被支架电液控系统采集，支架电液控将数据传输至上位主机，支架姿态监测软件与该主机建立通信协议，即可同步获取电液控主机里的支架姿态数据。

支架姿态监测软件获取数据后，先根据每台支架的倾角校正值和行程校正值对原始数据进行预处理，将预处理后的数据再通过 Kalman 滤波方法进一步对监测数据进行去噪，Kalman 滤波是去除噪声以还原真实数据的一种数据处理技术，该方法较为常用，具体滤波模型及过程不再赘述。经过滤波后的数据即可代入液压支架姿态计算模型中，以进行放煤机构开口度的解算。

5.1.3　低位放顶煤液压支架放煤机构开口度计算模型

放顶煤液压支架是由杆件和关节组合构成的机械装置，通过千斤顶使各构件绕着关节进行旋转或者滑动，而放煤控制是在支架现有姿态的基础上，通过控制尾梁的转动角度来实现其与后部刮板运输机相对位置的调节。机器人运动学中的正运动学分析正是研究给定机器人或机械臂各关节变量后计算机械臂或机器人末端构件位置姿态的方法。因此，为实现放顶煤支架放煤机构的精准控制，可采用机器人正运动学分析方法对放煤支架放煤机构的位姿及运动特征进行分析，并基于此建立放煤机构开口度计算模型。

5.1.3.1　液压支架的位姿描述

机器人运动学研究的是刚体的运动，一般将刚体的运动分为移动和转动两种状态。为更好地描述刚体的运动过程，通常在刚体上建立体坐标系（body frame），其中刚体的移动是指体坐标系原点相对于世界坐标（或参考坐标系）原点的位置关系，一般由体坐标系原点在世界坐标三个坐标轴上的分量构成的 3×1 矢量来表示，见式（5.1）；刚体的转动是指体坐标系三个坐标轴相对于世界坐标（或参考坐标系）的姿态，一般由体坐标系三个坐标轴的单位矢量与世界坐标（或参考坐标系）三个坐标轴方向余弦组成的 3×3 矩阵来表示，见式（5.2）。假设体坐标系为 $\{A\}$，世界坐标系为 $\{O\}$，体坐标系与世界坐标系的空间关系如图 5.8 所示。

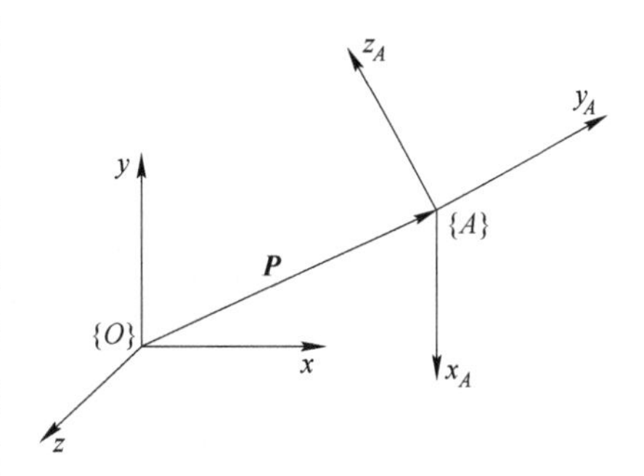

图 5.8 体坐标系与世界坐标系的空间关系

$$^{O}\boldsymbol{P}_{A\ \mathrm{org}} = \begin{bmatrix} P_x \\ P_y \\ P_z \end{bmatrix} \tag{5.1}$$

$$^{O}_{A}\boldsymbol{R} = \begin{bmatrix} ^{O}\widehat{\boldsymbol{X}}_A & ^{O}\widehat{\boldsymbol{Y}}_A & ^{O}\widehat{\boldsymbol{Z}}_A \end{bmatrix} = \begin{bmatrix} \widehat{x_A} \cdot \widehat{x_O} & \widehat{y_A} \cdot \widehat{x_O} & \widehat{z_B} \cdot \widehat{x_O} \\ \widehat{x_A} \cdot \widehat{y_O} & \widehat{y_A} \cdot \widehat{y_O} & \widehat{z_B} \cdot \widehat{y_O} \\ \widehat{x_A} \cdot \widehat{z_O} & \widehat{y_A} \cdot \widehat{z_O} & \widehat{z_B} \cdot \widehat{z_O} \end{bmatrix} \tag{5.2}$$

式中，$^{O}\boldsymbol{P}_{A\ \mathrm{org}}$ 为体坐标系 $\{A\}$ 原点相对于世界坐标系 $\{O\}$ 的位置向量；P_x、P_y、P_z 分别表示坐标系 $\{A\}$ 原点在世界坐标（或某一参考坐标）中 x、y、z 轴上的坐标分量；$^{O}_{A}\boldsymbol{R}$ 为坐标系 $\{A\}$ 相对于世界坐标系的姿态矩阵；$^{O}\widehat{\boldsymbol{X}}_A$、$^{O}\widehat{\boldsymbol{Y}}_A$、$^{O}\widehat{\boldsymbol{Z}}_A$ 分别代表体坐标系 $\{A\}$ 三个坐标轴的单位矢量相对于世界坐标系 $\{O\}$ 中 x、y、z 轴的姿态投影；$\widehat{x_A}$、$\widehat{y_A}$、$\widehat{z_A}$ 代表体坐标系 $\{A\}$ 中 x、y、z 轴的单位矢量。

液压支架的位姿描述同样包括空间位置和空间姿态两部分，空间位置由移动矩阵确定，空间姿态由转动矩阵确定，为方便描述液压支架的空间状态，往往将这两部分统一起来，采用式（5.3）进行表示。

$$^{O}_{A}\boldsymbol{T} = \begin{bmatrix} & ^{O}_{A}\boldsymbol{R} & & ^{O}\boldsymbol{P}_{A\ \mathrm{org}} \\ 0 & 0 & 0 & 1 \end{bmatrix} = \begin{bmatrix} \widehat{x_A} \cdot \widehat{x_O} & \widehat{y_A} \cdot \widehat{x_O} & \widehat{z_B} \cdot \widehat{x_O} & P_x \\ \widehat{x_A} \cdot \widehat{y_O} & \widehat{y_A} \cdot \widehat{y_O} & \widehat{z_B} \cdot \widehat{y_O} & P_y \\ \widehat{x_A} \cdot \widehat{z_O} & \widehat{y_A} \cdot \widehat{z_O} & \widehat{z_B} \cdot \widehat{z_O} & P_z \\ 0 & 0 & 0 & 1 \end{bmatrix} \tag{5.3}$$

式中，$^{O}_{A}\boldsymbol{T}$ 为包含液压支架空间位置和空间姿态的齐次变换矩阵。

当液压支架仅有位置变化而没有旋转变化时，则：

$$^{O}_{A}\boldsymbol{T} = \begin{bmatrix} 1 & 0 & 0 & P_x \\ 0 & 1 & 0 & P_y \\ 0 & 0 & 1 & P_z \\ 0 & 0 & 0 & 1 \end{bmatrix} \tag{5.4}$$

当液压支架位置不发生变化，仅绕固定坐标系 x 轴转动 θ_1 角时，则：

$$
{}_{A}^{O}\boldsymbol{T}=\begin{bmatrix}1 & 0 & 0 & 0\\ 0 & \cos\theta_1 & -\sin\theta_1 & 0\\ 0 & \sin\theta_1 & \cos\theta_1 & 0\\ 0 & 0 & 0 & 1\end{bmatrix} \tag{5.5}
$$

当液压支架位置不发生变化，仅绕固定坐标系 y 轴转动 θ_2 角时，则：

$$
{}_{A}^{O}\boldsymbol{T}=\begin{bmatrix}\cos\theta_2 & 0 & \sin\theta_2 & 0\\ 0 & 1 & 0 & 0\\ -\sin\theta_2 & 0 & \cos\theta_2 & 0\\ 0 & 0 & 0 & 1\end{bmatrix} \tag{5.6}
$$

当液压支架位置不发生变化，仅绕固定坐标系 z 轴转动 θ_3 角时，则：

$$
{}_{A}^{O}\boldsymbol{T}=\begin{bmatrix}\cos\theta_3 & -\sin\theta_3 & 0 & 0\\ \sin\theta_3 & \cos\theta_3 & 0 & 0\\ 0 & 0 & 1 & 0\\ 0 & 0 & 0 & 1\end{bmatrix} \tag{5.7}
$$

当液压支架位置发生变化，且绕固定坐标系 x、y、z 轴分别转动 θ_1、θ_2、θ_3 角时，则：

$$
{}_{A}^{O}\boldsymbol{T}=\begin{bmatrix}\cos\theta_2\cos\theta_3 & -\cos\theta_2\sin\theta_3 & \sin\theta_2 & P_x\\ \sin\theta_1\sin\theta_2\cos\theta_3+\cos\theta_1\sin\theta_3 & -\sin\theta_1\sin\theta_2\sin\theta_3+\cos\theta_1\cos\theta_3 & -\sin\theta_1\cos\theta_2 & P_y\\ -\cos\theta_1\sin\theta_2\cos\theta_3+\sin\theta_1\sin\theta_3 & \cos\theta_1\sin\theta_2\sin\theta_3+\sin\theta_1\cos\theta_3 & \cos\theta_1\cos\theta_2 & P_z\\ 0 & 0 & 0 & 1\end{bmatrix} \tag{5.8}
$$

5.1.3.2　液压支架运动学模型的建立

放顶煤液压支架是由杆件和关节组合构成的机械构件，通过各部分千斤顶使各构件绕着关节进行旋转或者滑动，液压支架机械构件的关系可以通过运动学模型进行描述，D-H 参数模型是广泛应用于机器人或机械臂运动学分析的方法[111-112]，本节主要研究基于 D-H 模型的放顶煤液压支架运动学模型的建立。

D-H 建模法是由 Denavit 和 Hartenberg 于 1955 年提出的一种机器人结构表示和建模方法[113-115]，该方法将液压支架的机械结构视为由多个刚体（连杆）通过关节连接的运动链，在每个关节处建立坐标系，相应连杆的空间状态可由 5.1.3.1 节中的刚体位姿矩阵表示，然后确定某关节到下个关节的变换矩阵，最后通过齐次矩阵确定末端执行坐标系相对于基准坐标系的总的变换矩阵，即可得到在现有液压支架连接结构条件下末端构建的位姿状态。D-H 建模法的坐标系建立方法有多种，目前多用标准 D-H 表达法和 Craig 表达法，本节采用标准 D-H 表达法来进行杆件间坐标系的建立。标准 D-H 表达法下杆件坐标系（以下简称标准 D-H 坐标系）确定及变换矩阵确定过程由图 5.9 进行说明。

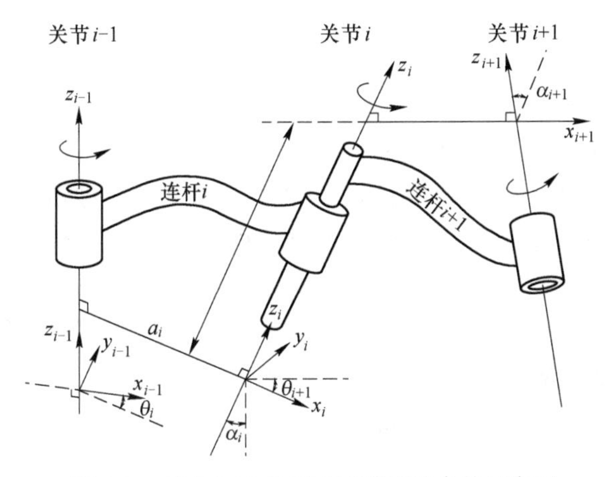

图 5.9 标准 D-H 坐标系及其变换参数示意图

A 标准 D-H 坐标系建立原则

基于标准 D-H 表示法的机械结构坐标系建立方法中，首先需要确定 z 轴和 x 轴的方向。

（1）z 轴的确定原则：如果关节是旋转的，z 轴位于右手规则旋转方向，绕 z 轴的旋转角 θ 是关节的变量；如果关节是滑动的，z 轴为沿直线运动的方向，沿 z 轴方向两杆件间的长度 d 是关节变量。z_n轴位于连杆 n 的末端。

（2）x 轴的确定原则：当相邻两 z 轴不平行或相交时，总有一条距离最短的公垂线，它正交于任意两条 z 轴，在公垂线方向上定义本地参考坐标系的 x 轴；当相邻两 z 轴平行时，就会有无数条公垂线，此时可挑选与前一关节的公垂线共线的一条，可简化模型；两关节于 z 轴相交，它们之间没有公垂线（或公垂线距离为零），这时可将垂直于两条轴线构成的平面的直线定义为 x 轴，可简化模型。

（3）y 轴的确定原则：以确定好的 x 轴和 z 轴为基础，按照右手坐标系的构建原则确定 y 轴方向。

B 坐标系变换参数

标准 D-H 坐标系的变换有 4 个基本过程，即沿 x 轴的平移距离、绕 x 轴的旋转角度、沿 z 轴的平移距离和绕 z 轴的旋转角度，这 4 个基本过程分别对应 4 个基本参数，包括杆长 a、扭角 α、偏距 d、和转角 θ 。如图 5.9 所示，坐标系 $\{i\}$ 原点位于关节 i 上，连杆 i 的连接关节 i 和关节 i-1，z_i轴位于关节 i 上，连杆 i 的坐标系到连杆 i-1 的坐标系可通过如下变换过程：

（1）将连杆 i-1 的坐标系绕 z_{i-1}轴旋转 θ_i角，使得 x_{i-1}轴和 x_i轴平行，逆时针旋转时 θ_i为正值，反之为负值。

(2) 将连杆 $i-1$ 的坐标系沿 z_{i-1} 轴平移 d_i 距离，使得 x_{i-1} 轴和 x_i 轴共线。

(3) 将连杆 $i-1$ 的坐标系沿 x_i 轴平移 a_i 距离，使得连杆 $i-1$ 的坐标系与连杆 i 的坐标系的原点重合。

(4) 最后将连杆 $i-1$ 的坐标系绕 X_i 轴旋转 α_i 角，使得 z_{i-1} 轴和 z_i 轴重合，逆时针旋转时 α_i 为正值，反之为负值。

不同的变换顺序可能造成变换矩阵的差异，从而对模型精确度产生影响，上述坐标系变换顺序为标准 D-H 坐标系最基本的变换顺序，本书坐标系的变换顺序均按照该顺序进行。

因此，可以获得坐标系 $\{i\}$ 变换到坐标系 $\{i-1\}$ 的变换矩阵 ${}_i^{i-1}\boldsymbol{T}$ 为：

$$
\begin{aligned}
{}_i^{i-1}\boldsymbol{T} &= R_z(\theta_i)\,P_z(d_i)\,P_x(a_i)\,R_x(\alpha_i) \\
&= \begin{bmatrix} \cos\theta_i & -\sin\theta_i\cos\alpha_i & \sin\theta_i\sin\alpha_i & a_i\cos\theta_i \\ \sin\theta_i & \cos\theta_i\cos\alpha_i & -\cos\theta_i\sin\alpha_i & a_i\sin\alpha_i \\ 0 & \sin\alpha_i & \cos\alpha_i & d_i \\ 0 & 0 & 0 & 1 \end{bmatrix}
\end{aligned}
\tag{5.9}
$$

式中，$R_z(\theta_i)$ 代表坐标系绕 z 轴的旋转过程；$P_z(d_i)$ 代表坐标系沿 z 轴的平移过程；$P_x(a_i)$ 代表坐标系绕 x 轴的平移过程；$R_x(\alpha_i)$ 代表坐标系绕 x 轴的旋转过程。

C 放顶煤液压支架坐标系的建立

本节以塔山煤矿 8222 工作面的中部放煤支架（ZF17000/27.5/42D）为基础建立液压支架运动学模型，液压支架的关节分布基本按照支架中线呈对称分布且销轴均呈平行布置，因此可将支架模型视为平面杆铰接结构进行运动学分析。基于 5.1.3 节液压支架连杆间坐标系的建立及变换方法，建立放顶煤液压支架 D-H 坐标系模型如图 5.10 所示。

如图 5.10 所示，在上述放顶煤液压支架简易模型中，假设 O 点为支架姿态变换的固定支点，后部刮板运输机处于水平位置，支架底座绕 O 点转动。根据标准 D-H 坐标系的建立原则，分别在底座、前连杆、掩护梁、尾梁和插板的关节处建立坐标系：

(1) 固定坐标系 $\{0\}$ 以 O 点为坐标原点，x_0 轴沿水平方向，向左为正方向，z_0 轴沿刮板运输机布置方向，y_0 轴方向由右手定则确定。

(2) 底座坐标系 $\{1\}$ 以 O 点为坐标原点，x_1 轴与支架底座 OA 平行，z_1 轴与 z_0 轴平行，垂直于纸面向里，y_1 轴方向沿 OC 方向。

(3) 前连杆坐标系 $\{2\}$ 以 B 点为坐标原点，x_2 轴沿 OB 方向，z_2 轴与 z_1 轴平行，y_2 轴沿 OB 垂直方向。

(4) 前连杆坐标系 $\{3\}$ 以 D 点为坐标原点，x_3 轴沿前连杆 BD 方向，z_3 轴

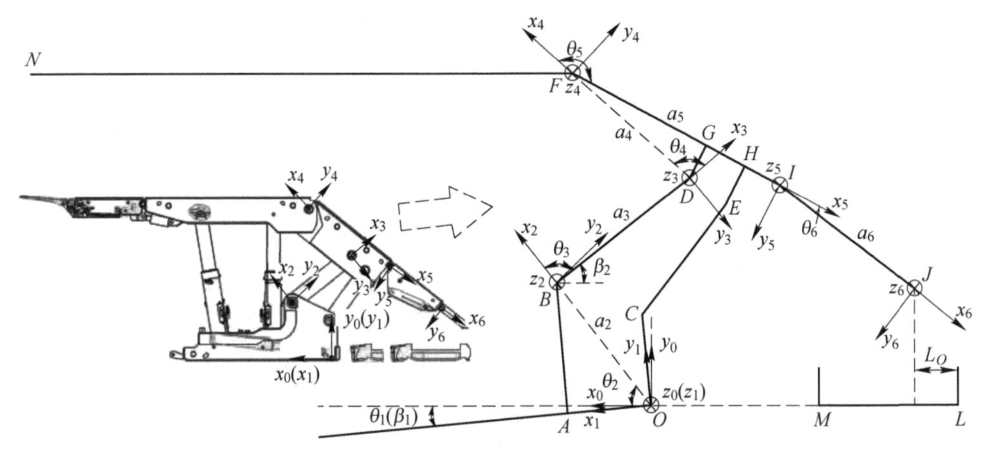

图 5.10 放顶煤液压支架 D-H 坐标系模型

与 z_2轴平行，y_3轴沿 BD 垂直方向。

（5）掩护梁坐标系 {4} 以 F 点为坐标原点，x_4轴沿 DF 方向，z_4轴与 z_3轴平行，y_4轴沿 DF 垂直方向。

（6）尾梁坐标系 {5} 以 I 点为坐标原点，x_5轴沿掩护梁 FI 方向，z_5轴与 z_4轴平行，y_5轴沿 FI 垂直方向。

（7）末端坐标系 {6} 以插板收回时的 J 点为坐标原点，x_6轴沿尾梁 IJ 方向，z_6轴与 z_5轴平行，y_6轴沿 IJ 垂直方向。

5.1.3.3 液压支架放煤机构末端位置参数解算

A 液压支架 D-H 参数

根据标准 D-H 坐标系的变换规则，将液压支架坐标系模型中关节坐标系的变换用杆长 a、扭角 α、偏距 d 和转角 θ 4 个参数来描述。根据液压支架各杆件坐标系之间的空间关系，相邻坐标系之间的变换关系如下：

（1）底座坐标系 {1} 相对于固定坐标系 {0} 仅发生了关于 z_0轴的转动，即存在转角 θ_1。

（2）前连杆坐标系 {2} 相对于底座坐标系 {1} 发生了沿 x_2轴的平移和关于 z_1轴的转动，即变换参数为杆长 a_2和转角 θ_2。

（3）前连杆坐标系 {3} 相对于前连杆坐标系 {2} 发生了沿 x_3轴的平移和关于 z_2轴的转动，即变换参数为杆长 a_3和转角 θ_3。

（4）掩护梁坐标系 {4} 相对于前连杆坐标系 {3} 发生了沿 x_4轴的平移和关于 z_3轴的转动，即变换参数为杆长 a_4和转角 θ_4。

（5）尾梁坐标系 {5} 相对于掩护梁坐标系 {4} 发生了沿 x_5轴的平移和关于 z_4轴的转动，即变换参数为杆长 a_5和转角 θ_5。

(6) 末端坐标系 {6} 主要是研究其原点位置的空间状态，因此仅考察末端坐标系 {6} 相对于尾梁坐标系 {5} 的移动特征，即末端坐标系 {6} 相对于尾梁坐标系 {5} 沿 x_6 轴的平移，变换参数为杆长 a_6。

基于上述坐标系之间的变换关系，得到放顶煤液压支架 D-H 坐标系变换参数见表 5.2。

表 5.2 放顶煤液压支架 D-H 坐标系变换参数

关节 i	α_i	a_i	d_i	θ_i
1	0	0	0	θ_1
2	0	a_2	0	θ_2
3	0	a_3	0	θ_3
4	0	a_4	0	θ_4
5	0	a_5	0	θ_5
6	0	a_6	0	θ_6

根据上述坐标变换矩阵 ${}^{i-1}_{i}\boldsymbol{T}$，可以得到液压支架运动模型中任意相邻两坐标系的变换矩阵如下：

$$
{}^{0}_{1}\boldsymbol{T} = \begin{bmatrix} \cos\theta_1 & -\sin\theta_1 & 0 & 0 \\ \sin\theta_1 & \cos\theta_1 & 0 & 0 \\ 0 & 0 & 1 & 0 \\ 0 & 0 & 0 & 1 \end{bmatrix} \tag{5.10}
$$

$$
{}^{1}_{2}\boldsymbol{T} = \begin{bmatrix} \cos\theta_2 & -\sin\theta_2 & 0 & a_2\cos\theta_2 \\ \sin\theta_2 & \cos\theta_2 & 0 & a_2\sin\alpha_2 \\ 0 & 0 & 1 & 0 \\ 0 & 0 & 0 & 1 \end{bmatrix} \tag{5.11}
$$

$$
{}^{2}_{3}\boldsymbol{T} = \begin{bmatrix} \cos\theta_3 & -\sin\theta_3 & 0 & a_3\cos\theta_3 \\ \sin\theta_3 & \cos\theta_3 & 0 & a_3\sin\alpha_3 \\ 0 & 0 & 1 & 0 \\ 0 & 0 & 0 & 1 \end{bmatrix} \tag{5.12}
$$

$$
{}^{3}_{4}\boldsymbol{T} = \begin{bmatrix} \cos\theta_4 & -\sin\theta_4 & 0 & a_4\cos\theta_4 \\ \sin\theta_4 & \cos\theta_4 & 0 & a_4\sin\alpha_4 \\ 0 & 0 & 1 & 0 \\ 0 & 0 & 0 & 1 \end{bmatrix} \tag{5.13}
$$

$$
{}_5^4\boldsymbol{T} = \begin{bmatrix} \cos\theta_5 & -\sin\theta_5 & 0 & a_5\cos\theta_5 \\ \sin\theta_5 & \cos\theta_5 & 0 & a_5\sin\alpha_5 \\ 0 & 0 & 1 & 0 \\ 0 & 0 & 0 & 1 \end{bmatrix} \tag{5.14}
$$

$$
{}_6^5\boldsymbol{T} = \begin{bmatrix} \cos\theta_6 & -\sin\theta_6 & 0 & a_6\cos\theta_6 \\ \sin\theta_6 & \cos\theta_6 & 0 & a_6\sin\alpha_6 \\ 0 & 0 & 1 & 0 \\ 0 & 0 & 0 & 1 \end{bmatrix} \tag{5.15}
$$

根据齐次变换矩阵的特性，液压支架末端坐标系到全局坐标系的变换矩阵 ${}_6^0\boldsymbol{T}$ 表达式为

$$
{}_6^0\boldsymbol{T} = {}_1^0\boldsymbol{T}{}_2^1\boldsymbol{T}{}_3^2\boldsymbol{T}{}_4^3\boldsymbol{T}{}_5^4\boldsymbol{T}{}_6^5\boldsymbol{T} = \begin{bmatrix} n_x & o_x & 0 & p_x \\ n_y & o_y & 0 & p_y \\ 0 & 0 & 1 & 0 \\ 0 & 0 & 0 & 1 \end{bmatrix} \tag{5.16}
$$

式中，n_x、n_y、o_x、o_y分别为末端坐标系｛6｝的 x、y 轴在固定坐标系中的方向分量；p_x、p_y分别为支架末端坐标系｛6｝的原点在固定坐标系中的位置分量。其中，${}_6^0\boldsymbol{T}$ 变换矩阵中各元素的具体表达式分别为：

$$
\begin{gathered}
n_x = o_y = \cos(\theta_1 + \theta_2 + \theta_3 + \theta_4 + \theta_5 + \theta_6) \\
n_x = \sin(\theta_1 + \theta_2 + \theta_3 + \theta_4 + \theta_5 + \theta_6) \\
o_x = -\sin(\theta_1 + \theta_2 + \theta_3 + \theta_4 + \theta_5 + \theta_6)
\end{gathered} \tag{5.17}
$$

$$
\begin{aligned}
p_x = {} & a_2\cos(\theta_1 + \theta_2) + a_3\cos(\theta_1 + \theta_2 + \theta_3) + a_4\cos(\theta_1 + \theta_2 + \theta_3 + \theta_4) + \\
& a_5\cos(\theta_1 + \theta_2 + \theta_3 + \theta_4 + \theta_5) + a_6\cos(\theta_1 + \theta_2 + \theta_3 + \theta_4 + \theta_5 + \theta_6) \\
p_y = {} & a_2\sin(\theta_1 + \theta_2) + a_3\sin(\theta_1 + \theta_2 + \theta_3) + a_4\sin(\theta_1 + \theta_2 + \theta_3 + \theta_4) + \\
& a_5\sin(\theta_1 + \theta_2 + \theta_3 + \theta_4 + \theta_5) + a_6\sin(\theta_1 + \theta_2 + \theta_3 + \theta_4 + \theta_5 + \theta_6)
\end{aligned}
$$

放煤机构的控制可由尾梁末端与后部刮板运输机的位置关系来反映，由于尾梁末端在支架末端坐标系｛6｝中的位置为原点位置，因此，尾梁末端在固定坐标系中的坐标为（p_x，p_y，0）。

B 液压支架 D-H 参数含义及运动模型解算

结合 ZF17000/27.5/42D 型放煤支架的结构件规格参数及液压支架姿态监测数据，液压支架 D-H 参数中杆长参数 a_i 可由固定构件或构件组成的结构尺寸获取，D-H 参数中转角参数 θ_i 可由支架固定构件角度或支架姿态监测数据获取，液压支架 D-H 参数含义见表 5.3。

表 5.3 液压支架 D-H 参数含义

序号	D-H 参数	结构参数	数值及类型	含 义
1	a_2	L_{OB}	1712.5 mm	前连杆下铰接点 B 距固定坐标系原点 O 的距离
2	a_3	L_{BD}	1884.7 mm	前连杆上、下两个铰接点间的距离
3	a_4	L_{DF}	1564.8 mm	前连杆上铰接点 D 距掩护梁上铰接点 F 的距离
4	a_5	L_{FI}	2473.7 mm	掩护梁上、下两个铰接点间的距离
5	a_6	L_{IJ}	1707.0 mm	尾梁上铰接点到尾梁末端的距离
6	θ_1	β_1	实测数据	底座与水平面的夹角
7	θ_2	$\angle AOB$	57°	OB 线与底座的夹角（固定值）
8	θ_3	$180°-\angle OBD$	实测数据	OB 线与前连杆夹角的补角
9	θ_4	$180°-\angle BDF$	实测数据	DF 线与前连杆夹角的补角
10	θ_5	$180°-\angle DFI$	168°	DF 线与掩护梁夹角的补角
11	θ_6	$180°-\angle HIJ$	实测数据	掩护梁与尾梁之间的夹角

由表 5.3 可知，在液压支架 D-H 参数中，除部分支架固定结构参数外，其他 D-H 参数均与实测数据有关。实测数据包括支架底座倾角 β_1、前连杆倾角 β_2 和尾梁行程 β_1，D-H 参数 θ_1、θ_3 较易获得，即：

$$\theta_1 = \beta_1 \tag{5.18}$$

$$\theta_3 = \pi - \angle OBD = 180° - (\angle AOB + \beta_1 + \beta_2) = 117° - \beta_1 - \beta_2 \tag{5.19}$$

式中，β_1为底座与水平面的夹角，(°)，根据 D-H 坐标的取值规则，底座处于俯斜时为负值，处于仰斜时为正值；β_2为前连杆与水平面的夹角，(°)，根据 D-H 坐标的取值规则，前连杆倾角取正值。

D-H 参数 θ_4的计算需要结合支架掩护梁和前连杆的结构特征，图 5.11 为D-H 参数 θ_4的计算模型。

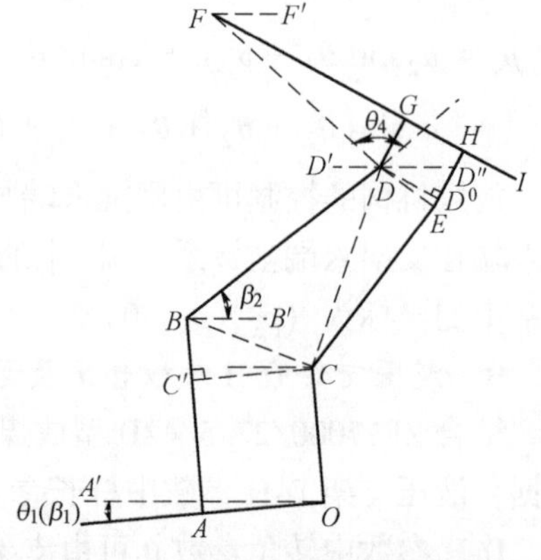

图 5.11 D-H 参数 θ_4计算模型

根据图5.11 中的模型，θ_4的计算过程如下：

$$\theta_4 = 180° - \angle BDF$$

$$\angle BDF = \angle BDD' + \angle D'DF = \beta_2 + \angle F'FD$$

$$\angle F'FD = \angle DFI + \angle IFF' = \angle DFI + \angle D^0DD''$$

$$\angle D^0DD'' = 180° - \angle D^0DE - \angle EDC - \angle CDB - \beta_2$$

$$\angle D^0DE = \arccos\left(\frac{L_{D^0D}}{L_{DE}}\right)$$

$$\angle EDC = \arccos\left(\frac{L_{DE}^{\ 2} + L_{DC}^{\ 2} - L_{CE}^{\ 2}}{2L_{DE}L_{DC}}\right)$$

$$\angle CDB = \arccos\left(\frac{L_{BD}{}^2 + L_{DC}{}^2 - L_{BC}{}^2}{2L_{BD}L_{DC}}\right)$$

$$L_{DC} = \sqrt{L_{BC}{}^2 + L_{BD}{}^2 - 2L_{BC}L_{BD}\cos\angle DBC} \tag{5.20}$$

$$\angle DBC = \beta_2 + \angle B'BC = \beta_2 + \angle BCC' + \beta_1$$

将上述式中对应参数进行代入后可以得到：

$$\theta_4 = 180° - \left\{\beta_2 + \angle DFI + 180° - \arccos\left(\frac{L_{D0D}}{L_{DE}}\right) - \arccos\left[\frac{L_{DE}{}^2 + L_{BC}{}^2 + L_{BD}{}^2 - L_{CE}{}^2 - 2L_{BC}L_{BD}\cos(\beta_2 + \angle BCC' + \beta_1)}{2L_{DE}\sqrt{L_{BC}{}^2 + L_{BD}{}^2 - 2L_{BC}L_{BD}\cos(\beta_2 + \angle BCC' + \beta_1)}}\right] - \arccos\left[\frac{2L_{BD}{}^2 - 2L_{BC}L_{BD}\cos(\beta_2 + \angle BCC' + \beta_1)}{(2L_{BD}\sqrt{L_{BC}{}^2 + L_{BD}{}^2 - 2L_{BC}L_{BD}\cos(\beta_2 + \angle BCC' + \beta_1)}}\right] - \beta_2\right\} \tag{5.21}$$

式中，$\angle DFI$ 为 DF 线与掩护梁的夹角，为固定值，12°；L_{D^0D} 为前连杆上铰接点到 HE 线的垂距，为固定值，493.9 mm；L_{DE}为前、后连杆上铰接点的距离，为固定值，500.1 mm；L_{BC}为前、后连杆下铰接点的距离，为固定值，1033.4 mm；$\angle BCC'$为 C 点到 AB 的垂线与 BC 的夹角，为固定值，25°；L_{CE}为后连杆上、下铰接点间的距离，为固定值，1519.6mm。

D-H 参数 θ_6的计算需要结合尾梁行程和支架结构特征，图 5.12 为 D-H 参数 θ_6的计算模型。

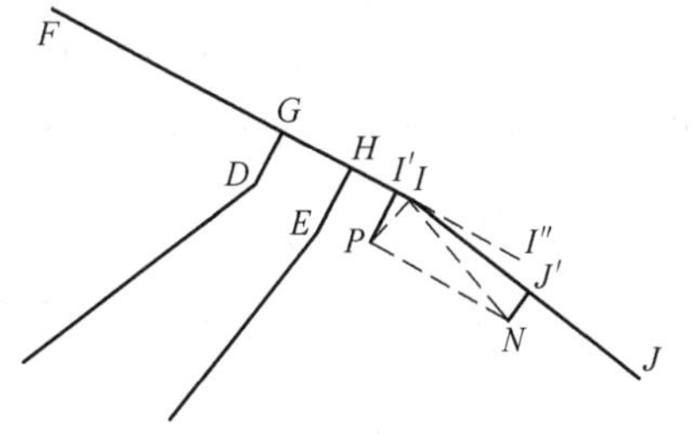

图 5.12 D-H 参数 θ_6计算模型

根据图 5.12 中的模型，θ_6的计算过程如下：

$$\theta_6 = 180° - \angle HIJ = 180° - \angle I'IP - \angle PIN - \angle NIJ'$$

$$\angle PIN = \arccos\left(\frac{L_{PI}{}^2 + L_{IN}{}^2 - L_{PN}{}^2}{2L_{PI}L_{IN}}\right) \tag{5.22}$$

合并两式可以得到：

$$\begin{aligned}\theta_6 &= 180° - \angle I'IP - \angle NIJ' - \arccos\left(\frac{L_{PI}{}^2 + L_{IN}{}^2 - L_{PN}{}^2}{2L_{PI}L_{IN}}\right) \\ &= 97° - \arccos\left(\frac{L_{PI}{}^2 + L_{IN}{}^2 - L_{PN}{}^2}{2L_{PI}L_{IN}}\right)\end{aligned} \tag{5.23}$$

式中，$\angle I'IP$ 为尾梁行程传感器上安装杆至尾梁关节处形成的夹角，为固定值，70°；$\angle NIJ'$为尾梁行程传感器下安装杆至尾梁关节处形成的夹角，为固定值，

13°；L_{PI}为尾梁行程传感器上铰接点至尾梁上铰接点的距离，为固定值，336.7 mm；L_{IN}为尾梁行程传感器下铰接点至尾梁上铰接点的距离，为固定值，892.7 mm；L_{PN}为尾梁行程传感器两铰接点间的长度，其值为杆长和伸缩量（l_w）之和，为测量值，$L_{PN}=714\ \text{mm}+l_w$。

将式（5.18）~式（5.21）及表5.3中的参数代入p_x、p_y表达式中，可得：

$$p_x = 1712.5\cos(57° + \beta_1) + 1884.7\cos(174° - \beta_2) + 1564.8\cos(174° - \beta_2 + \theta_4) + 2473.7\cos(342° - \beta_2 + \theta_4) + 1707.0\cos(342° - \beta_2 + \theta_4 + \theta_6) \tag{5.24}$$

$$p_y = 1712.5\sin(57° + \beta_1) + 1884.7\sin(174° - \beta_2) + 1564.8\sin(174° - \beta_2 + \theta_4) + 2473.7\sin(342° - \beta_2 + \theta_4) + 1707.0\sin(342° - \beta_2 + \theta_4 + \theta_6) \tag{5.25}$$

式中，β_1、β_2、l_w为支架姿态传感器感知数据，为实测值；其余参数均为支架结构参数，为已知参数。

则支架放煤机构的开口度计算公式为：

$$L_O = L_{OM} - p_x \tag{5.26}$$

由图5.10可知，在固定坐标系｛O｝中，放煤机构末端J的坐标即为（p_x，p_y），后部刮板运输的范围为固定值，根据8222工作面装备配套结果，OM段长度为2062.3 mm，OL段长度为3276.3 mm，运输机上沿距水平面高度为399.4 mm。因此，通过上述模型计算得到采高为4 m、支架姿态不同时，支架放煤机构与后部刮板运输机的空间位置关系。不同姿态下支架放煤机构轨迹特征如图5.13所示。

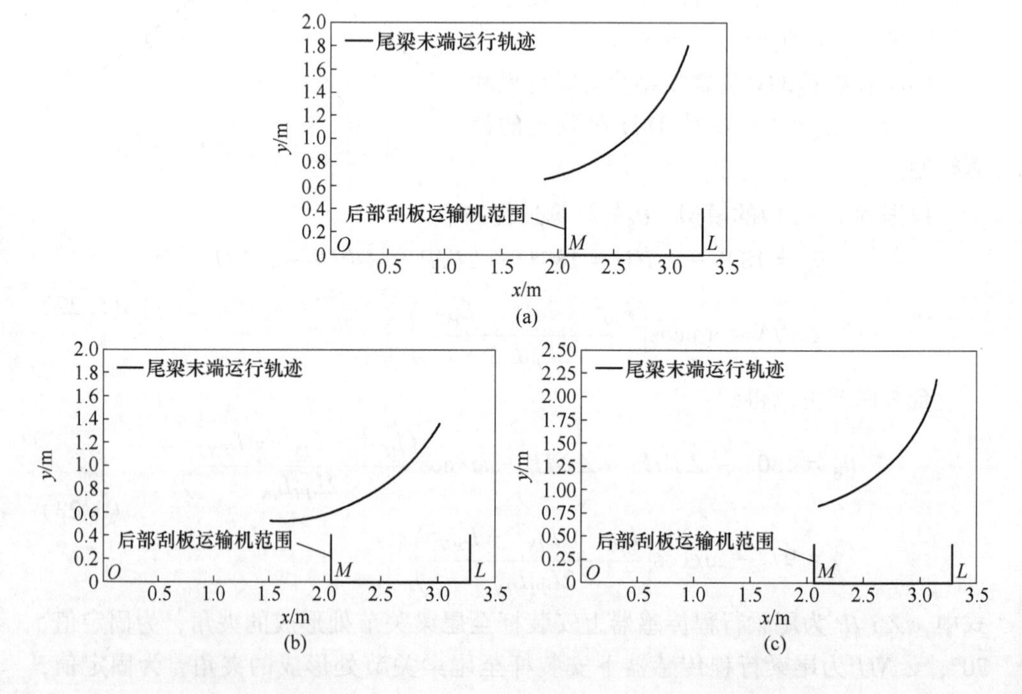

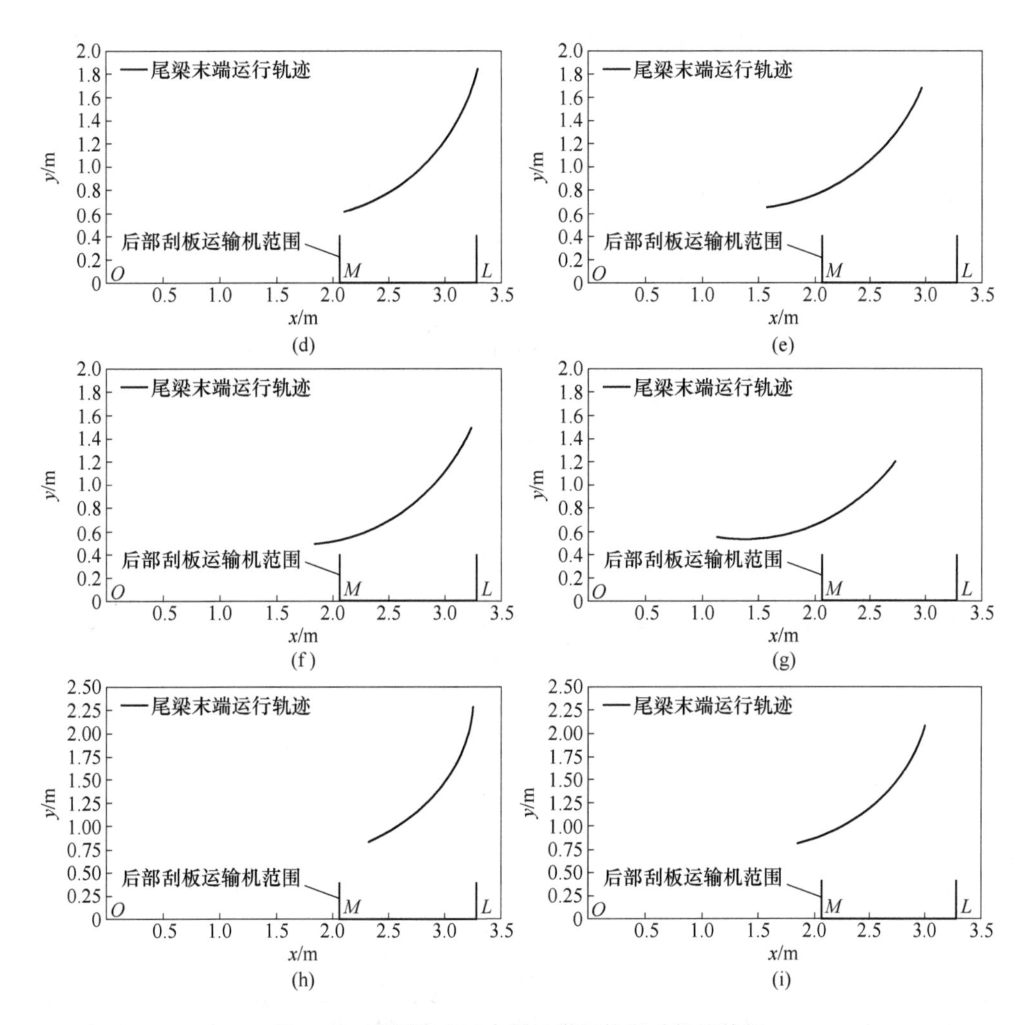

图 5.13 不同姿态下支架放煤机构运动轨迹特征

(a) 底座与顶梁角度为 0°；(b) 顶梁角度为 0°、底座仰角为 5°；(c) 顶梁角度为 0°、底座俯角为 5°；(d) 顶梁仰角为 2°、底座角度为 0°；(e) 顶梁俯角为 2°、底座角度为 0°；(f) 顶梁仰角为 2°、底座仰角为 5°；(g) 顶梁俯角为 2°、底座仰角为 5°；(h) 顶梁仰角为 2°、底座俯角为 5°；(i) 顶梁俯角为 2°、底座俯角为 5°

由图中可以看出，支架姿态不同，放煤机构运行轨迹也随之发生变化，上述液压支架放煤机构控制模型可以根据支架姿态参数解析出放煤机构与后部刮板运输机的空间关系，进而计算不同姿态下放煤机构的开口度。

5.1.3.4 放煤机构开口度计算模型精确度验证

为验证放煤机构开口度计算模型的准确性，以 ZF17000/27.5/42D 型放煤支架的配套模型为参考进行支架放煤口控制效果分析，得到放煤机构开口度测试结果（见表 5.4），主要包括不同底座角度、前连杆角度和尾梁行程条件下液压支架姿态计算模型计算的放煤机构开口度与实际配套模型实际开口度值的误差。

表 5.4　放煤机构开口度测试结果

序号	底座倾角 /(°)	前连杆倾角 /(°)	尾梁行程 /mm	开口度计算值 /mm	开口度实测值 /mm	差值 /mm	误差 /%
1	0	45	220	459.27	465.13	5.86	1.26
2	0	46	220	479.68	487.93	8.25	1.69
3	0	47	220	499.42	508.19	8.77	1.73
4	0	48	220	536.59	533.48	-3.11	-0.58
5	0	49	220	565.27	557.02	-8.25	-1.48
6	0	50	220	590.60	583.02	-7.58	-1.30
7	1	47	220	544.24	555.68	11.44	2.06
8	2	47	220	591.79	605.76	13.97	2.31
9	3	47	220	642.19	655.05	12.86	1.96
10	4	47	220	695.54	707.06	11.52	1.63
11	5	47	220	751.99	761.27	9.28	1.22
12	-1	47	220	457.26	465.27	8.01	1.72
13	-2	47	220	417.69	422.16	4.47	1.06
14	-3	47	220	380.65	380.80	0.15	0.04
15	-4	47	220	346.10	341.08	-5.02	-1.47
16	-5	47	220	314.01	303.01	-7.00	-2.31
17	0	47	350	58.11	61.80	3.69	5.97
18	0	47	280	282.41	289.30	6.89	2.38
19	0	47	230	488.30	494.47	6.17	1.25
20	0	47	170	726.81	732.40	5.59	0.76
21	0	47	110	990.70	995.86	5.16	0.52
22	0	47	50	1300.71	1307.65	6.94	0.53

通过对比不同底座倾角、前连杆倾角和尾梁行程条件下放煤机构开口度尺寸的计算值和实际模型的测量值，可以看出，两者之间的绝对误差为 0.15～13.97 mm，平均值为 7.27 mm，相对误差在 0.39%～5.97%，平均值为 1.71%。放煤过程中，放煤机构受到顶煤和矸石下落冲击，会产生较大振动，且振动幅值远大于上述的计算误差，因此放煤机构开口度计算模型得到的结果能够满足现场支架放煤机构的控制要求。

5.1.4 低位放顶煤液压支架放煤机构开口度控制方法

放煤机构开口度控制即控制尾梁和插板与后部刮板运输机的空间位置。后部刮板运输机通过后溜链与液压支架拉后溜千斤顶连接，当配套完成后其位置基本固定，其姿态仅受底板状态影响，因此支架放煤机构开口度控制是基于尾梁初始空间位置，以掩护梁平面为基准面，以其与掩护梁的铰接点为端点，通过控制尾梁绕转轴在一定角度范围内做往复运动来实现。

综合考虑支架结构、运动特征和现场监测、安装、管理等因素后，采用底座倾角、前连杆倾角和尾梁行程 3 个实测参量对支架放煤机构开口度进行求解，支架放煤机构开口度控制则是开口度求解的逆过程。放煤机构开口度控制的过程为：首先，判断放煤机构开口度需求（增大或减小）；然后，基于支架姿态及姿态监测数据，通过支架放煤机构开口度计算公式反推需要变化的尾梁行程值；接着，通过支架电液控系统控制尾梁千斤顶使尾梁摆动到目标位置；最后，通过支架姿态感知数据对尾梁动作是否执行到位进行反馈和校正。通过上述过程，可以实现低位放顶煤液压支架放煤机构开口度闭环控制，从而实现对放顶煤作业过程的精准控制，放煤机构开口度控制流程如图 5.14 所示。

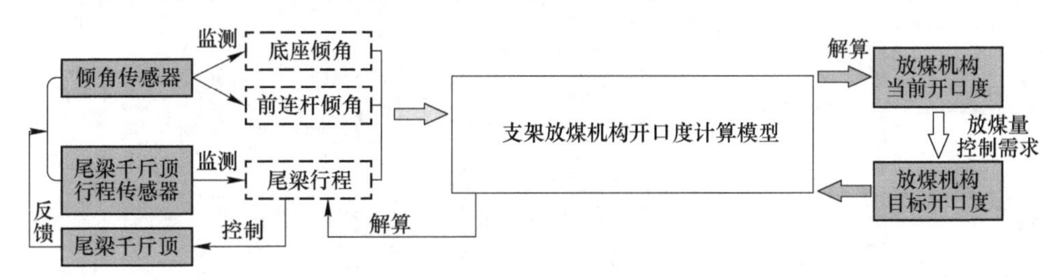

图 5.14 放煤机构开口度控制流程

5.2 后部刮板运输机负载预测方法

后部刮板运输机的运行状态受放煤过程的影响，同时也是制约放煤作业的因素之一。为保证智能放煤条件下，放煤过程与运输系统相互协调作业，后部刮板运输机能够长期处于高效、连续的运行状态，后部刮板运输机需要具备负载自适应调控的能力。为研究后部刮板运输机负载均衡控制方法，本节以机头或机尾电机电流为刮板运输机负载的表征参数，研究群组放煤条件下刮板运输机负载与电机电流的关联关系，建立基于 Elman 神经网络的后部刮板运输机负载预测模型，结合液压支架放煤机构开口度控制模型，构建基于后部刮板运输机负载预测的煤量自适应控制方法。

5.2.1　放煤口宽度对顶煤放出速度的影响

在放顶煤作业过程中，顶煤放出速度是影响后部刮板运输机负载状态的重要影响因素，其影响单位时间内后部刮板运输机上负载的增加量，而放煤口宽度控制是放煤控制的主要手段之一，因此本节研究不同放煤口宽度对顶煤放出速度的影响规律。

为研究工作面走向方向不同放煤口宽度对顶煤放出速度的影响，以塔山煤矿顶煤厚度为 12 m、割煤高度为 4 m 的条件为背景建立放煤数值模拟模型，并参照塔山煤矿 ZF17000/27.5/42D 型放煤支架结构构建简化支架模型，综放工作面走向方向放煤模拟模型如图 5.15 所示。模型长度为 38 m，其中两端不放煤段长度各为 10 m，中间放煤段长度为 18 m，支架放煤步距为 0.8 m，共推进 10 个步长；模型高度为 24 m，直接顶厚度为 8 m，顶煤厚度为 12 m，割煤高度为 4 m，其中顶煤等分为 3 部分，顶煤呈割煤后的自然堆积状态。模型左、右两侧及底部固定，顶煤及直接顶颗粒尺寸及性质均与第 2 章模型一致，不再赘述。

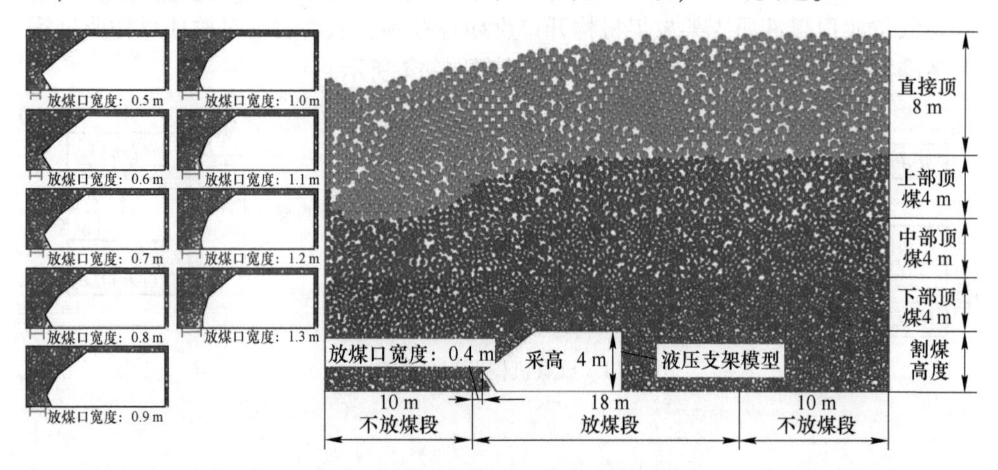

图 5.15　综放面走向方向放煤模拟模型

模拟中放煤口开口度是指尾梁末端到后部刮板运输机的投影距离，根据塔山煤矿放煤支架与后部刮板运输机的配套结果，如图 5.1 所示，塔山矿配套选用 PF6/1542 型后部刮板运输机，其中部槽规格（长×内宽×高）为 1756 mm×1388 mm×415 mm。根据支架与运输机的空间关系，插板收回时，放煤口宽度为 0.4 m，支架尾梁下摆至最下端时，放煤口宽度为 1.3 m，以 0.1 m 为间隔，分别模拟放煤口宽度为 0.4~1.3 m 时顶煤不同层位及整体放煤速度的变化特征，分析工作面走向方向上放煤口宽度对顶煤放出速度的影响规律。

图 5.16 为放煤口宽度为 0.9 m 时，不同层位顶煤放出体的发育形态和煤岩

分界面的发育过程。由图 5.16 中可以看出，在顶煤放出过程中，不同层位的顶煤均以椭球体的形式放出，但放出体形态略有不同，下部顶煤放出时放出体的中心轴偏向采空区的角度较大，中部次之，上部顶煤放出后放出体的中心轴接近于竖直方向，该规律已在以往研究中得到证实。割煤后顶煤自然垮落，因此初始煤岩分界面为一个偏向采空区侧的漏斗，随着顶煤的放出，放煤漏斗中心逐渐向放煤口偏移，采空区侧的煤岩分界面斜率变化程度相对较小，而支架侧煤岩分界面随着顶煤放出斜率逐渐增加，变化程度较大。不同于工作面倾向方向顶煤放出后的煤岩分界面形态特征，在支架的影响下，支架侧煤岩分界面斜率明显大于采空区侧。

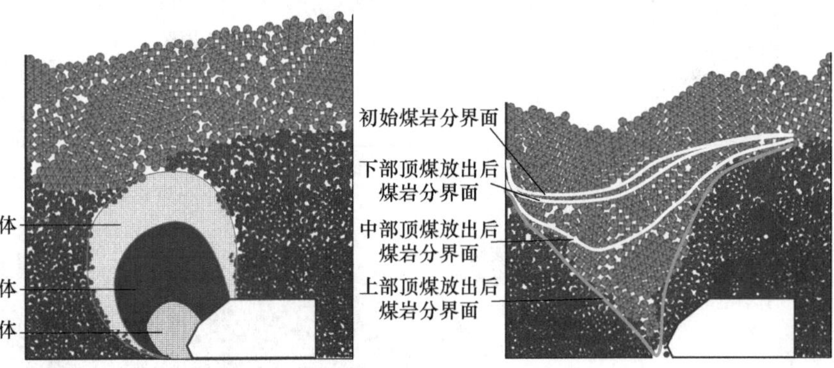

图 5.16 初始放煤时不同层位顶煤放出体及煤岩分界面的演化过程

图 5.17 为放煤口宽度为 0.9 m 时，10 个推进步距下煤岩分界面的演化过程、顶煤放出体的发育特征及放出量统计。由图 5.17 中可以看出，初始放煤时顶煤放煤受初始煤岩分界面限制，发育空间较大，放出量较大，放出量达到 74.97 m^2；周期放煤期间，上一刀放煤形成的煤岩分界面对下一刀顶煤放出体发育产生影响，顶煤放出量仅为 0.53~4.56 m^2。根据顶煤放出的 BBR 研究方法，初始放煤时顶煤可以发育出该顶煤厚度下的完整放出体，之后放煤过程均是周期性地在前一个放煤形成的煤岩分界面下完成[83]。

上述顶煤放出过程发现，初始放煤和周期放煤时顶煤发育过程存在差异，通过统计顶煤放出的时步分别计算不同放煤阶段的顶煤放出速度，顶煤放出速度统计图如图 5.18 所示。

由图 5.18（a）可以看出，放煤口宽度不同条件下均表现出下部顶煤、中部顶煤至上部顶煤的放出速度依次增大的规律，说明顶煤破碎程度是影响顶煤放出速度的因素之一。顶煤破碎程度越好，顶煤放出速度越大，反之越小；随着放煤口宽度的增加，初始放煤平均放煤速度由 1.60 m^2/万步增加到 3.27 m^2/万步，整体呈增加趋势，拟合后得出放煤口宽度与平均顶煤放出速度呈二次函数关系。

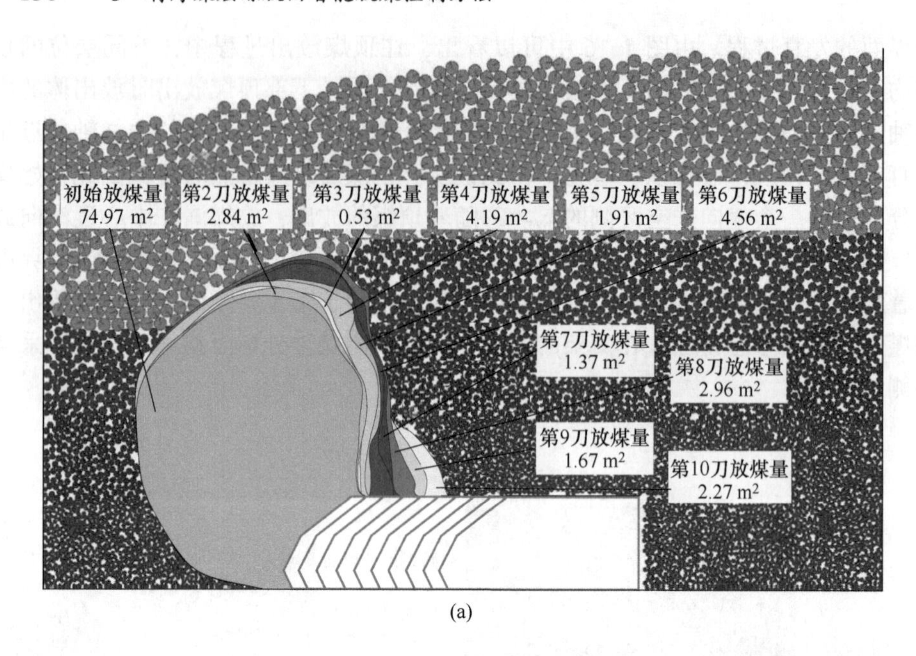

(a)

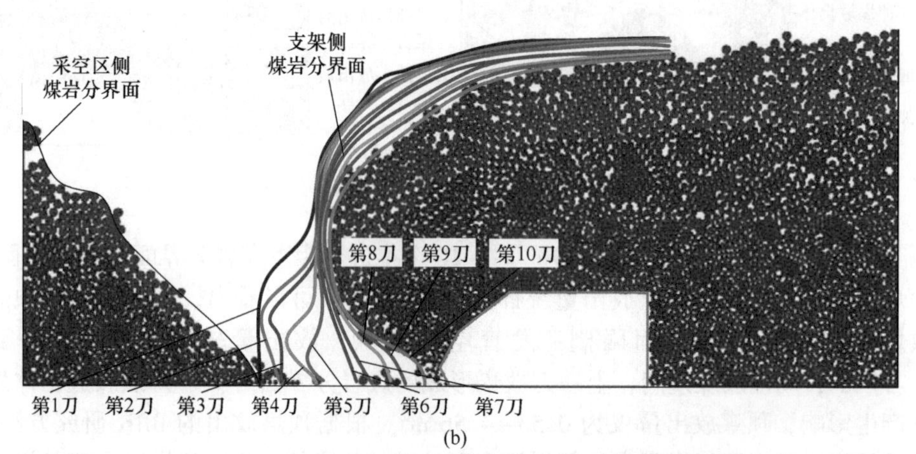

(b)

图 5. 17　首次及周期放煤时顶煤放出体及煤岩分界面反演图

(a) 放出体发育形态；(b) 煤岩分界面发育形态

由图 5. 18 (b) 可以看出，无论是周期放煤平均放煤速度还是整体平均放煤速度，整体上均呈随放煤口宽度增加趋势，周期放煤平均放煤速度由放煤口宽度为 0. 4 m 时的 1. 41 m^2/万步增加到放煤口宽度为 1. 3 m 时的 2. 56 m^2/万步，整体平均放煤速度由放煤口宽度为 0. 4 m 时的 1. 46 m^2/万步增加到放煤口宽度为 1. 3 m 时的 2. 73 m^2/万步，拟合后得到放煤口宽度与周期放煤平均放煤速度和整体平均放煤速度均呈二次函数关系。

根据顶煤放出的 B-R 模型，假设顶煤颗粒从初始位置向放出口运动过程中，

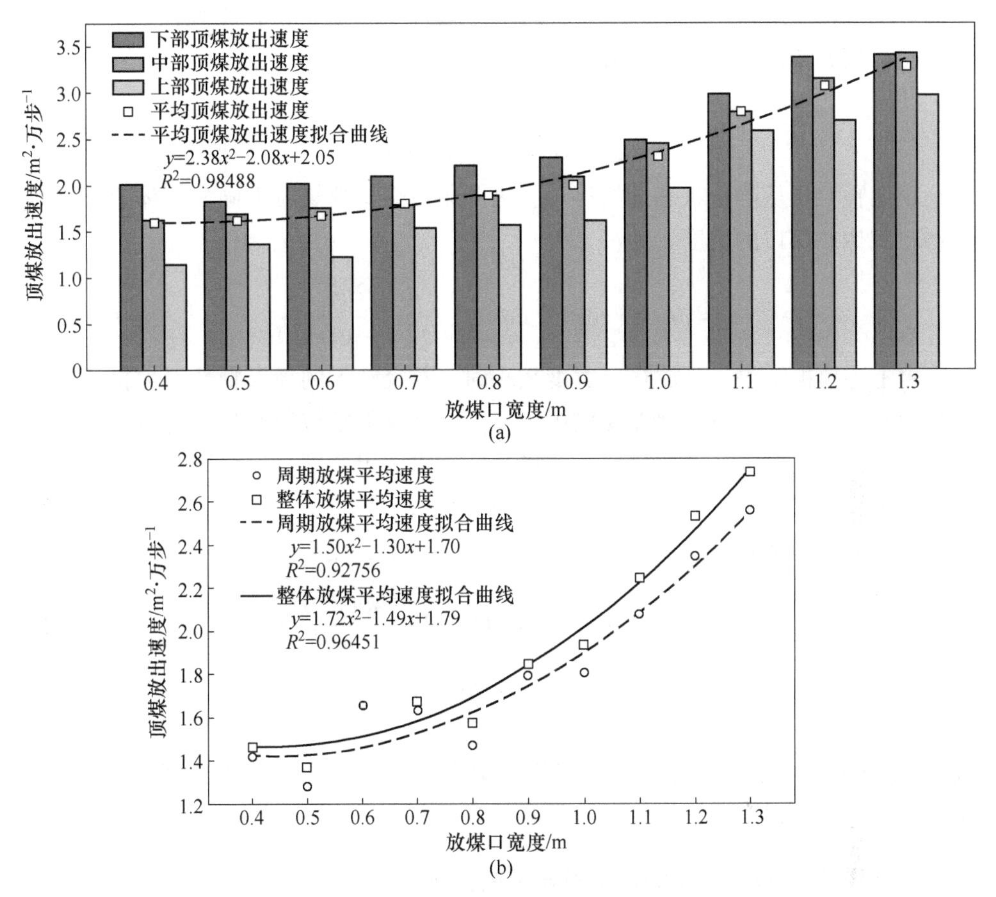

图 5.18 顶煤放出速度统计图

(a) 初始放煤阶段；(b) 周期放煤阶段

仅受重力和摩擦力影响，则下落过程中顶煤颗粒受到的合力 F 为[106]：

$$F = mg(\cos\theta - \cos\theta_G) \tag{5.27}$$

式中，m 为顶煤颗粒的质量；g 为重力加速度；θ 为顶煤颗粒移动迹线与垂直方向的夹角。

则顶煤颗粒放出过程中的加速度 a 为：

$$a = g(\cos\theta - \cos\theta_G) \tag{5.28}$$

可以推导得出，放煤口中轴线上高度为 H 处的颗粒到达放煤口的时间 T 为：

$$T = \sqrt{\frac{2H}{(1 - \cos\theta_G)g}} \tag{5.29}$$

根据椭球体放矿理论可知，顶煤不同高度的放出体表面颗粒均同时到达放煤口，因此与顶煤厚度 H 处颗粒在同一表面的顶煤颗粒到达放煤口的时间均为 T。

同理可知，与放煤口中线上顶煤 $h_i(h_i \leqslant H)$ 处在同一表面的顶煤颗粒到达放煤口的时间可用 t_i 表示，其关系可满足式（5.30）。

$$t_i = \sqrt{\frac{2h_i}{(1 - \cos\theta_G)g}} \tag{5.30}$$

顶煤颗粒均从静止状态开始移动，因此单放煤口放煤时不同放出体表面的顶煤颗粒到达放煤口的速度 v_i 为：

$$v_i = at_i = (\cos\theta - \cos\theta_G)\sqrt{\frac{2gh_i}{(1 - \cos\theta_G)}} \tag{5.31}$$

由上述模拟结果，当放煤口宽度较小时，粒径较大的顶煤颗粒发生挤压影响顶煤顺利放出，顶煤放出速度受放煤口宽度和顶煤颗粒粒径影响。随着放煤口宽度的增加，顶煤放出速度的变化速率增加，顶煤放出速度与放煤口宽度整体呈二次函数关系。式（5.31）为理想条件下顶煤的放出速度分布方程，引入放煤口宽度影响系数 Δ 以表征放煤口宽度对顶煤放出的影响，则：

$$v_i = \Delta(\cos\theta - \cos\theta_G)\sqrt{\frac{2gh_i}{1 - \cos\theta_G}} \tag{5.32}$$

$$\Delta = \frac{Ax^2 + Bx + C}{v_0} \tag{5.33}$$

式中，x 为放煤口打开宽度；v_0 为支架尾梁全部打开时顶煤放出速度；A、B、C 系数受顶煤破碎程度、放煤口开启程度等开采条件影响。

5.2.2　后部刮板运输机负载与电机电流的关系

后部刮板运输机承担着运输放出顶煤的任务，其由机头部和机尾部电机、链轮组件、减速器、刮板链和中部槽等部件组成。刮板运输机两端的电机经联轴器、减速器驱动链轮转动，链轮带动刮板链在水平槽内做连续循环运动，将放落的顶煤运送至转载机。后部刮板运输机运行中的负载主要来源于 3 个方面：（1）运输负载，包括载货段和刮板链在中部槽内运行时的阻力；（2）刮板运输机倾斜布置时货载和刮板链的自重分力；（3）其他阻力，包括刮板链绕过机头或机尾时的弯曲阻力、传动装置阻力及刮板运输机弯曲段的附加阻力等。其中，最主要的负载来源是载煤段的运输阻力，放煤是一个连续变化的过程，放煤口按照既定放煤工艺流程依次打开和关闭，造成放出顶煤在后部刮板运输机上的分布和重量也在不断发生变化，因此，放煤参数对刮板运输机上负载的分布有着直接的影响。

运输负载状态预测和判断是实现后部刮板运输机负载均衡控制的基础，目前后部刮板运输机煤量监测技术尚不成熟，难以直观地获取刮板机上的煤量分布情况，而电机电流是电机负载的特征参量之一，通过电流变化可以间接地反映运输机负载状态的特征，因此可采用后部刮板运输机机头和机尾电机电流作为运输机负载状态的表征参数。

5.2.2.1 群组放煤条件下后部刮板运输机负载特征

A 连续群组放煤条件下后部刮板运输机负载特征

采用连续群组放煤工艺时，在工作面倾向方向上将同时打开 n（$n \geqslant 2$）个放煤口为1个放煤单位，按照支架顺序（或逆序）依次放出每个放煤单位上方的顶煤，直至放煤口见矸，关闭该放煤单位内所有的放煤口，该放煤单位放煤结束。

假设工作面长度为 L，采煤机采用双向割煤工艺，采放平行作业，因此放煤也为双向放煤，根据工作面倾角可分为上行和下行，刮板运输机通常采用向下运行布置，转载机布置在机头外侧，工作面两端部不放煤段长度均为 l，后部刮板运输机运行速度为 V_h，刮板运输机与水平面夹角为 τ，工作面共有 N 台可放煤支架，支架间中心距为 D，该工作面支架布置及刮板运输机运行方向如图5.19所示。

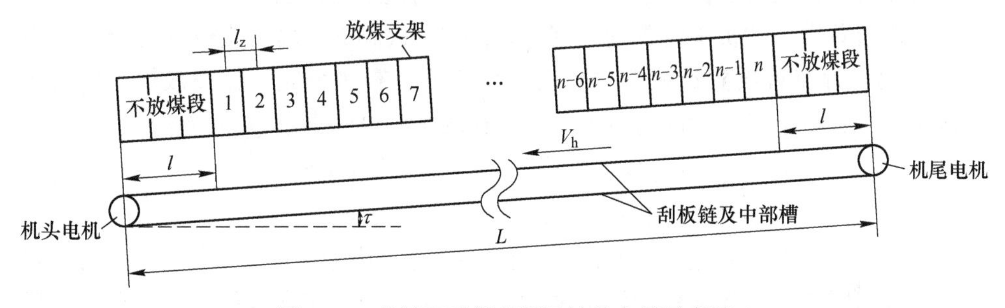

图5.19 综放面后部刮板运输机布置示意图

（1）放煤方向与刮板运输机运行方向相反（上行放煤）。上行放煤时，从机头位置首个放煤单位开始，依次打开1个放煤单位向机尾方向放煤。根据后部刮板运输机的顶煤状态，可将放煤过程划分为3个阶段：

第1阶段，煤流被运送至装载机之前，后部刮板运输机负载均匀分布于首个放煤口至机头的区间内；

第2阶段，煤流到达机头位置后直至最后1个放煤单位停止放煤，后部刮板运输机负载始终连续分布于机头位置到正在放煤处，且负载段长度随时间增加而增长；

第3阶段，最后1个放煤单位放煤结束直至刮板运输机拉空，随着时间的增加，后部刮板运输机负载逐渐减小。

设首个放煤单位放出的顶煤到达机头位置时为 t_1 时刻，S 为支架放煤口打开的面积，此时放出的顶煤均布于后部刮板运输机上且未被运送至转载机，刮板运输机单位长度上的煤量 q_f 为：

$$q_f = \frac{v_i t_1 S}{V_h t_1} = \frac{v_i}{V_h} nDL_O \tag{5.34}$$

设最后 1 个放煤单位停止放煤的时刻为 t_2，后部刮板运输机上的煤量运空时的时刻为 t_3，单个放煤单位的放煤时间为 t_d，则上述 3 个阶段的煤量 Q_{sx} 计算公式如下：

$$Q_{sx} = \begin{cases} V_h t q_f & 0 < t \leqslant t_1 \\ \lceil t/t_d \rceil nDq_f & t_1 < t \leqslant t_2 \\ [L - l - V_h(t - t_2)]\, q_f & t_2 < t \leqslant t_3 \end{cases} \tag{5.35}$$

（2）放煤方向与刮板运输机运行方向相同（下行放煤）。下行放煤时，从机尾位置的首个放煤单位开始，依次打开 1 个放煤单位向机头方向放煤。根据后部刮板运输机的顶煤状态，可将放煤过程划分为两个阶段：

第 1 阶段，煤流未到达机头位置；

第 2 阶段，煤流被运送至转载机直至后部刮板运输机拉空。

设煤流首次到达机头位置的时刻为 t_4，首个放煤支架离机头位置比较远（距离为 $L-l$），煤流首次到达机头位置时，可能已经有多个支架完成放煤；煤流从后部刮板运输机上运空时的时刻为 t_5。上述两个阶段的煤量 Q_{xx} 计算公式如下：

$$Q_{xx} = \begin{cases} V_h t q_f & 0 < t \leqslant t_4 \\ (L - l - \lfloor t/t_d \rfloor nD) q_f & t_4 < t < t_5 \end{cases} \tag{5.36}$$

综上，连续群组放煤时，放出顶煤在后部刮板运输机上的分布共分为两种状态，一种为煤流分布在刮板运输机中部，一种为煤流分布在刮板运输机单侧，后部刮板运输机煤流分布特征示意图如图 5.20 所示。根据煤流在后部刮板运输机上不同的分布状态，从力学角度分析刮板运输机匀速运行时需要克服的阻力，具体分析如下。

煤流分布在刮板运输机中部，包括上行放煤和下行放煤的第 1 阶段，此时后部刮板运输机受到的运行阻力 ^1F 为：

$$\begin{aligned} {}^1F = F_S + F_x &= [\omega_0(q_1 + q_f)\, l_2 + \omega_1 q_1(L - l_2)]g\cos\alpha - \\ &\quad (q_1 L + q_f l_2) g\sin\alpha + \omega_2 q_1 L g\cos\alpha + q_1 L g\sin\alpha \\ &= [\omega_0(q_1 + q_f)\, l_2 + \omega_1 q_1(L - l_2) + \omega_2 q_1 L] g\cos\alpha - q_f l_2 g\sin\alpha \end{aligned} \tag{5.37}$$

式中，F_S 为刮板运输机上部受到的运行阻力；F_x 为刮板运输机下部受到的运行阻力；ω_0、ω_1、ω_2 分别为重载段货载和刮板链在溜槽中的运行阻力系数、上部空载段刮板链在溜槽中的运行阻力系数及下部刮板链在溜槽中的运行阻力系数；q_1 为刮板链单位长度质量；g 为重力加速度；l_2 为后部刮板运输机上重载段长度，$l_2 = V_h t$。

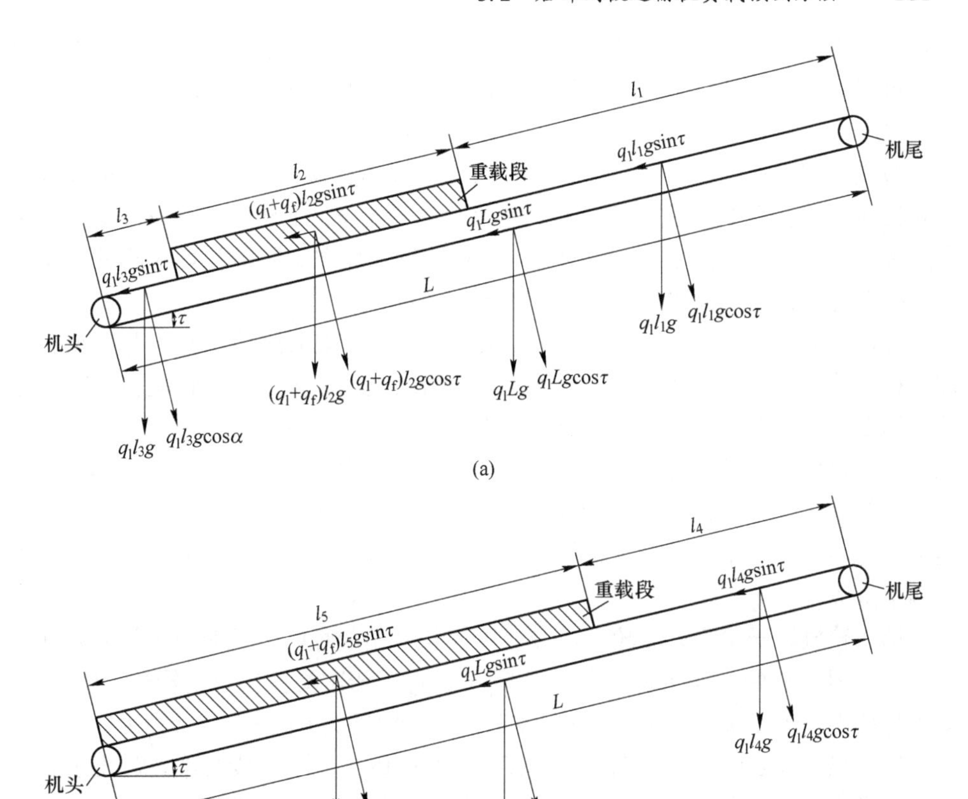

图 5.20 后部刮板运输机煤流分布特征示意图

(a) 煤流分布在刮板运输机中部；(b) 煤流分布在刮板运输机单侧

煤流分布在刮板运输机单侧包括上行放煤的第 2、3 阶段和下行放煤的第 2 阶段，此时后部刮板运输机的运行阻力^1F为：

$$
\begin{aligned}
{}^1F = F_S + F_x &= [\omega_0(q_f + q_1)\,l_5 + \omega_1 q_1(L - l_5)]g\cos\alpha - \\
&\quad (q_1L + q_fl_5)g\sin\alpha + \omega_2 q_1 Lg\cos\alpha + q_1Lg\sin\alpha \\
&= [\omega_0(q_f + q_1)\,l_5 + \omega_1 q_l(L - l_5) + \omega_2 q_1 L]g\cos\alpha - q_f l_5 g\sin\alpha
\end{aligned}
\tag{5.38}
$$

式中，l_5为后部刮板运输机上重载段长度，m；上行放煤的第 2 阶段时 $l_5 = \lceil t/t_d \rceil nD + l$，上行放煤的第 3 阶段时 $l_5 = L - l - \lfloor (t - t_d x)/t_d \rfloor nD$，下行放煤的第 2 阶段时 $l_5 = L - l - \lfloor t/t_d \rfloor nD$。

B 间隔群组放煤条件下后部刮板运输机负载特征

(1) 放煤方向与刮板运输机运行方向相反（上行放煤）。采用间隔群组放煤工艺时，在工作面倾向方向上将同时打开等间隔的 $n(n \geqslant 2)$ 个放煤口，具体工艺流程见 3.1 节。为便于理解，可将间隔群组放煤视为 n_j 轮放煤，每轮放煤按照单放煤口单轮顺序的放煤方式进行，每轮放煤依次进行且之间间隔 n_i 台支架的距离，最后 1 轮放煤结束即代表整个放煤循环结束。

假设工作面长度为 L，工作面机头和机尾端不放煤段长度均为 l，后部刮板运输机运行速度为 V_h，刮板运输机与水平面夹角为 τ，工作面可放煤支架共有 N 台支架，支架间中心距为 D，放煤方向存在上行放煤和下行放煤两种形式，工作面支架布置及刮板运输机运行方向如图 5.19 所示。

假设每轮放煤时间均为 t_e，第 1 轮放煤由 1 号支架顺序放煤至 N 号支架，后部刮板运输机负载分为两个阶段：第 1 阶段为煤流运送至刮板运输机机头位置之前，第 2 阶段为自煤流到达机头位置至 N 号支架放煤结束。

第 2 轮放煤开始于第 1 轮中（n_i+2）号支架开始放煤时，此时 $t=(n_i+1)t_e$，第 2 轮放煤仍按照单轮顺序放煤方式放煤。第 2 轮放煤开始时，后部刮板运输机已经均匀分布 1 层第 1 轮放出的顶煤，且与第 1 轮放煤类似，该轮放煤也有两个阶段。

第 3 轮放煤开始于第 2 轮（n_i+2）号支架开始放煤时，此时第 1 轮放煤到达（$2n_i$+3）号支架处，开始时间为 $t=(2n_i+2)t_e$，依次类推，第 n_j 轮开始放煤时，第 1 轮放煤处于（$(n_j-1)n_i+n_j$）号支架，开始时间为 $t=(n_j-1)(n_i+1)t_e$。在第 1 轮放煤结束之前，每 1 轮放煤均存在两个阶段，一个阶段为本轮放出顶煤到达运输机机头位置之前，另一个阶段为本轮放出顶煤达运输机机头位置之后直至第 1 轮放煤结束。因此，第 1 轮放煤结束之前和第 n_j 轮放煤期间，间隔群组放煤上行时后部刮板运输机负载示意图如图 5.21 所示。

当后部刮板运输机负载处于图 5.21（a）的状态时，后部刮板运输机受到的运行阻力 ^2F 为：

$$
\begin{aligned}
{}^2F = {} & \{\omega_0 q_1(l+D) + \omega_0 q_1(n_j-1)(n_i+1)D + \omega_1 q_1[L-l-D-(n_j-1)(n_i+ \\
& 1)D] + \omega_2 q_1 L + \omega_0 q_f \frac{n_j(n_j-1)}{2}(n_i+1)D - \omega_0 q_f[l+D-V_h t + V_h t_e(n_j- \\
& 1)n_i + V_h t_e n_j]\} g\cos\tau - \{q_1(l+D) + q_1(n_j-1)(n_i+1)D + q_1[L-l-D- \\
& (n_j-1)(n_i+1)D] + q_1 L + q_f \frac{n_j(n_j-1)}{2}(n_i+1)D - q_f[l+D-V_h t + \\
& V_h t_e(n_j-1)n_i + V_h t_e n_j]\} g\sin\tau
\end{aligned}
\tag{5.39}
$$

当第 n_i 轮放出 n 台支架后，后部刮板运输机负载处于图 5.21（b）的状态时，后部刮板运输机受到的运行阻力 ^2F 为：

$$
\begin{aligned}
{}^2F = {} & \{\omega_0(q_1+n_j q_f)(l+nD) + \omega_0 q_1(n_j-1)(n_i+1)D + \omega_1 q_1[L-l-nD-(n_j- \\
& 1)(n_i+1)D] + \omega_2 q_1 L + \omega_0 q_f \frac{n_j(n_j-1)}{2}(n_i+1)D\} g\cos\tau - \{(q_1+n_j q_f)
\end{aligned}
$$

$$(l+nD)+q_1(n_j-1)(n_i+1)D+q_1[L-l-nD-(n_j-1)(n_i+1)D]+q_1L+q_f\frac{n_j(n_j-1)}{2}(n_i+1)D\}g\sin\tau \tag{5.40}$$

当第 1 轮放煤到达 N 号支架时，后部刮板运输机的负载处于最大状态，之后当第 1 轮结束放煤后，后部刮板运输机同时打开放煤口个数逐渐减少，其负载也将不断减小。

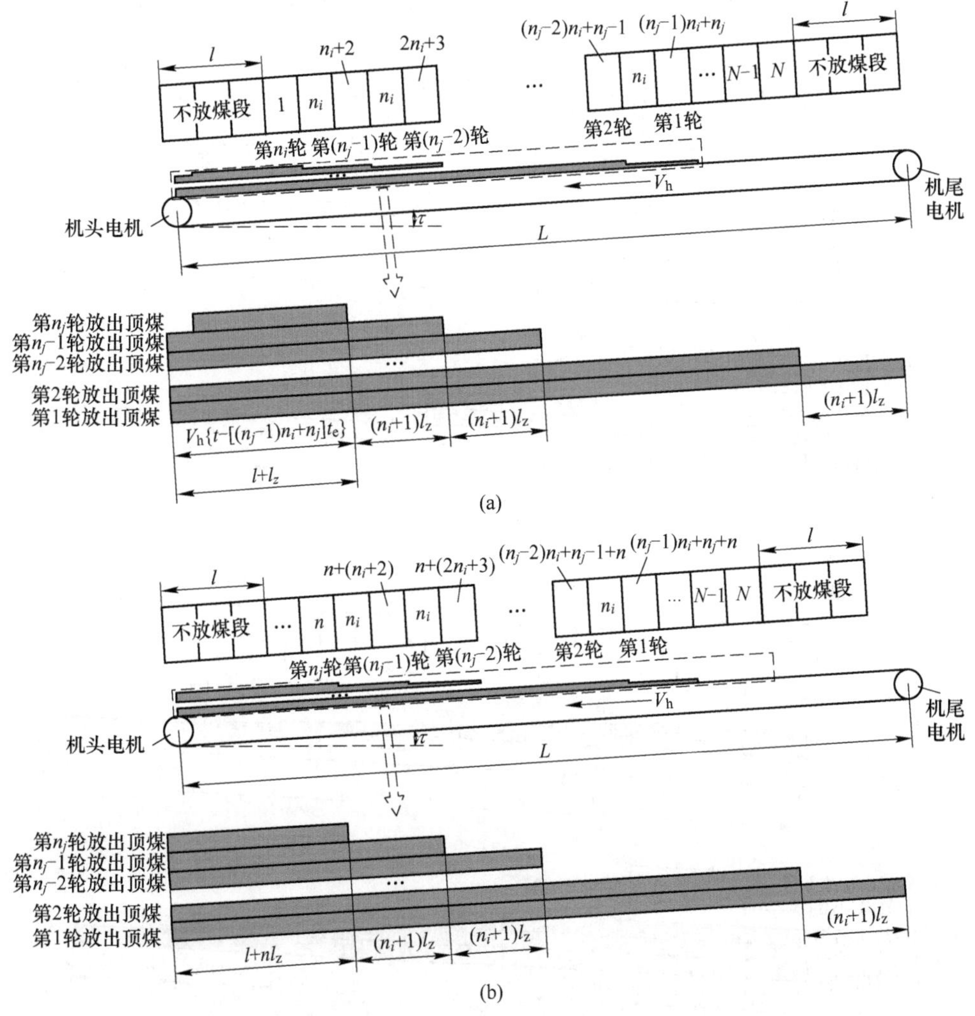

图 5.21 间隔群组放煤上行时后部刮板运输机负载示意图

(a) 第 n_j 轮顶煤到达机头位置之前；(b) 第 n_j 轮顶煤到达机头位置之后

(2) 放煤方向与刮板运输机运行方向相同（下行放煤）。间隔群组放煤下行放煤期间，每轮放煤均按照单轮顺序放煤方式由 N 号支架顺序放煤至 1 号支架，当第 1 轮放煤口移动至［$N-(n_i+1)$］号支架时，第 2 轮放煤从 N 号支架开始，此时 $t=(n_i+1)t_e$。第 3 轮放煤开始于第 2 轮在［$N-(n_i+1)$］号支架开始放煤时，此时第 1 轮放煤到达［$N-2(n_i+1)$］号支架处，开始时间为 $t=(2n_i+2)t_e$。依次类推，第 n_j 轮开始放煤时，第 1 轮放煤处于［$N-(n_j-1)(n_i+1)$］号支架，此时 $t=(n_j-1)(n_i+1)t_e$。由于每轮放煤存在本轮放出顶煤到达运输机机头位置之前和本轮放出顶煤到达运输机机头位置之后两个阶段。因此，第 1 轮放煤结束之前和第 n_j 轮放煤期间，后部刮板运输机上的负载情况如图 5.22 所示。

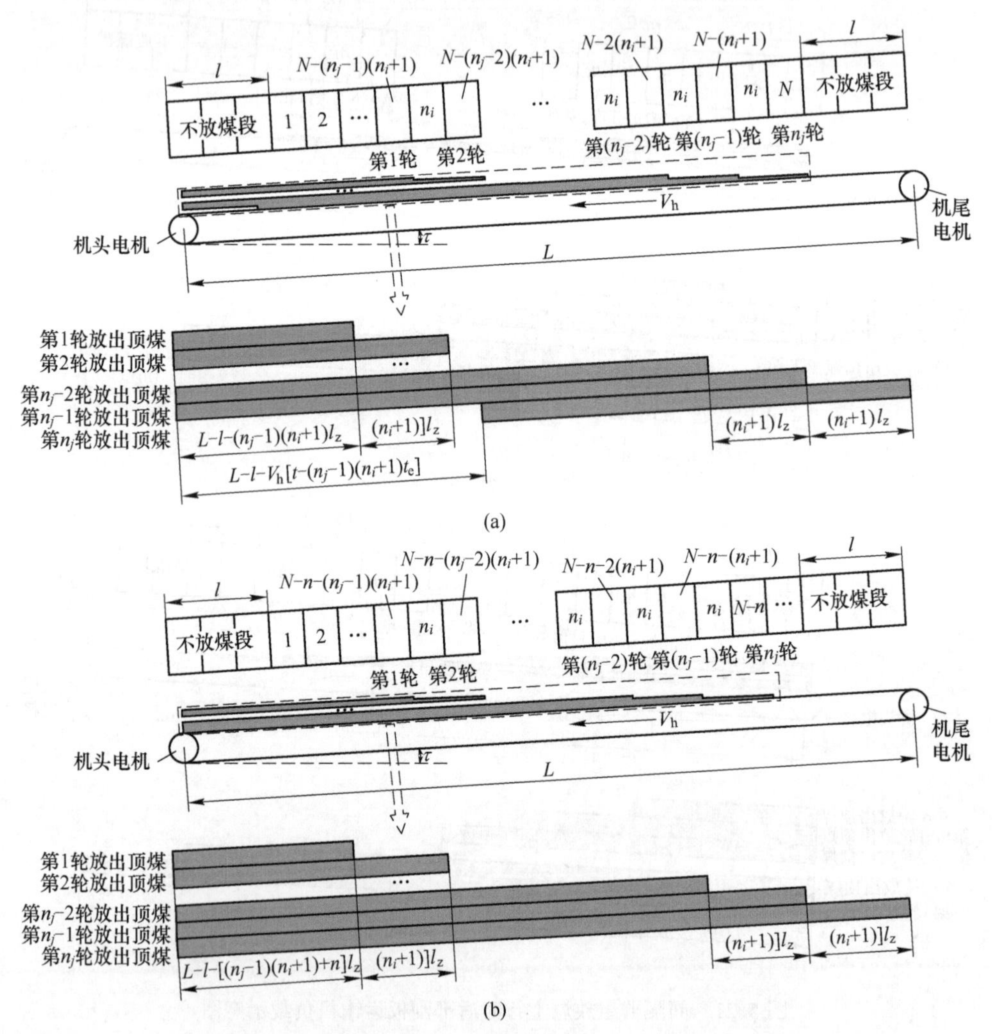

图 5.22　间隔群组放煤下行时后部刮板运输机负载示意图

(a) 第 n_j 轮顶煤到达机头位置之前；(b) 第 n_j 轮顶煤到达机头位置之后

当间隔群组放煤放出 t 时间后，第 n_j 轮放出的顶煤尚没有到达机头位置，此时后部刮板运输机负载处于图 5.22（a）状态，后部刮板运输机受到的运行阻力 ^2F 为：

$$^2F = \{\omega_0[q_1 + (n_j - 1)q_f][L - l - (n_j - 1)(n_i + 1)D] + \omega_0 q_1(n_j - 2)(n_i + 1)D + \omega_1 q_1 l + \omega_2 q_1 L + \omega_0 q_f \frac{(n_j - 2)(n_j - 1)}{2}(n_i + 1)D + \omega_0 q_f V_h[t - t_e(n_j - 1)(n_i + 1)]\}g\cos\tau - \{[q_1 + (n_j - 1)q_f][L - l - (n_j - 1)(n_i + 1)D] + q_1(n_j - 2)(n_i + 1)D + q_1 l + q_1 L + q_f \frac{(n_j - 2)(n_j - 1)}{2}(n_i + 1)D + q_f V_h[t - t_e(n_j - 1)(n_i + 1)]\}g\sin\tau \tag{5.41}$$

当第 n_i 轮放出 n 架且第 1 轮尚未结束时，后部刮板运输机负载处于图 5.22（b）状态，后部刮板运输机受到的运行阻力 ^2F 为：

$$^2F = \{\omega_0(q_1 + n_j q_f)[L - l - (n_j - 1)(n_i + 1)D - nD] + \omega_0 q_1(n_j - 1)(n_i + 1)D + \omega_1 q_1(l + nD) + \omega_2 q_1 L + \omega_0 q_f \frac{n_j(n_j - 1)}{2}(n_i + 1)D\}g\cos\tau - \{(q_1 + n_j q_f)[L - l - (n_j - 1)(n_i + 1)D - nD] + q_1(n_j - 1)(n_i + 1)D + q_1(l + nD) + q_1 L + q_f \frac{n_j(n_j - 1)}{2}(n_i + 1)D\}g\sin\tau \tag{5.42}$$

下行放煤时，当第 n_j 轮放出的顶煤到达机头位置时，后部刮板运输机负载达到最大，随着第 n_j 轮放煤口位置向前移动，后部刮板运输机的负载逐渐减小。

5.2.2.2 后部刮板运输机负载与电流的关系

分析可知，后部刮板运输机的负载除了运行阻力外，还存在刮板链绕过机头或机尾时的弯曲阻力、传动装置阻力及刮板运输机弯曲段的附加阻力等其他阻力，因此，群组放煤条件下，后部刮板运输机在负载运行时的总阻力 F_T 为：

$$F_T = F_Z + k_1 F + k_2 F = (1 + k_1 + k_2)F_Z \tag{5.43}$$

式中，F_Z 为后部刮板运输机平直铺设时的运行阻力，^1F（连续群组条件下）或 ^2F（间隔群组条件下）；k_1 为刮板运输机弯曲段的附加阻力，一般取 0.1[116]；k_2 为刮板链在链轮处的弯曲阻力和传动装置阻力，一般也取 0.1[117-118]。

后部刮板运输机机头和机尾电机为三相异步交流电机，机头和机尾电机传动装置的功率比值相等，在运输机负载运行时，根据其负载运行阻力可以得到机头或机尾电机的负载转矩及由此产生的电磁转矩为[119]：

$$M = \frac{1}{2} \cdot \frac{F_T R}{j\eta_0} \tag{5.44}$$

式中，M 为后部刮板运输机电机的电磁转矩；R 为后部刮板运输机链轮半径；j

为后部刮板运输机传动机构总转速比，其值等于各级转速比的乘积；η_0为后部刮板运输机传动机构总效率，其值为各级效率的乘积。

根据三相异步交流电机特性，电机的电磁转矩与电流的关系表示为：

$$M = C_M \Phi I \cos\varphi \tag{5.45}$$

式中，C_M为后部刮板运输机电机的转矩系数，为常数，$C_M = m_1 p N_1 K_{w1}/\sqrt{2}$，其中$m_1$为转子绕组相数，$p$为极对数，$N_1$为转子绕组的总匝数，$K_{w1}$为转子绕组的基波绕组系数；$\Phi$为电机磁通量，$\Phi \approx U/(4.44 f N_2 K_{w2})$，其中$U$为定子电压，$f$为交流电频率，$N_2$为定子绕组的总匝数，$K_{w2}$为定子绕组的基波绕组系数；$I$为转子线圈电流；$\cos\varphi$为电机的功率因数，其中$\varphi = \arctan(s_0 X/R_z)$，$s_0$为转速差，$X$为转子导体电抗，$R_Z$为转子回路电阻。

因此可以得到后部刮板运输机电机转矩与电流间关系式为：

$$\begin{aligned} I &= \frac{M}{C_M \Phi \cos\varphi} = \frac{\sqrt{2}UM}{4.44 mpN_1 K_{w1} f N_2 K_{w2} \cos\left(\arctan\dfrac{s_0 X}{R_Z}\right)} \\ &= \frac{\sqrt{2}UR}{8.88 j\eta mpN_1 K_{w1} f N_2 K_{w2} \cos\left(\arctan\dfrac{s_0 X}{R_Z}\right)} F_T \end{aligned} \tag{5.46}$$

通过上述理论分析可以看出，后部刮板运输机负载与电流存在正相关的联系，通过后部刮板运输机机头和机尾的电流变化情况可以大致判断后部刮板运输机负载的变化趋势，但是后部刮板运输机运行过程中电机电路参数会发生变化，因此后部刮板运输机的负载和电流并不是简单的线性关系。

5.2.3　基于 Elman 神经网络的运输机负载预测模型

5.2.2 分析了不同放煤工艺条件下后部刮板运输机的负载变化特征及其与电机电流的关系，可以看出，当放煤方向、放煤参数确定时，不同放煤阶段后部刮板运输机的负载随时间发生规律性变化，因此认为刮板运输机在特定工艺条件下的负载具有时序性特征。

时序信息预测是从时间序列的角度对装备未来的运行参数进行预测，从而实现对装备运行状态的预测[120]，因此采用时间序列预测算法能够根据历史数据，判断后部刮板运输机未来运行参数的变化状态。常见的时间序列预测算法有移动平均数法、指数平滑法等，这些预测算法虽然在一定程度上可以实现预测的功能，但是存在时间序列变化趋势不明显时难以建立精确的预测模型和缺乏考虑影响变化趋势的因素等缺陷[120]。Elman 神经网络是由前向神经网络和局部回归网络共同构成的，具有较强的适应时变特性的能力，因此，本节采用时间序列的机头和机尾电流数据建立基于 Elman 神经网络的后部刮板运输机负载预测模型。

5.2.3.1 Elman 神经网络基本模型

Elman 神经网络是具有局部记忆单元和局部反馈连接的递归神经网络，相比于 BP 神经网络，Elman 神经网络在前馈式网络的隐含层中增加了一个承接层作为一步延时算子，以达到网络的记忆目的，增加了对历史状态的敏感程度，从而使预测系统能够适应时变特性[120-121]。

Elman 神经网络一般包括 4 层网络，即输入层、隐含层、承接层、输出层，其输入层、隐含层和输出层的连接类似于前馈神经网络，输入层单元仅起信号传输作用，输出层单元起线性加权作用，承接层能够接收从隐含层反馈的信号，记录上一时刻隐含层的状态并连同当前时刻的网络输入一起作为当前隐含层的输入。Elman 神经网络结构示意图如图 5.23 所示。

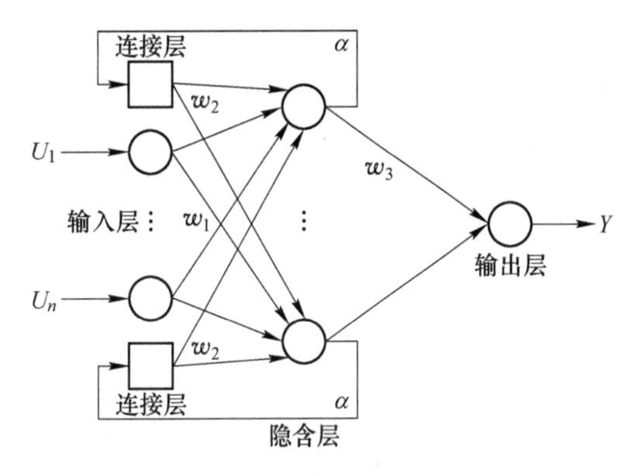

图 5.23 Elman 神经网络结构示意图

如图 5.23 所示，设 Elman 神经网络外部输入时间序列参数为 $U(t)$，隐含层输入时间序列参数为 $X_{\mathrm{y}}(t)$，连接层输入和输出时间序列参数分别为 $X_{\mathrm{s}}(t)$ 和 $Y_{\mathrm{s}}(t)$，输出层输出时间序列参数为 $Y(t)$，则隐含层的输入可以表示为[118]：

$$X_{\mathrm{y}}(t)=f(\boldsymbol{w}_1 U(t-1)+\boldsymbol{w}_2 X_{\mathrm{c}}(t)) \tag{5.47}$$

承接层输出为：

$$Y_{\mathrm{s}}(t)=\xi X_{\mathrm{s}}(t-1)+Y_{\mathrm{y}}(t-1) \tag{5.48}$$

输出层输出为：

$$Y(t)=g(\boldsymbol{w}_3 Y_{\mathrm{y}}(t)) \tag{5.49}$$

式中，$\boldsymbol{w}_1$、$\boldsymbol{w}_2$、$\boldsymbol{w}_3$为网络各层对应的连接权值矩阵；ξ 为隐含层与连接层的连接反馈因子；函数 $f(\cdot)$ 为隐含层神经元的传递函数，常采用 sigmoid 函数，即 $f(x)=1/(1+\mathrm{e}^{-x})$；$g(\cdot)$ 为输出神经元的传递函数，常采用线性函数。

Elman 神经网络采用动态反向传播学习算法，即梯度下降法对网络进行训练，通过反向对网络各层的连接权值进行调节，使得输出值与测试值之间的均方误差达到最小。Elman 神经网络的误差函数为：

$$E(k)=\frac{1}{2}[y(k)-y_{\mathrm{d}}(k)]^{T}[y(k)-y_{\mathrm{d}}(k)] \tag{5.50}$$

式中，$E(k)$ 为误差函数；$y_{\mathrm{d}}(k)$ 为 k 时刻目标期望输出值。

通过误差函数 $E(k)$ 分别对$\boldsymbol{w}_1$、$\boldsymbol{w}_2$、$\boldsymbol{w}_3$ 求偏导，根据梯度下降法得出 Elman

神经网络各层权值的修正公式为：

$$\Delta \boldsymbol{w}_{3(ij)} = \eta_3 \delta_i^0 X_{y(j)}(k),\ (i=1,\ 2,\ \cdots,\ m;\ j=1,\ 2,\ \cdots,\ n) \tag{5.51}$$

$$\Delta \boldsymbol{w}_{1(jq)} = \eta_1 \delta_j^h U_q(k-1),\ (j=1,\ 2,\ \cdots,\ n;\ q=1,\ 2,\ \cdots,\ r) \tag{5.52}$$

$$\Delta \boldsymbol{w}_{2(jl)} = \eta_2 \sum_{i=1}^{m} (\delta_i^0 \boldsymbol{w}_{3(ij)}) \frac{\partial Y_{c(j)}(k)}{\partial \boldsymbol{w}_{2(jl)}},\ (j=1,\ 2,\ \cdots,\ n;\ l=1,\ 2,\ \cdots,\ m) \tag{5.53}$$

式中，η_1、η_2、η_3 分别为连接权值矩阵 $\boldsymbol{w}_1$、$\boldsymbol{w}_2$、$\boldsymbol{w}_3$ 的学习步长；δ_i^0、δ_j^h、$\frac{\partial Y_{c(j)}(k)}{\partial \boldsymbol{w}_{2(jl)}}$分别为与输出计算相关的函数，其计算公式如下，

$$\delta_i^0 = [y_{d,i}(k) - y_i(k) g_j'(\cdot)] \tag{5.54}$$

$$\delta_j^h = \sum_{j=1}^{n} (\delta_i^0 \boldsymbol{w}_{3(ij)}) f_j'(\cdot) \tag{5.55}$$

$$\frac{\partial Y_{c(j)}(k)}{\partial \boldsymbol{w}_{2(jl)}} = f_j'(\cdot) Y_{c(j)}(k-1) + \alpha \frac{\partial Y_{c(j)}(k-1)}{\partial \boldsymbol{w}_{2(jl)}} \tag{5.56}$$

Elman 神经网络具有广泛的适用性、较强的学习性和鲁棒性，能够逼近任意非线性函数和反映系统动特性，但与 BP 神经网络一样，Elman 神经网络采用梯度下降法反向更新权重，有时会出现陷入局部最优解的问题。本节采用设定误差阈值的方法来避免该问题，即在 Elman 神经网络预测模型在进行训练过程中，比较预测结果与训练样本的数值，当预测结果满足最小允许误差时即可接受预测结果，反之则继续进行训练，直至满足阈值要求。

5.2.3.2　预测模型建立及预测效果检验

后部刮板运输机在综放面放煤过程中随着放煤位置的不断变化，其负载电流值也在连续变化，某一时刻的电流值与其之前时间段的电流密切相关，并且随着放煤工艺流程的变化，后部刮板运输机负载呈规律性变化。根据后部刮板运输机负载电流的特性设计 Elman 神经网络，建立基于 Elman 神经网络的刮板运输机负载动态预测模型，后部刮板运输机负载动态预测模型算法流程如图 5.24 所示。

A　数据样本采集和预处理

模型样本选自塔山煤矿 8222 综采工作面，采集一段时间内自动放煤过程中后部刮板运输机机头和机尾电机电流数据，电机电流互感器每隔 2 s 采集一个电流数据并上传至自动放煤控制系统。样本选取了该工作面 2020 年 9 月 1 日自动放煤过程中从上午 9 点 38 分到 10 点 11 分共 33 min 的后部刮板运输机机头和机尾的电流数据，放煤作业由 20 号支架向 47 号支架进行，分别各采集 988 个电流数据，部分后部刮板运输机电机电流数据见表 5.5。

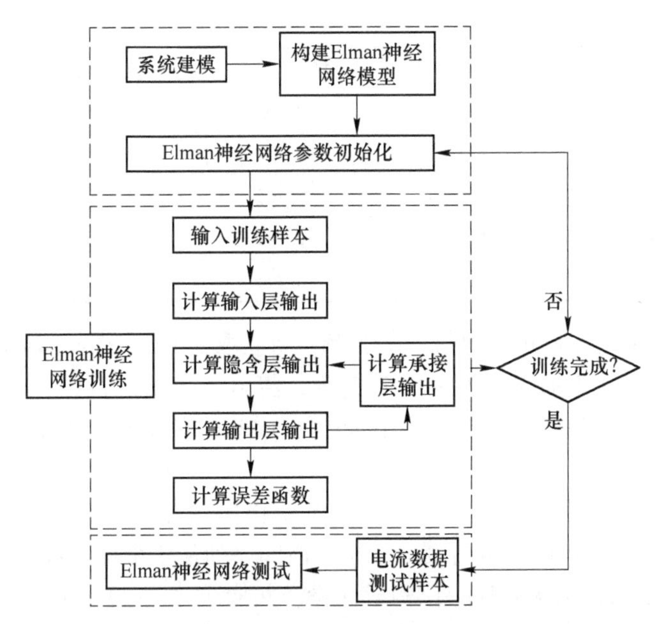

图 5.24 后部刮板运输机负载动态预测模型算法流程

表 5.5 后部刮板运输机电机电流数据

序号	时间	机头电流数据/A	数据归一化	机尾电流数据/A	数据归一化
1	9:38:34	70.18	0.455	72.34	0.500
2	9:38:36	70.18	0.455	72.34	0.500
3	9:38:38	70.55	0.457	77.46	0.535
4	9:38:40	72.21	0.468	74.43	0.514
5	9:38:42	70.34	0.456	74.64	0.516
6	9:38:44	70.77	0.459	73.96	0.511
7	9:38:46	71.00	0.460	77.52	0.536
8	9:38:48	72.41	0.469	70.38	0.486
9	9:38:50	72.42	0.469	71.89	0.497
10	9:38:52	71.61	0.464	70.20	0.485
⋮	⋮	⋮	⋮	⋮	⋮
979	10:11:22	122.55	0.794	113.73	0.786
980	10:11:24	117.07	0.759	110.33	0.763
981	10:11:26	121.19	0.786	112.12	0.775
982	10:11:28	122.64	0.795	111.60	0.771
983	10:11:30	120.77	0.783	113.48	0.784

续表 5.5

序号	时间	机头电流数据/A	数据归一化	机尾电流数据/A	数据归一化
984	10:11:32	117.76	0.763	115.32	0.797
985	10:11:34	115.82	0.751	117.88	0.815
986	10:11:36	114.45	0.742	116.93	0.808
987	10:11:38	112.92	0.732	116.62	0.806
988	10:11:40	114.80	0.744	115.27	0.797

以后部刮板运输机机头电机电流为例，将获取的988个电流时序样本数据保存至数据文件中。为加快模型的收敛速度，将电流数据进行归一化处理（见表5.5），使所有电流值处于［0，1］区间内，同时避免奇异样本数据导致模型计算误差过大。

对所有样本数列进行相空间重构，原始样本数据的时间序列为 $\{x_1, x_2, x_3, \cdots, x_n\}$，将样本序列进行划分，按照时间序列从首个样本数据开始，构成1个11维的相空间，依次后移一位构成向量，共构成（$n-10$）个向量，每个向量前10个样本数据作为输入向量，第11个样本作为目标向量，即：

$$\begin{cases} X_1 = \{x_1, x_2, x_3, \cdots, x_{11}\} \\ X_2 = \{x_2, x_3, x_4, \cdots, x_{12}\} \\ X_3 = \{x_3, x_4, x_5, \cdots, x_{13}\} \\ \vdots \\ X_{n-10} = \{x_{n-10}, x_{n-9}, x_{n-8}, \cdots, x_n\} \end{cases} \tag{5.57}$$

B 初始训练网络创建

根据对后部刮板运输机机头电流样本数据相空间的划分特征，共产生978个样本向量，选取前700个样本向量（占总数据量的72%）作为训练集，后278个样本向量（占总数据量的28%）作为测试集。建立初始Elman神经网络模型输入层的输入向量维数为10，输出层的输入向量为**1**。对后部刮板运输机电流的预测仅是简单的非线性映射问题，因此采用单隐含层神经网络。隐含层节点数目对神经网络模型的性能有显著影响，隐含层神经元个数较少会导致训练系数增加、训练精度不够，隐含层神经元个数较多则会增加训练时间，因此需要合理地选取隐含层神经元个数。常用的隐含层节点数确定方法有很多，本节选用经验式（5.58）~式（5.60）进行确定。

$$d_1 = \sqrt{d_2 + d_3} + d_4 \tag{5.58}$$

$$d_1 = \log_2 d_2 \tag{5.59}$$

$$d_1 = \sqrt{d_2 d_3} \tag{5.60}$$

式中，d_1为隐含层节点数；d_2为输入层节点数；d_3为输出层节点数；d_4为1~10

之间的常数。

由上述方法得到的取值范围为 3~13，取值范围较大，本节通过在理论值选取范围内采用逐个试凑的方法来确定最佳隐含层神经元个数。通过比较不同隐含层神经个数下的预测误差率可以得知，当隐含层神经元个数为 10 时，既能保证预测精度又能保证运算速度，预测误差率和隐含层神经元个数的关系曲线如图 5.25 所示。

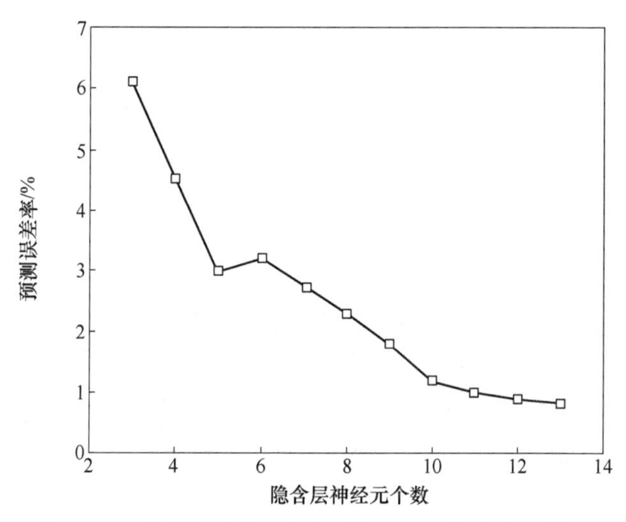

图 5.25 预测误差率与隐含层神经元个数的关系曲线

C 初始网络训练及训练结果

初始化网络参数，初始权值和阈值由系统随机给出，设定训练误差为 0.01，初始学习速率为 0.01，最大训练步数为 2000，激活函数选择为隐含层采用 tansig 函数，输出层采用 logsig 函数。将训练集样本输入创建好的 Elman 神经网络模型并进行训练，用训练好的神经网络输入预测集样本并与实际电流数据进行比对，将预测数据反归一化后，机头电流数据预测结果与实际数据对比图如图 5.26 所示。同理，可以得到机尾电流预测结果与实际数据对比图如图 5.27 所示。

D 预测结果评价

由图 5.26 和图 5.27 可知，后部刮板运输机机头和机尾电流预测值和实测值的变化趋势有着良好的一致性，通过统计得知，后部刮板运输机机头、机尾电流预测的平均误差率分别为 1.93%和 1.89%，预测结果与实测数据之间的误差率较小，基本能够满足生产现场对精确预测的需求。电流预测误差率曲线如图 5.28 所示。

为更好地检验 Elman 神经网络的预测效果，采用平均绝对误差（mean absolute error，MAE）、均方误差（mean square error，MSE）和归一化均方误差

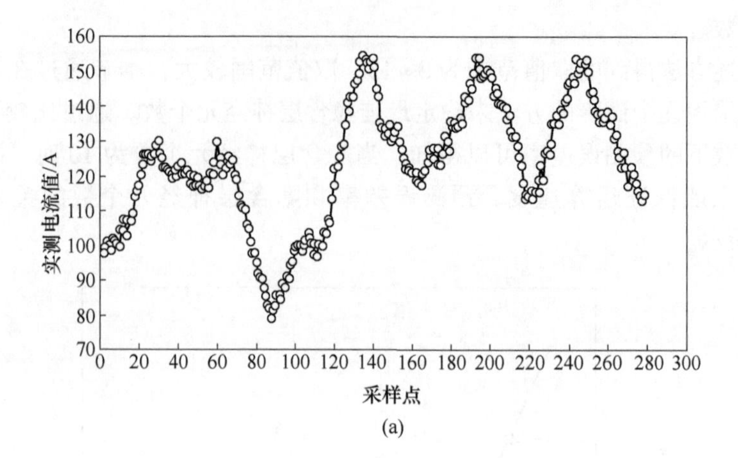

(a)

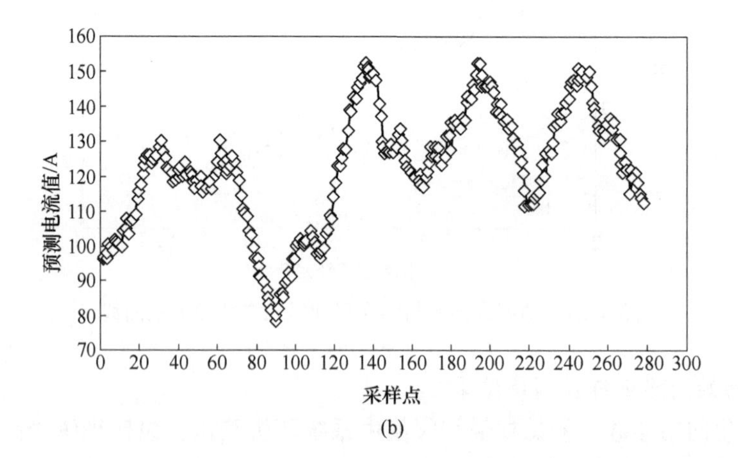

(b)

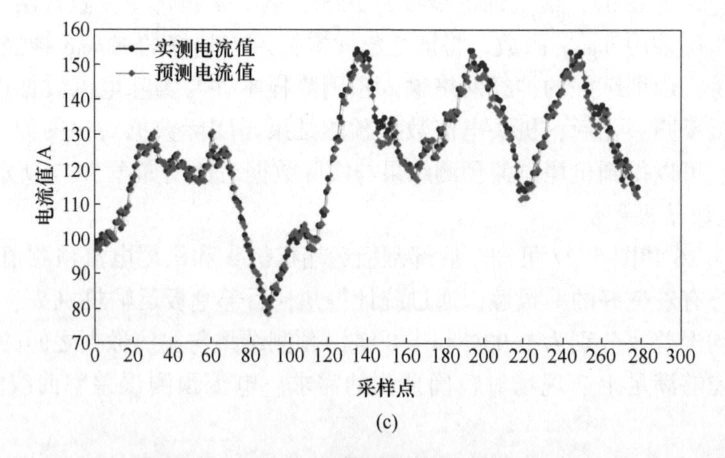

(c)

图 5.26　机头电流预测结果与实测数据对比图

（a）机头电流实测数据；（b）机头电流预测数据；（c）机头电流实测值与预测值对比

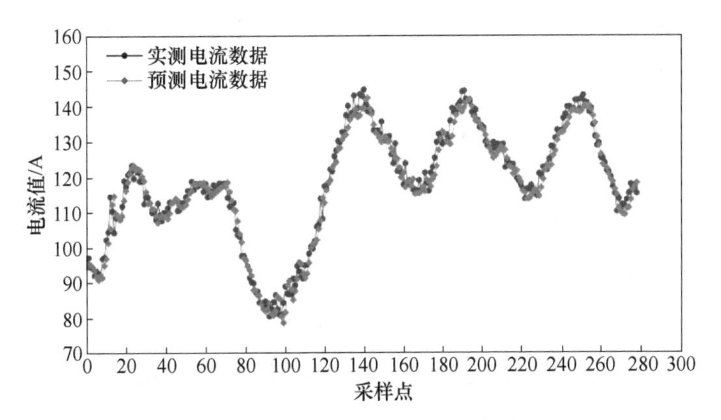

图 5.27 机尾电流预测结果与实测数据对比图

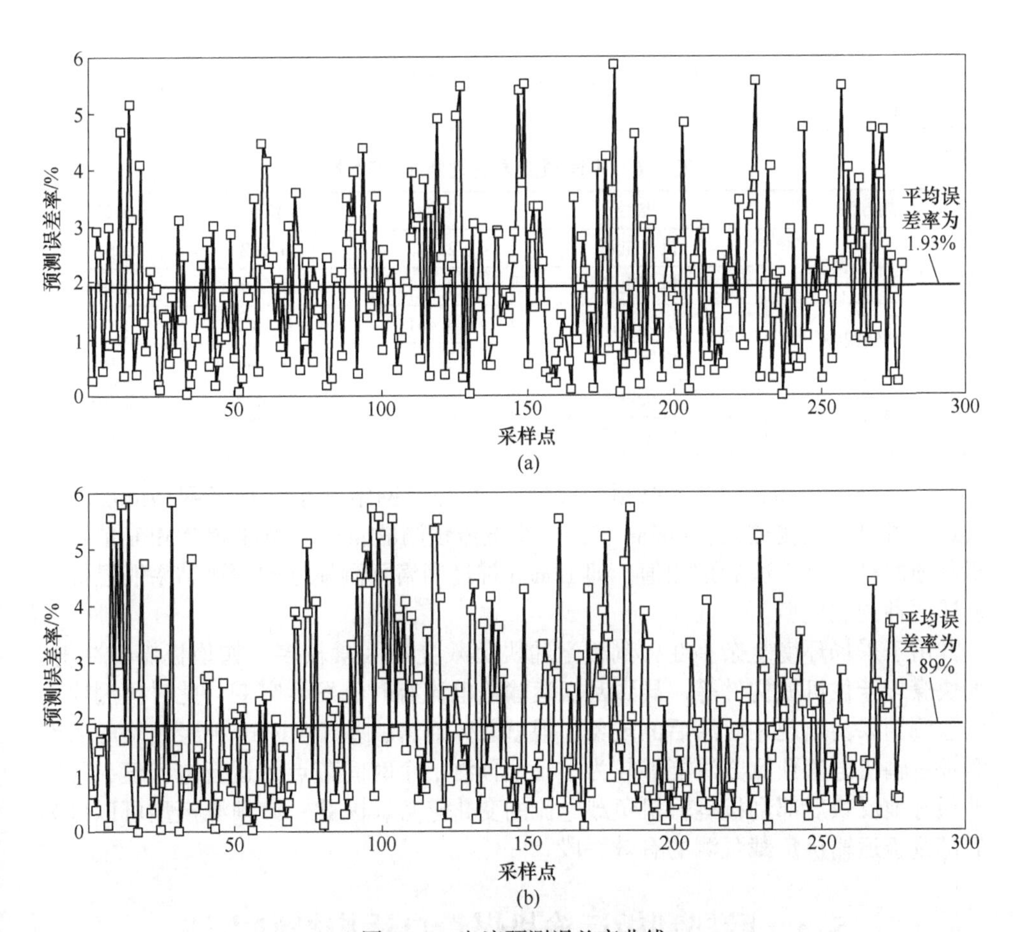

图 5.28 电流预测误差率曲线

(a) 机头电流预测误差率曲线；(b) 机尾电流预测误差率曲线

(normalized mean square error，NMSE) 等指标对 Elman 神经网络、BP 神经网络、小波神经网络的预测性能进行对比，具体计算公式如下：

$$\mathrm{MAE} = \frac{1}{n_Z}\sum_{t=1}^{n_Z}|x_t - \dot{x}_t| \tag{5.61}$$

$$\mathrm{MSE} = \frac{1}{n_Z}\sum_{t=1}^{n_Z}(x_t - \dot{x}_t)^2 \tag{5.62}$$

$$\mathrm{NMSE} = \frac{1}{\sigma^2} \times \frac{1}{n_Z}\sum_{t=1}^{n_Z}(x_t - \dot{x}_t)^2 \tag{5.63}$$

式中，x_t为后部刮板运输机电流时间序列实测值；$\dot{x}_t$ 为后部刮板运输机电流时间序列实预报值；n_Z为样本集总样本数；σ^2为总体方差，$\sigma^2 = \sum_{t=1}^{n_Z}(x_t - \bar{x}_t)^2/n_Z$，$\bar{x}_t$为预测数据的总体均值。

上述指标越小，说明预测精度越高，通过计算，不同预测方法性能指标对比见表 5.6。

表 5.6 不同预测方法性能指标对比

预测方法	类型	MAE	MSE	NMSE
Elman 神经网络	机头电流	2.379	8.592	0.028
	机尾电流	2.227	8.349	0.034
BP 神经网络	机头电流	3.481	17.561	0.071
	机尾电流	3.35	16.942	0.058
小波神经网络	机头电流	2.877	12.472	0.036
	机尾电流	2.970	13.481	0.058

通过分析 Elman 神经网络预测模型、BP 神经网络和小波神经网络的后部刮板运输机电流预测结果，Elman 神经网络电流预测的 MAE、MSE 和 NMSE 值均小于其他两种预测方法的预测值，即 Elman 神经网络预测模型的预测结果明显优于上述两种预测模型。

由于采场环境复杂多变，刮板运输机负载受控因素较多，如顶板煤岩冲击、大块煤岩卡住机械构件等，导致刮板运输机电流有时会发生突变，此时预测模型的预测结果会出现相对滞后的现象。但就总体而言，基于 Elman 神经网络的后部刮板运输机电流预测方法能够较为准确地预测下个时间节点的运行电流值，且能够很好地反映后部刮板运输机负载电流的变化趋势，因此，该预测模型可以作为后部刮板运输机负载预测的有效手段。

5.3 后部刮板运输机煤量自适应控制方法

实现后部刮板运输机煤量自适应控制是自动化及智能化放煤的重要环节，后部刮板运输机煤量自适应控制的关键在于实现煤量自动检测、放煤口自动调节的闭环控制。在目前的人工放煤阶段，后部刮板运输机的煤量检测是通过井下集控中心的人员观察后部刮板运输机的电流大小进行估测，后部刮板运输机煤量的调节则需要通过集控中心人员根据经验指挥放煤工进行放煤调节。但是由于放煤工作面地质条件及人工放煤技术和经验的不同，由人工作为主体的后部刮板运输机煤量控制闭环系统，经常会出现后部刮板运输机上的煤量不足或者过多，由此导致后部刮板运输机运力的浪费或者过载。同时，目前后部刮板运输机煤量实时监测技术和顶煤放出量自动调节技术尚不成熟，使后部刮板运输机煤量无法实现自适应控制。同时，由于缺乏对放顶煤支架上方煤、矸大小实现自动快速识别装置或方法，人工需要深度参与放顶煤支架的放煤操作，这种控制方式无疑会增加人力成本，增加人员工作量，也不利于智能化放煤技术的实践。

放顶煤综采工作面生产过程中，要实现后部刮板运输机的煤量自动控制，需要解决三个主要问题：(1) 后部刮板运输机负载情况的实时监测；(2) 放煤机构的精准控制方法；(3) 后部刮板运输机负载监测与放煤机构控制间的协调控制。5.1 节提出的支架放煤机构开口度控制方法，可以通过实时在线监测放煤支架底座、前连杆倾角和尾梁行程实现放煤口的精准控制，可以有效解决问题(2)；5.2 节提出的基于 Elman 神经网络的后部刮板运输机负载预测方法，可以根据实时监测的后部刮板运输机电机电流预测下个时刻的负载电流，可以有效解决问题 (1)。对于后部刮板运输机负载监测与放煤机构控制间的协调控制，提出了基于支架放煤口开口度控制方法和后部刮板运输机负载预测方法的后部刮板运输机煤量自适应控制方法[122]。

5.3.1 后部刮板运输机煤量自适应控制机理

综放面后部刮板运输机煤量自适应控制主要包括刮板运输机负载预测和刮板运输机负载控制。由于综放面整个运输系统的负载情况与前部刮板运输机、后部刮板运输机、转载机、皮带机、采煤机割煤量、放顶煤支架的放煤量等因素及它们之间的协调策略有关，后部刮板运输机上的出煤量并不是影响整个综放面出煤量的唯一因素，因此，后部刮板运输机的出煤量并不需要一个非常精确的调控。后部刮板运输机正常运行时，其负载煤量的多少与其运行电流成正比，即运输的煤量越大，设备的运行电流就越大，反之则越小。因此刮板运输机正常运行时，可通过检测后部刮板运输机机头和机尾电机电流来间接反映其负载情况，同时可将电流作为调控刮板运输机负载的判定条件。

工作面运输系统正常运行时，后部刮板运输机上的负载状态主要与两类因素有关，一类是可控因素，主要是支架放煤操作，包括放煤位置、放煤口宽度、放煤时间等，另一类是不可控制因素，包括工作面地质条件、顶煤破碎程度等，在对后部刮板运输机进行调控时主要通过改变可控因素来实现对其负载状况的调节。

放顶煤支架放煤操作中，影响后部刮板运输机的负载状态的主要有四个因素：支架放煤机构开口度、单架放煤时间、同时打开放煤口个数和放煤位置，三个因素相互制约。在单架放煤时间、放煤口个数和放煤位置一定的条件下，支架放煤口越大，放顶煤支架放煤的煤量就相对越多，后部刮板运输机上的煤量也就相对越多，反之则相对越少；在放煤机构开口度、放煤口个数和放煤位置一定的条件下，单架放煤时间越长，放顶煤支架放煤的煤量就相对越多，后部刮板运输机上的煤量也就相对越多，反之则相对越少；在放煤机构开口度、单架放煤时间和放煤位置一定的条件下，同时打开放煤口个数越多，后部刮板运输机上的煤量也就相对越多，反之则相对越少；在放煤机构开口度、单架放煤时间和放煤口个数一定的条件下，放煤的放顶煤支架距离转载机的位置越远，后部刮板运输机上的煤量也就相对越多，反之则相对越少。在放煤位置和同时打开放煤口个数与放煤工艺相关，不同放煤工艺条件下放煤位置和放煤口个数的变化规律相对较固定。若将后部刮板运输机煤量的控制划分在一个个的放煤小时间段内完成，则在小的时间尺度下，放煤位置和放煤口个数的影响可以忽略，因此对后部刮板运输机上的煤量控制主要通过调节放煤机构开口度和单架放煤时间来实现。

基于上述讨论，提出了一种基于小时段放煤的后部刮板运输机煤量自适应控制方法，该方法是将支架的放煤过程划分为 n 个小的放煤时段，每个小时段的放煤时间相同，当执行小时段放煤时每个放煤小时段内先打开放煤口，小时段放煤时间完成后关闭放煤口；在进行小时段放煤过程中，通过实时监测后部刮板运输机机头和机尾的电流值，根据其预测的后部刮板运输机的负载状态，实时调控支架放煤机构开口度，以控制顶煤放出量；支架放煤结束的判断依据是见矸关窗，小时段放煤过程中某个时刻之后出现大量矸石，则在该小时段放煤时间完成后关闭放煤口，之后该支架结束放煤，或人工观测到矸石按支架停止放煤键后，支架关闭放煤口，支架也停止放煤，记录总的放煤时间作为下个循环放煤的时间设定依据。根据放煤工艺规定的放煤顺序放煤，依次执行上述放煤过程，基于小时段放煤的后部刮板运输机煤量自适应控制原理如图 5.29 所示。

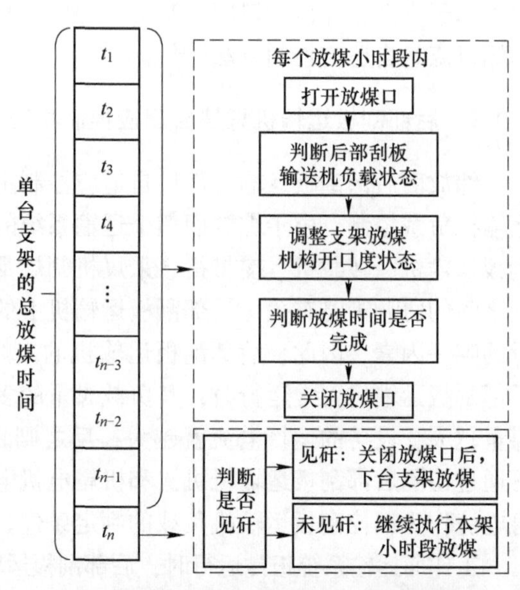

图 5.29 基于小时段放煤的后部刮板运输机煤量自适应控制原理

该方法是在煤矸识别、顶煤探测等技术尚未达到成熟应用的前提下，以现有支架控制系统为基础，以“支架自动放煤、人工跟机巡检”为理念，设计的一种后部刮板运输机煤量自适应控制方法。本方法将单个支架的放煤过程划分为 n 段，各放煤段相互独立又相互影响，避免了由于单架连续放煤时间过长导致后部刮板运输机负载激增，以致难以及时控制而造成刮板运输机过载的问题，同时改善了以往自动放煤过程见矸后，无法及时停止放煤而造成顶煤含矸率过高的情况。

5.3.2 后部刮板运输机煤量自适应控制方法流程

在后部刮板运输机煤量的自适应控制过程中，为便于实现放煤机构的自动化控制，将放煤机构的开口度划分为 4 个等级：G_0、G_1、G_2和 G_3。G_0对应的放煤机构开口度为零，即关闭放煤口；G_1对应的放煤机构开口度为 1/3，即放煤口打开宽度为刮板宽度的 1/3；G_2对应的放煤机构开口度为 2/3，即放煤口打开宽度为刮板宽度的 2/3；G_3对应的放煤机构开口度为 1，即放煤口打开宽度为刮板宽度。

后部刮板运输机负载是支架放煤控制的依据，为保证后部刮板运输机负载处于高效稳定的状态，将后部刮板运输机电流值设置 3 个标记点，分别为 I_{max}、I_{rat}、I_{min}，其中 I_{max}为后部刮板运输机严重过载标记点的电流值，其值为 I_{rat}的 1.2 倍，I_{rat}为后部刮板运输机额定运行标记点的电流值、I_{min}为后部刮板运输机轻载运行标记点的电流值。将后部刮板运输机实际运行电流有效值记为 I_{hgb_rms}。将后部刮板运输机在放煤小时段内电流有效值的平均值记为 I_{hgb_ave}。当 $I_{hgb_rms}>I_{max}$时，认为后部刮板运输机严重过载，必须立即停止放煤，执行 G_0放煤口；当 $I_{max}>I_{hgb_ave}>I_{rat}$时，认为该放煤小时段内后部刮板机上的煤量过大，需要减小放煤机构开口度，例如当前小时段内放煤机构开口度为 G_2时，下个小时段放煤时需要将放煤机构开口度减小为 G_1，以此类推，直至 $I_{hgb_ave}<I_{rat}$或放煤机构开口度为 G_0；当 $I_{rat}>I_{hgb_ave}>0.5I_{rat}$时，认为后部刮板运输机上的煤量适中，支架放煤机构开口度不变且下个放煤小时段仍以该开口度放煤；当 $0.5I_{rat}>I_{hgb_ave}>I_{min}$时，认为后部刮板运输机上的煤量过少，需要增大放煤机构开口度，例如当前放煤小时段内放煤机构开口度为 G_1时，下个放煤小时段需要将开口度增大为 G_2，直至 $I_{hgb_ave}>0.5I_{rat}$或放煤机构开口度为 G_3。

根据上述设定，基于小时段放煤的后部刮板运输机煤量自适应控制流程如图 5.30 所示。

基于小时段放煤的后部刮板运输机煤量自适应控制方法的执行步骤如下：

第一，在放煤前要对该放煤支架的放煤参数进行系统初始化设置，设置项包括：(1) 小时段放煤时间 t_e，其为尾梁上摆时间、尾梁下摆时间和纯放煤时间三者之和，需要根据现场支架型号、泵站压力、顶煤放出情况等作出综合判断；(2) 放煤机构开口度，为方便控制，一般将放煤支架初始放煤机构开口度设置为 G_2；(3) 放煤工艺，不同放煤工艺的放煤执行顺序不同，需要不同工艺执行顺序提前置入控制程序内，并可以选择在工作面任意区段执行该放煤工艺。

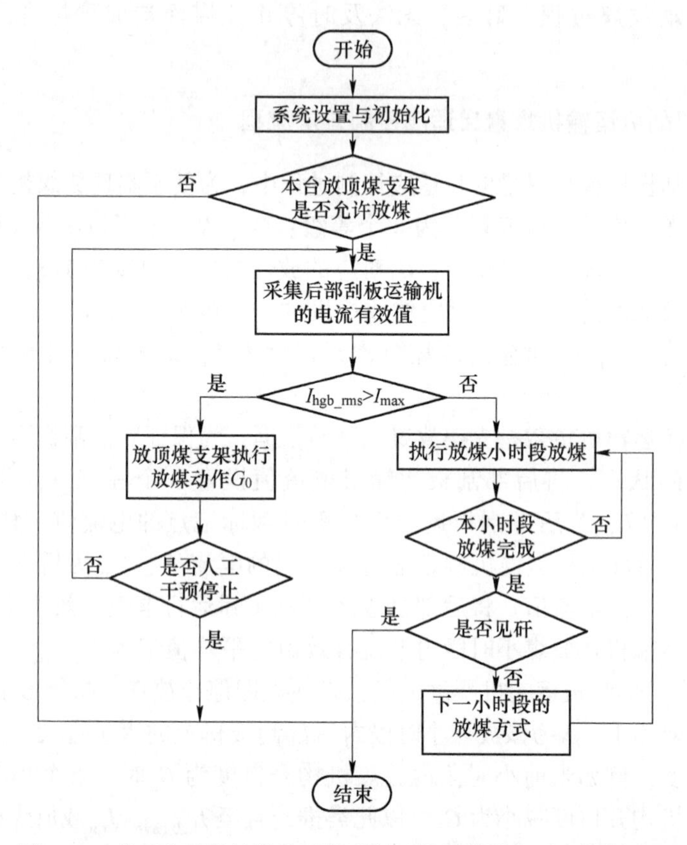

图 5.30　基于小时段放煤的后部刮板运输机煤量自适应控制流程

第二，支架放煤前，需要判断是否达到允许放煤的条件，当同时满足如下条件时才允许放煤：(1) 放煤工艺允许放顶煤支架放煤；(2) 与支架放煤的相关设备没有出现故障及报警；(3) 工作面运输系统，包括前、后刮板运输机，转载机，破碎机，皮带运输机，应正常启动且不存在过载现象。

第三，小时段放煤开始后，按照支架放煤机构开口度为 G_2 进行放煤，放煤过程中实时采集并判断后部刮板运输机的电流有效值 I_{hgb_rms}，并基于实测历史数据采用后部刮板运输机负载预测模型预测下个时刻的电流值 I_{hgb_pred}，当出现 $I_{hgb\_rms}>I_{max}$ 或 $I_{hgb\_pred}>I_{max}$ 时，立即执行放煤口开口度为 G_0 的操作，支架停止放煤，待判断得到电流有效值 $I_{hgb\_rms}<I_{max}$ 时，以支架放煤口开口度为 G_1 进行放煤，执行完该小时段剩余的放煤时间，并继续实时判断该小时段内的电流值，循环上述过程直至该小时段放煤结束。

该放煤小时段结束后，计算该小时段内的后部刮板运输机平均有效电流值 I_{hgb_ave}，当 $I_{max}>I_{hgb\_ave}>I_{rat}$ 时，如果前一个放煤小时段的支架放煤口开口度为 G_1，则下个放煤小时段仍以 G_1 开口度进行放煤，如果前一个放煤小时段的支架放煤口开口度为 G_2 或 G_3，则下个放煤小时段的支架放煤口开口度分别减小为 G_1 或 G_2；当 $I_{rat}>I_{hgb\_ave}>0.5I_{rat}$ 时，后部刮板运输机在该放煤小时段内负载状态较好，下个放煤小时段仍以相同的放煤口开口度进行放煤；当 $0.5I_{rat}>I_{hgb\_ave}>I_{min}$ 时，如果前一个放煤小时段的支架放煤口开口度为 G_1 或 G_2，则下个放煤小时段的支架放煤口开口度分别增大为 G_2 或 G_3，如果前一个放煤小时段的支架放煤口开口度为 G_3，则下个放煤小时段仍以 G_3 开口度进行放煤。按照上述放煤判断流程完成设定放煤段所有支架的放煤，则本次放煤结束，小时段放煤控制流程如图 5.31 所示。

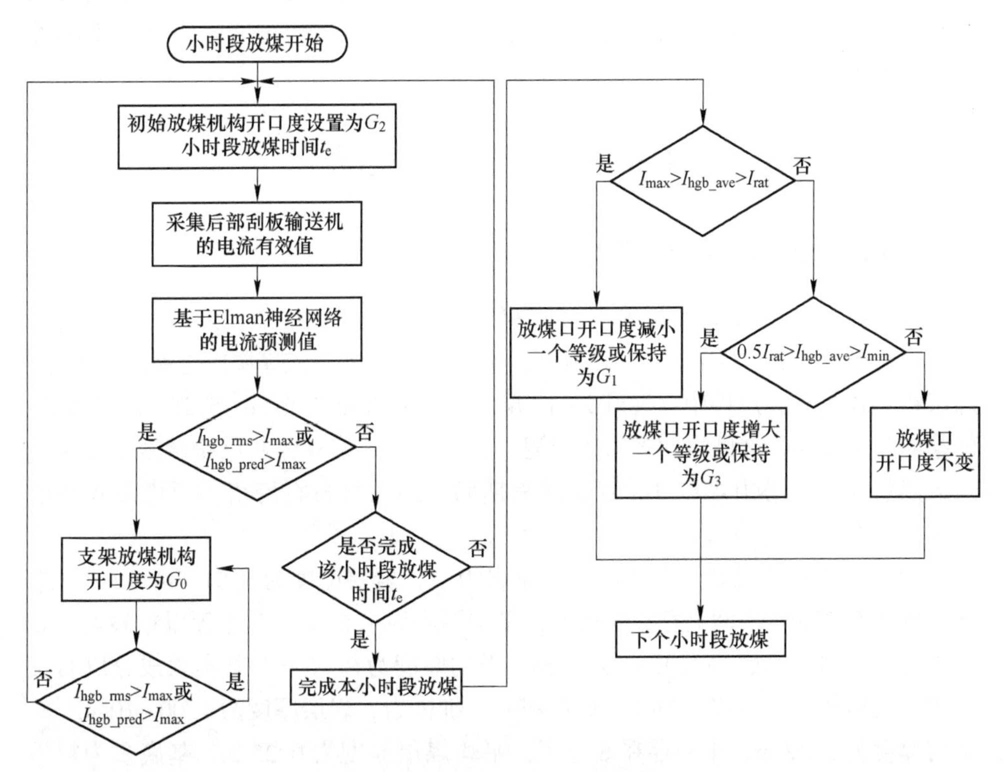

图 5.31 小时段放煤控制流程

6 智能化放煤应用效果分析

笔者融合群组放煤工艺模型、采放协调控制模型、支架放煤机构开口度计算模型和后部刮板输送机负载均衡控制模型，开发了特厚煤层综放面智能放煤决策软件。依托国家重点研发计划项目“特厚煤层采放协调智能放煤工艺模型及方法（2018YFC0604502）”，在晋能控股煤业集团有限公司塔山煤矿和同忻煤矿开展了“远程自动放煤、人工巡检干预”的特厚煤层初级智能化放煤试验及应用，将放煤决策系统与工作面通信系统、支架电液控系统、监控监测系统相结合，构建智能放煤控制平台，实现了采放作业自主运行、远程放煤控制、放煤与后部刮板运输机协调控制的综放面初级智能化功能，提高了顶煤放出效率和采放作业协调程度，稳定了后部刮板运输机负载，为智能化综放技术的发展提供实践经验。

6.1 试验工作面概况

6.1.1 8222 工作面煤层及地质条件

塔山煤矿 8222 工作面主采 3-5 号煤层，煤层厚度为 8. 17~29. 21 m，平均煤层厚度为 15. 76 m，煤层倾角为 1°~4°，平均倾角为 2°。该煤层内生裂隙较发育，煤层结构较复杂，煤层中含夹矸 2~17 层，夹矸总厚度为 0. 26~5. 20 m，平均夹矸厚度为 1. 33m，夹矸岩性多为碳质泥岩、泥岩，局部有深灰色粉砂岩、煌斑岩及天然焦互层。塔山煤矿 3-5 号煤回采期间，顶煤可自行垮落，顶煤破碎块度较大。

8222 工作面直接顶以砂质泥岩和泥岩为主，岩层厚度为 1. 51~14. 52 m，平均厚度为 8. 22m，中间夹存 2 号煤层，平均厚度为 1. 57 m。基本顶以粗砂岩、砂砾岩为主，岩层厚度为 1. 45~20. 31 m，平均厚度为 8. 16 m，基本顶成分以石英为主，性质较硬。直接底主要为砂质泥岩、细砂岩，岩层厚度为 1. 00~10. 42 m，平均厚度为 5. 32 m，中间存在 6 号煤，平均煤层厚度为 0. 25 m。基底多为粗砂岩和砂砾岩，岩层厚度为 0. 85~18. 00m，平均厚度为 8. 90 m。8222 工作面地质钻孔柱状图如图 6. 1 所示。

名称	柱状图	层厚/m		岩性描述
		范围	平均值	
基本顶	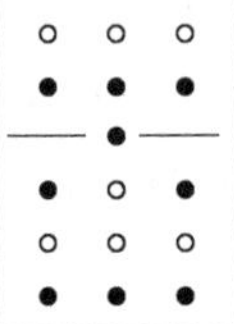	1.45~20.31	8.16	主要成分为石英，长石次之，次棱角状，分选较差，泥质孔隙式胶结，层面含有碳屑，较硬
直接顶	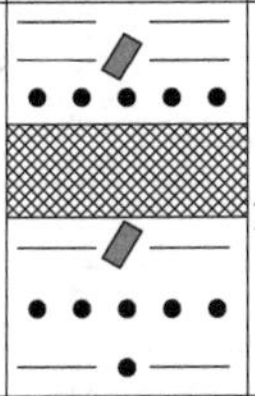	1.51~14.52	8.22	自下而上为灰黑色、深灰色，岩性为砂质泥岩、碳质泥岩、泥岩。下部局部夹有粉砂岩，含泥质条带，平行层理，含有植物化石碎屑。2号煤：黑色，弱玻璃光泽，以半亮煤为主，内生裂隙发育，镜煤为条带状，断口为平坦状。煤层厚度为0.26~4.72 m，平均1.57 m。受煌斑岩影响，局部变质硅化，2号煤层局部缺失
3-5号煤	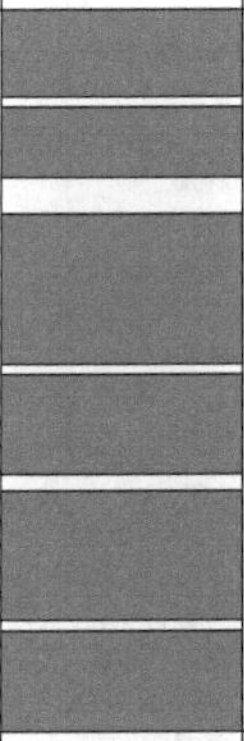	8.17~29.21	15.76	3-5号煤：黑色，半亮型煤，碎块状、块状、条带状结构，弱玻璃光泽、沥青光泽，水平层理，煤层中含夹矸2~17层，夹矸总厚度为0.26~5.20 m，平均厚度为1.33 m，单层厚度在0.05~0.82 m变化。夹矸岩性为灰褐色高岭岩、黑色碳质泥岩、灰色砂质泥岩、泥岩，局部有深灰色粉砂岩、煌斑岩及天然焦互层
直接底	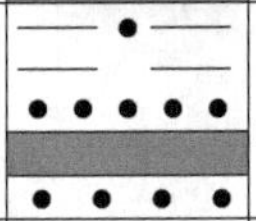	1.00~10.42	5.32	岩性自上而下为深灰色砂质泥岩、灰褐色碎屑高岭石泥岩、灰白色细砂岩、深灰色粉砂岩泥岩，呈薄层状，含植物化石。6号煤：黑色，半暗型煤，厚度为0.25 m，局部缺失
基底	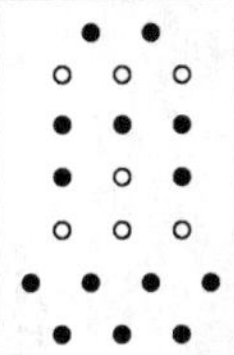	0.85~18.00	8.90	岩性为白色、灰白色中砂岩、粗砂岩、砂砾岩、含砾粗砂岩，由上而下逐渐变粗中粒砂岩、含砾粗砂岩，主要成分为长石、石英，云母次之，含大量暗色矿物，分选较差，次圆状，泥质和钙质胶结，厚层状

图6.1 8222工作面地质钻孔柱状图

6.1.2 8222工作面生产条件

8222工作面倾向长度为230.50 m。工作面平均走向长度为2644.50 m，走向可采长度为2471 m，采用单一走向长壁后退式综合机械低位放顶煤方法采煤，采用自然垮落法管理采空区顶板。工作面割煤高度为3.80 m，平均放煤高度为11.96 m，采放比为1∶3.14，采用一刀一放的放煤方式，放煤步距为1.00 m，原定放煤方法为单轮分组间隔放煤。

8222 工作面采用 SL-500 型采煤机、PF6/1142 型前部刮板运输机、PF6/1542 型后部刮板运输机、ZF17000/27.5/42D 型放顶煤支架和 ZFG14000/29/42D 型过渡液压支架。根据工作面设计生产能力、设备性能、几何关系及装备配套关系，8222 工作面主要设备配套参数见表 6.1，工作面开采装备布置图如图 6.2 所示。

表 6.1　8222 工作面主要设备配套参数

名称	型号	主要工作参数		数量/台
采煤机	SL-500	1715 kW	2700 t/h	1
放顶煤液压支架	ZF17000/27.5/42D	17000 kN		125
放顶煤过渡支架	ZFG14000/29/42D	14000 kN		8
端头支架	ZTZ30000/25/50D	30000 kN		1
前刮板运输机	PF6/1142	2×1050 kW	2500 t/h	1
后刮板运输机	PF6/1542	2×1600 kW	5000 t/h	1
转载机	PF6/1742	800/400 kW	5500 t/h	1
破碎机	SK1422	700 kW	6000 t/h	1
皮带运输机	DSJ160/600/3×800+2×800	5×800 kW	6000 t/h	1

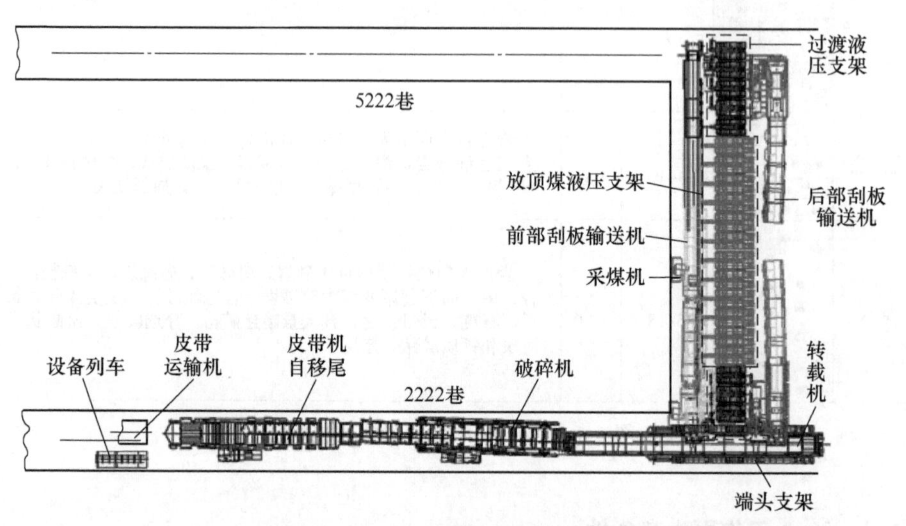

图 6.2　8222 工作面开采装备布置图

8222 工作面液压支架控制系统采用天玛 SAC 型电液控制系统，该系统主要由液压支架控制器、电液控换向阀组、电磁阀驱动器、各类支架传感器、信号转换器、电源箱、隔离耦合器及监控主机等构成。支架控制器是电液控制系统的核心部件，操作人员可以通过每台支架上的人机操作界面发出各种控制命令，通过控制电缆将命令发送到本架控制器上，然后通过控制器将控制命令转发到邻架(或远程支架) 控制器上，执行动作的支架控制器接收到控制器命令后，打开相应的电磁阀驱动电路，控制相应的电磁阀动作。SAC 型电液控制系统单架控制示意图如图 6.3 所示。

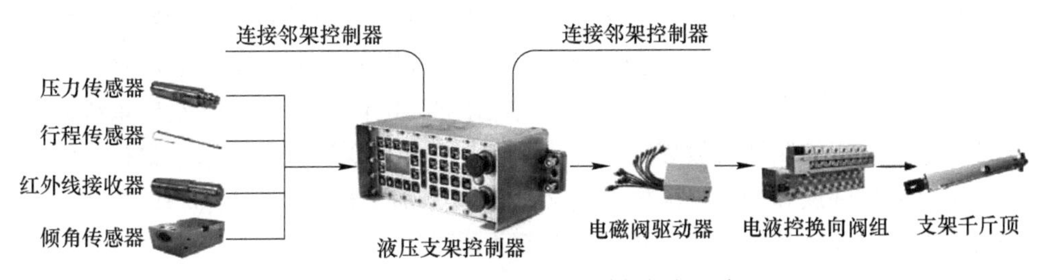

图 6.3 SAC 型电液控制系统单架控制示意图

6.2 特厚煤层综放面智能放煤决策软件开发及应用

6.2.1 特厚煤层综放面智能放煤决策软件及相关功能

笔者将群组放煤工艺模型、综放面采放协调控制模型、支架放煤机构开口度计算模型、后部刮板运输机负载均衡控制模型进行融合，并结合特厚煤层多源信息数据库，开发了特厚煤层综放面智能放煤决策软件。

智能放煤决策软件中与本书研究内容相关的功能模块主要有以下几种：

(1) 放煤工艺参数规划。关联多源信息数据库中的顶煤探测厚度、顶煤冒放性等级、采高、采煤机割煤速度、上轮放煤时间等数据，自动生成初始放煤规划参数，包括放煤方法、放煤时间、放煤轮数、同时打开放煤口个数等，为增加软件应用的灵活性，上述参数也可通过人工录入。

(2) 放煤机构开口度控制参数规划。动态关联多源信息数据库中的工作面倾角、支架底座倾角、前连杆倾角、尾梁行程等参数，通过支架放煤机构开口度计算模型计算当前支架姿态下的放煤机构开口度范围、不同开口度下尾梁的摆动范围、尾梁复位行程等，该功能模块同样可通过人工设定。

(3) 放煤过程控制。关联多源信息数据库中的采煤机位置、支架移架动作、支架放煤动作、运输系统电流等信息，通过综放面采放协调控制模型获取放煤位置及支架开始放煤架号等参数，作为跟机放煤的判断依据。

(4) 后部刮板运输机负载监测及预判。实时读取多源信息数据库中的转载机电流、后部刮板运输机机头及机尾电流等数据，基于后部刮板运输机负载预测模型，实时预测判断工作面后部刮板运输机、转载机工作状态，并划分为停机、正常运行、过载三种类型，作为放煤过程控制的判据之一。

6.2.2　智能放煤决策软件安装硬件及通信条件

智能放煤决策软件安装于试验工作面顺槽集控中心主机（Windows 操作系统），并与 SAC 型电液控主机采用 OPC 协议对接，电液控系统和智能放煤系统可以实时相互读取对方的点表。智能放煤决策软件可根据电液控系统的数据采集方式、频率，进行实时、同步采集工作面设备工作状态信息数据并储入原始数据库，同时其决策信息也可以通过 OPC 下发给支架电液控系统，电液控系统读取信息后通过支架控制器按放煤工艺参数执行。智能放煤决策软件采集数据类型及要求和决策软件反馈的数据流标签定义及说明分别见表 6.2 和表 6.3，智能放煤决策软件与电液控系统对接示意图如图 6.4 所示。

表 6.2　智能放煤决策软件采集数据类型及要求

序　　号	数 据 类 型	采集要求
1	前、后柱压力数据	随变随采 不变不采
2	角度传感器数据	
3	尾梁行程传感器数据	
4	推移行程传感器数据	
5	支架动作信号数据	
6	采煤机、后刮板机、转载机、皮带机电流数据	
7	煤机方向	
8	煤机位置	
9	编码器数据	
10	工作面停机与恢复信号	
11	支架闭锁与恢复信号	
12	采煤机、后刮板机、转载机、皮带机运行信号	
13	三机一键启、一键停信号	

表 6.3　智能放煤决策软件反馈的数据流标签定义及说明

反馈信息类型	单位	标 签 名	数据类型
放煤架号	架	OPC. 电液控 . 放顶煤尾梁参数下发 . 支架号	double
插板收回时间	s	OPC. 电液控 . 放顶煤尾梁参数下发 . 插板收回时间	double
尾梁下摆行程	mm	OPC. 电液控 . 放顶煤尾梁参数下发 . 尾梁下摆行程	double
尾梁上摆行程	mm	OPC. 电液控 . 放顶煤尾梁参数下发 . 尾梁上摆行程	double
尾梁复位行程	mm	OPC. 电液控 . 放顶煤尾梁参数下发 . 尾梁复位行程	double
插板伸出时间	s	OPC. 电液控 . 放顶煤尾梁参数下发 . 插板伸出时间	double

续表 6.3

反馈信息类型	单位	标 签 名	数据类型
支架放煤时间	s	OPC. 电液控．放顶煤尾梁参数下发．支架放煤时间	double
停止支架号	架	OPC. 电液控．放顶煤尾梁参数下发．停止支架号	double

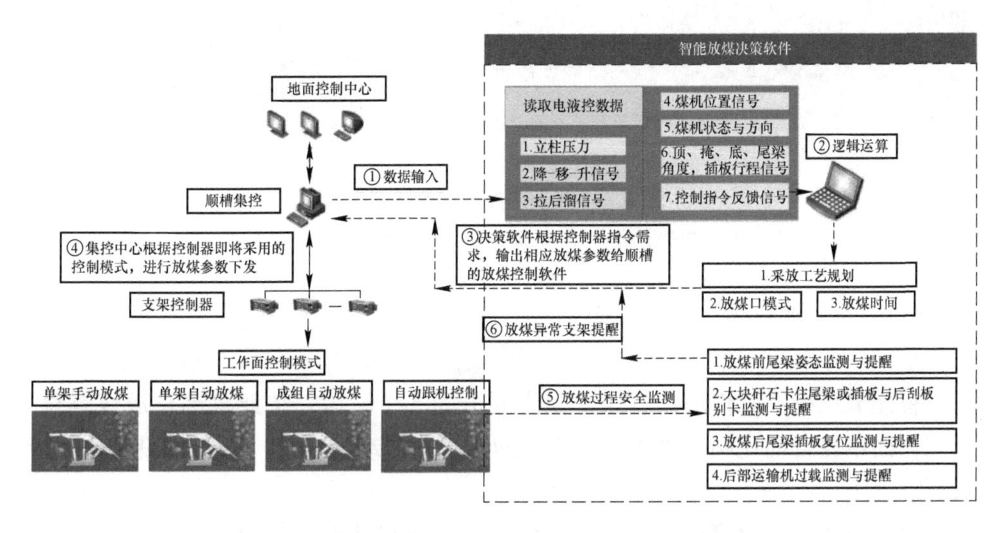

图 6.4 智能放煤决策软件与电液控系统对接示意图

6.2.3 智能放煤决策软件现场测试

6.2.3.1 现场测试条件

2019 年 7 月至 2020 年 7 月，分别在塔山煤矿 8222 工作面和同忻煤矿 8102 工作面进行了智能放煤决策软件的测试工作，测试内容分别为单架放煤测试、自动跟机顺序放煤、多轮顺序自动放煤、间隔群组放煤等多种放煤方法。智能放煤决策软件通过 OPC 每次向支架电液控系统只能发送一组指令，且两组命令支架必须间隔 20 s 以上才能顺利被电液控系统读取，因此现场暂不具备连续群组放煤的试验条件。下面以塔山煤矿 8222 工作面为对象，介绍智能放煤的主要测试内容及过程。

现场采用“远程自动放煤、人工巡检干预”的智能放煤方法，测试人员共分为 2 组：井上调度组和井下巡检组。井上调度组到井上调度中心进行远程放煤指令下发、放煤动作监控，并通过矿用手机与井下巡检组实时保持联系，井上调度组工作场景图如图 6.5 所示；井下巡检组在工作面测试段正在放煤支架附近观测放煤情况、记录放煤动作及出现的问题，并及时对支架进行手动控制。

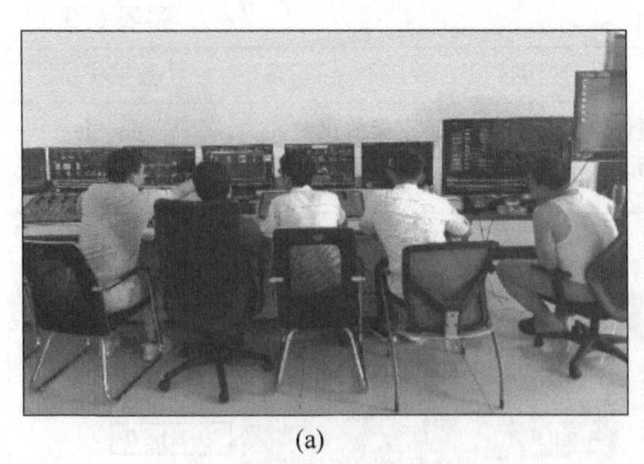

(a)

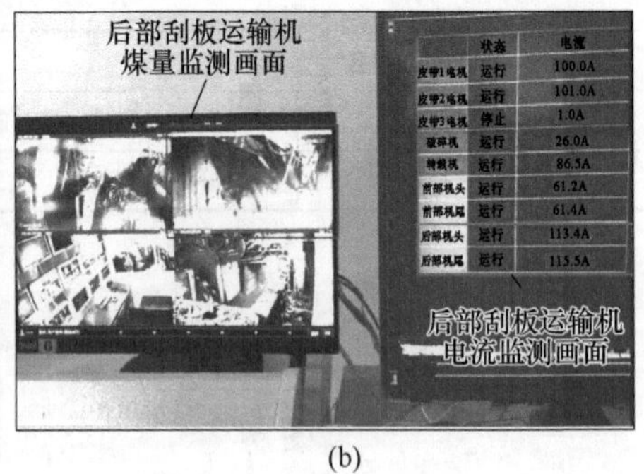

(b)

图 6.5　井上调度组工作场景图
（a）远程指令下发；（b）后部刮板运输机煤量及电机电流监测

6.2.3.2　现场测试过程及结果

A　测试目标

智能放煤决策软件现场放煤试验主要分为 3 个阶段：单架自动化放煤测试、全工作面单轮自动化顺序放煤、全工作间隔群组自动放煤等，每个阶段具体目标及要求如下：

第 1 阶段，主要测试工作面自动化放煤指令单架执行情况。测试内容包括：单支架指令接收与控制是否正常、放煤时间是否与下发参数一致、放煤口大小是否与下发参数一致、支架动作响应时间、停止指令支架能否正常执行等。

第 2 阶段，主要测试全工作面自动化跟机放煤情况。测试内容包括：（1）自动跟机或模拟自动跟机条件下，放煤软件开启后能否顺利判断采煤机位置及支架到位情况，并自动下发放煤参数；（2）后部刮板运输机电流超过预设阈值后，停止放煤指令能否顺利下发并停止放煤和复位；（3）支架接收停止放煤指令后，后续支架能否按照放煤工艺要求继续执行放煤动作。

第 3 阶段，主要测试全工作面间隔群组自动放煤情况。测试内容包括：（1）自动化放煤参数下发后成组支架能否正常执行；（2）后部刮板运输机电流超过预设阈值后，停止放煤指令能否顺利下发并停止放煤和复位；（3）多放煤口同时放煤时，后部刮板运输机的运载状态监测。

B　单架自动化放煤测试

采煤机推进后，在工作面正常放煤测试区段（30~60 号支架）随机选取 5 台支架进行单架放煤指令接收与执行测试。测试采用远程放煤控制的模式，测试人员在地面下发放煤动作指令包括收、伸插板时间，尾梁下摆行程，放煤时间，尾梁上摆行程，尾梁复位行程。根据现场支架姿态及顶煤条件设置单架自动放煤测试初始参数（见表 6.4），支架动作流程如图 6.6 所示。

表 6.4　单架自动放煤测试初始参数

参数名称	数　值
放煤时间	60 s
插板收回时间	8 s
插板伸出时间	10 s
尾梁下摆行程	220 mm
尾梁上摆行程	340 mm
尾梁复位行程	320 mm

放煤决策软件将放煤工艺参数通过 OPC 下发给支架控制器后，正常状态下支架放煤动作流程如图 6.6 所示，其中加粗字体为软件下发的控制参数。

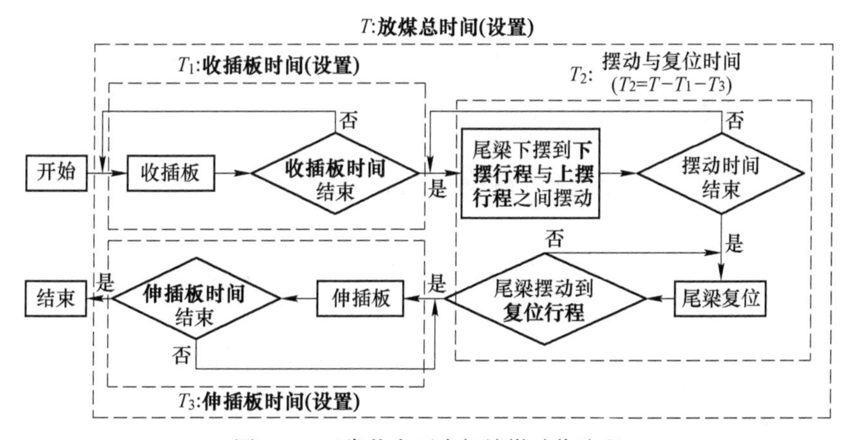

图 6.6　正常状态下支架放煤动作流程

单架自动放煤测试初期，出现放煤动作指令无法写入支架控制系统、执行动作与指令动作不匹配、停止放煤指令不执行、支架控制器接收到放煤指令延时过长等问题。经分析，上述问题可能是参数下发和支架电液控系统读取线程冲突、数据库数量较少、放煤控制逻辑混乱等原因造成。经过对支架电液控程序和放煤软件控制逻辑进行优化后，重新进行单架放煤测试。

系统优化后，单架自动放煤可以正常进行，可实现如下功能：

（1）智能放煤决策软件发送指令后，支架电液控系统能实时接收指令，但是电液控系统向支架控制发送指令至支架动作需要约 20 s 的反应时间，因此智能放煤决策软件发送指令的间隔时间需大于 20 s；

（2）支架接收到放煤指令后，支架尾梁、插板等均可以按照设定参数进行动作；

（3）支架发送停止放煤指令后，支架可以立即停止放煤动作；

(4) 放煤支架被人工停止或闭锁后，放煤决策软件可以正常对其他支架下发指令。

C　单轮顺序自动跟机放煤

单轮顺序自动跟机放煤流程如图 6.7 所示。

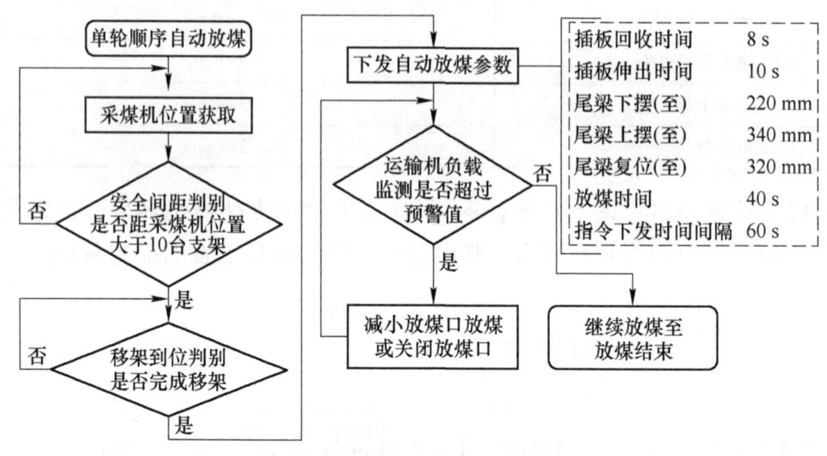

图 6.7　单轮顺序自动跟机放煤流程

采煤机由 5 号支架向 129 号支架（或由 129 号支架向 5 号支架）顺序自动割煤，割煤速度控制在 4 m/min，支架由 5 号支架向 129 号支架（或由 129 号支架向 5 号支架）单轮顺序放煤。如果支架顺利执行动作，则自动跟机顺序放煤测试结束；如支架未能顺利执行放煤命令，分析问题及处理后继续对本顺序支架进行测试，直至放煤动作顺利执行。

D　间隔群组自动放煤

采煤机由机头至机尾（或机尾至机头）按照 4 m/min 的割煤速度运行，支架移架作业滞后采煤机前滚筒 5 台支架开始移架。按照间隔群组放煤的放煤规则，放煤区段为 5~129 号支架，放煤支架与采煤机的安全距离为 10 台支架，相邻放煤支架的间隔为 9 台支架，放煤轮数为 2 轮，每轮放煤时间为 60 s。相邻两个指令下发的时间间隔需要大于 20 s，因此间隔群组放煤时的指令下发规则为多轮顺序放煤时同一轮之间相邻两架参数下发时间间隔为“放煤时间+30 s”，相邻轮之间参数下发时间间隔为 30 s。初始放煤阶段时，第 1 轮放煤从 5 号支架开始，当第 1 轮放煤放到 15 号支架时从 5 号支架开始第 2 轮放煤；中间放煤阶段时，2 台支架同时放煤即：（5，15）—（6，16）—…—（119，129）；末段放煤阶段时，第 2 轮由 120 号支架依次放到 129 号支架，完成全工作面放煤。间隔群组放煤指令下发规则及放煤流程如图 6.8 所示。

测试开始前仍按照前面的测试参数进行初始赋值，即插板回收时间为 8 s、

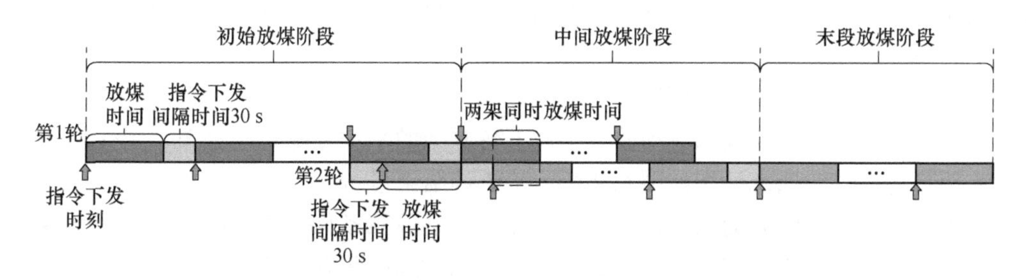

图 6.8 间隔群组放煤指令下发规则及放煤流程

插板伸出时间为 10 s、尾梁下摆（至）220 mm、尾梁上摆（至）340 mm、尾梁复位（至）320 mm、放煤时间为 60 s（由于仅测试功能，放煤时间设置较小）及支架编号。

初始放煤阶段，自动化放煤能够按照既定程序进行自动放煤，放煤状态良好。当进入中间放煤阶段后，多个放煤口放煤煤量过大，经常出现后部刮板运输机负载激增至过载的情况，导致支架停止放煤，因此经过对放煤参数进行多次优化计算和测试，最终确定较稳定的放煤支架初始放煤参数，即初始放煤阶段和末段放煤阶段的初始放煤参数保持不变，中间放煤阶段的初始放煤参数中的尾梁下摆行程改为 300 mm，其余参数保持不变。

经过优化后，全工作面可以实现间隔群组自动放煤，放煤过程中煤流较为稳定，极少出现后部刮板运输机过载的情况。

6.2.4 现场应用效果

受放煤决策软件与支架电液控系统采用 OPC 通信协议连接的影响，放煤决策软件通过 OPC 协议每次只能向支架电液控系统发送一组指令，且两组命令支架必须间隔 20 s 以上才能顺利被电液控系统读取，因此现场暂不具备连续群组放煤方法的应用条件。同时，由于煤矸识别技术尚无法全工作面应用，因此 8222 综放面采用“间隔群组放煤+人工补放”的自动放煤工艺，即采用“2 轮自动放煤+1 轮人工补放”的放煤模式，即工作面前两轮放煤采用间隔群组自动放煤模式，由 1 名放煤工跟随自动放煤支架进行巡检，另外安排 1 名放煤工对完成 2 轮自动放煤且尚未见矸的支架进行补放。

间隔群组自动放煤试运行时，除了放煤时间参数需要重新标定，其余初始放煤参数均按照优化后的结果进行赋值。首先采集前 2 个放煤循环人工放煤经验数据，平均每台支架的放煤时间约为 152 s，因此前两轮每轮放煤时间初始设定值为 65 s，最后由人工进行补放，放煤口间隔架数设置为 5。按照该初级智能放煤模式连续进行 1 个月的应用，应用期间自动放煤效果良好，基本实现了跟机自动放煤功能。本节从放煤时间分布、平均放煤次数、采放协调率及后部刮板运输机电流等方面，对比自动放煤效果与人工放煤效果。

6.2.4.1　放煤时间分布

分别统计人工放煤和自动放煤条件下各支架的平均放煤时间分布，工作面各支架平均放煤时间统计图如图 6.9 所示。统计结果显示，人工放煤条件下工作面各支架平均放煤时间的均方差为 1.97 min，自动放煤条件下工作面各支架平均放煤时间的均方差为 0.13 min。相比之下，自动放煤时每台支架的放煤时间更加均匀，避免了人工放煤的随意性及顶煤放出量不均衡的问题，为煤岩分界面均匀下沉提供了技术保证。

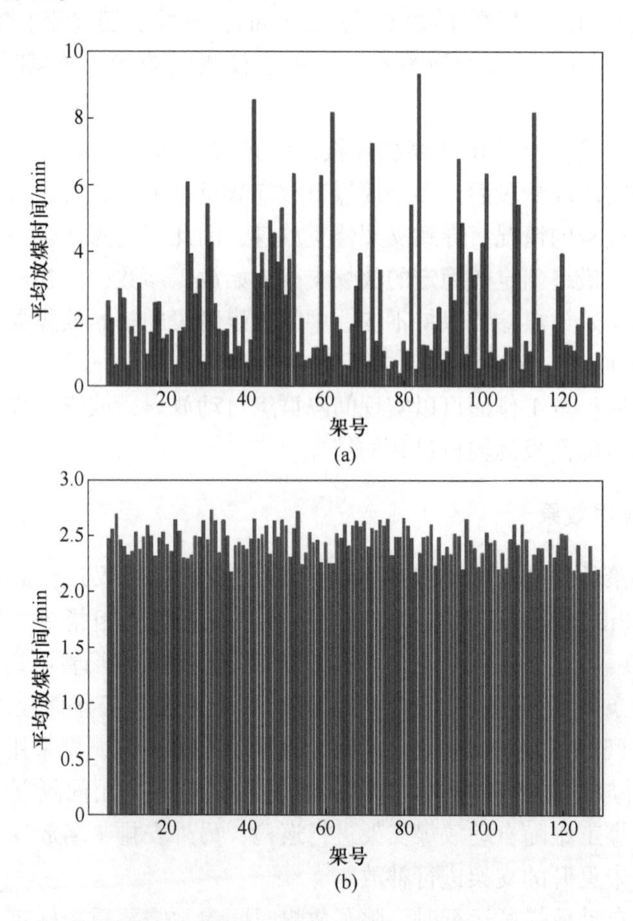

图 6.9　工作面各支架平均放煤时间统计图
(a) 人工放煤；(b) 自动放煤

6.2.4.2　放煤次数

分别统计了 8222 工作面 10 个人工放煤循环和 10 个自动放煤循环中各支架

的放煤次数，如图 6.10 所示。人工放煤条件下，工作面常出现漏放、少放的现象，平均放煤次数均为 6.44 次，尤其是工作面两端头部的漏放现象更加严重，造成大量顶煤损失。自动放煤条件下，虽然工作面两端头部仍有漏放现象，但工作面整体放煤机会更加均衡，除个别支架由人工干预放煤外，其余均为自动放煤，工作面平均放煤次数为 8.38 次，同时节约了人工在架间走动、操纵控制器的辅助放煤时间。据现场统计，自动放煤条件下平均每个循环可以节省辅助放煤时间约 30 min，顶煤放出率和顶煤放出效率均有较大提升。

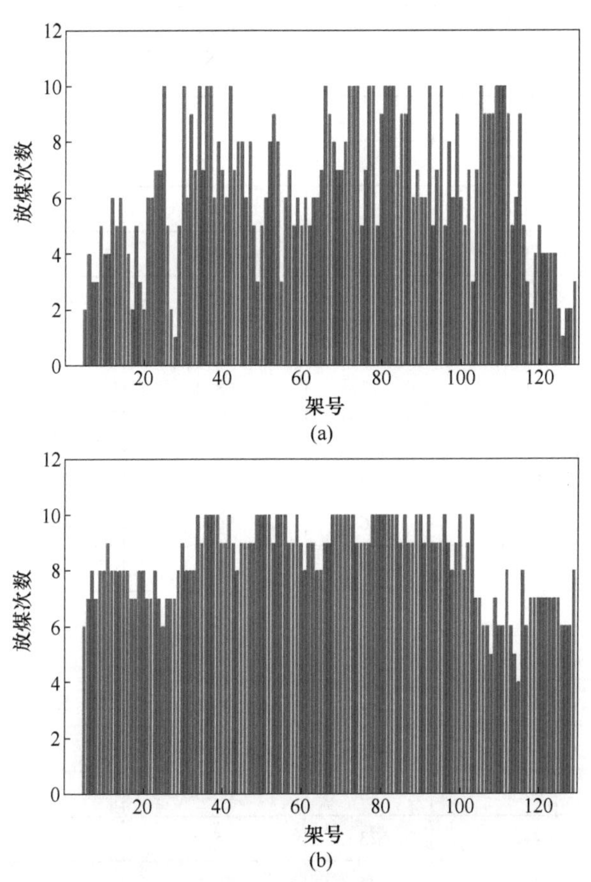

图 6.10 工作面支架放煤次数分布图

(a) 人工放煤；(b) 自动放煤

6.2.4.3 采放协调率

将每个放煤循环内采放平行作业时间与完成采放循环作业总时间的比值作为采放协调作业的指标，即采放协调率。分别统计了 30 个人工放煤循环和 50 个自动放煤循环的采放协调率（见表 6.5）。

表 6.5 采放协调率统计数据

人工放煤		自动放煤			
序号	采放协调率/%	序号	采放协调率/%	序号	采放协调率/%
1	45.0	1	71.0	31	62.9
2	45.6	2	67.2	32	70.0
3	41.9	3	51.7	33	50.0
4	48.5	4	69.1	34	71.9
5	43.2	5	68.4	35	71.5
6	45.1	6	70.0	36	69.5
7	45.0	7	73.0	37	67.4
8	45.7	8	72.6	38	70.0
9	43.7	9	69.7	39	70.6
10	43.3	10	70.6	40	69.3
11	46.7	11	66.9	41	69.0
12	32.6	12	73.5	42	69.9
13	46.6	13	68.2	43	71.7
14	41.9	14	70.1	44	69.3
15	40.9	15	70.0	45	65.0
16	45.8	16	70.7	46	67.8
17	26.7	17	68.7	47	71.0
18	44.1	18	68.3	48	67.2
19	43.4	19	71.7	49	71.0
20	42.4	20	57.6	50	73.7
21	48.0	21	71.6		
22	47.6	22	66.9		
23	44.7	23	65.9		
24	47.3	24	70.8		
25	44.1	25	72.3		
26	46.0	26	69.1		
27	33.0	27	67.4		
28	46.2	28	71.0		
29	37.9	29	58.0		
30	45.0	30	71.2		

由于作业期间人工放煤随意性较大，采放工序配合度低，采煤机割完煤时，仍有大量支架没有放煤，在保证顶煤回收率的条件下，需要采煤机降低割煤速度或者停机等待处理。采放工艺协调性差，人工放煤条件下平均采放协调率为 43.26%。自动放煤条件下，单架放煤效率高，且放煤连续性较好，放煤工序与采煤工序配合度高，可以较好实现采煤和放煤平行作业，一个采放循环内的最大采放协调率达到 73.7%，平均采放协调率达到 68.44%，较人工放煤时的采放协调率提高了 25.18%。

6.2.4.4 顶煤放出量

分别统计了 20 个人工放煤和自动放煤作业班每班的顶煤放出量，如图 6.11 所示。

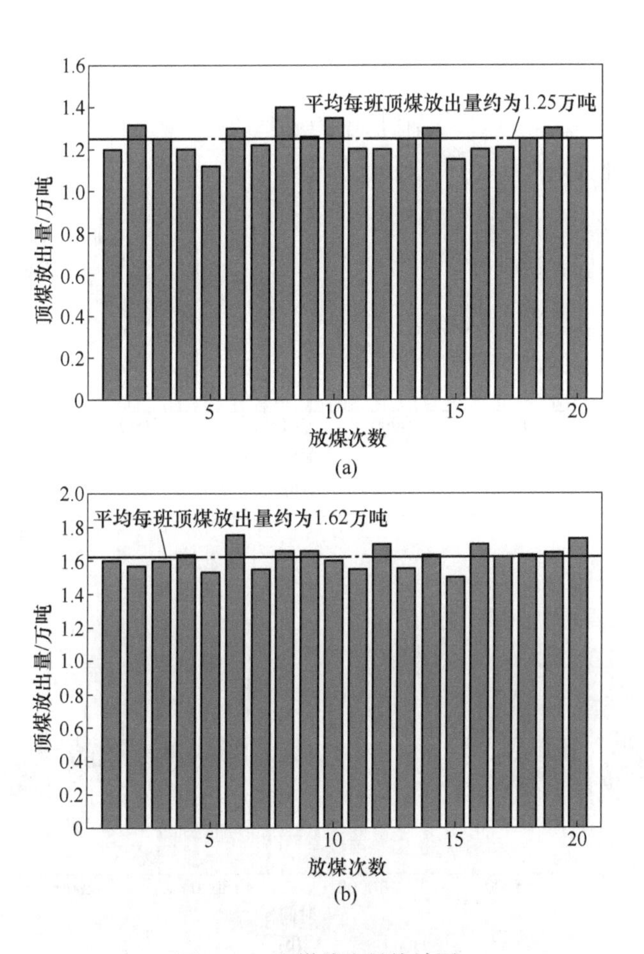

图 6.11 顶煤放出量统计图

(a) 人工放煤；(b) 自动放煤

从统计结果可以看出，人工放煤条件下，平均每班顶煤放出量约为1.25万吨，按照每班有效放煤时间6 h计算，平均小时放煤量约为2084 t/h；自动放煤条件下，每班在有效作业时间内的平均放煤量超过1.6万吨，单位时间自动放煤效率为2500~3000 t/h，整体放煤效率提高20.0%~43.9%。顶煤放出率由人工放煤时的82%提升至自动放煤时的89%，且平均每班可减少放煤工人1~2名。

6.2.4.5　后部刮板运输机负载

分别统计人工放煤和自动放煤条件下某一生产班内后部刮板运输机机头电流和机尾电流的统计曲线，后部刮板运输机电机电流曲线如图6.12所示。人工放煤过程中，后部刮板运输机多次出现压溜现象，并导致放煤作业停止，严重影响

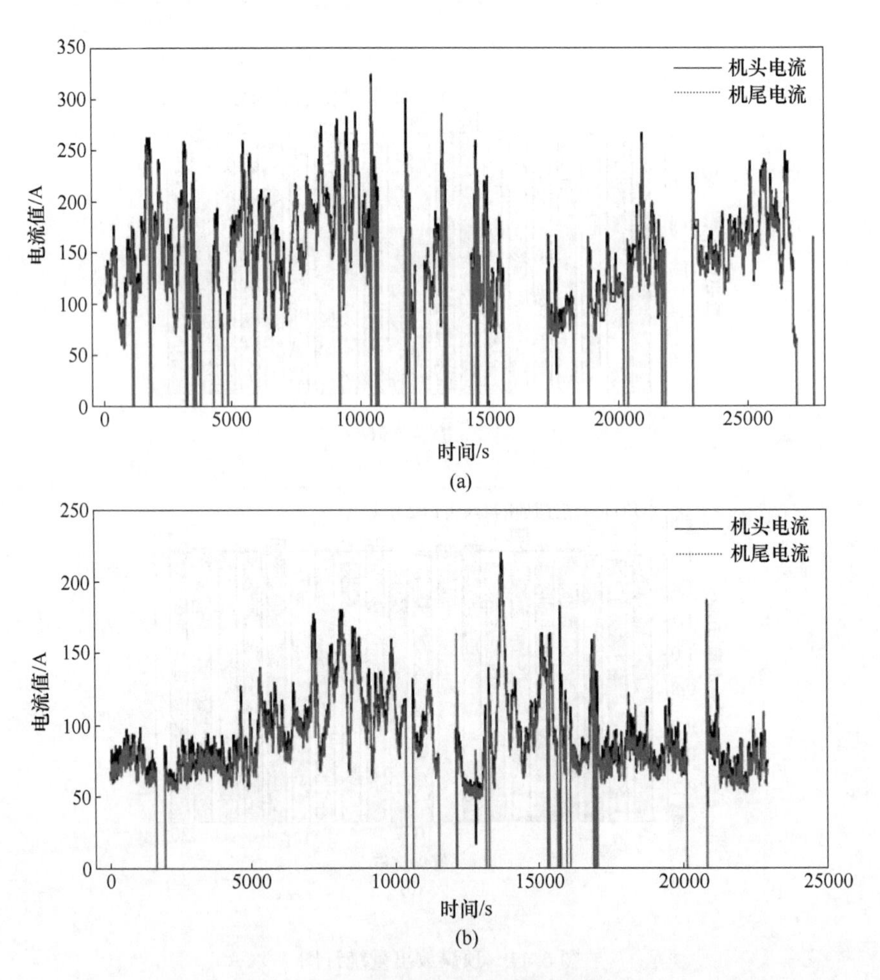

图6.12　后部刮板运输机电机电流曲线

(a) 人工放煤；(b) 自动放煤

采放作业协调和放煤效率，现场以电机电流值超过 180 A 作为过载值，人工放煤条件下运输机过载率达到 21.83%；自动放煤过程中，煤流更加平稳，后部刮板运输机负载更加均衡，运输机过载率仅为 0.73%，因压溜导致放煤停止的现象大大减少，放煤连续性和放煤效率大大提高。

参 考 文 献

[1] 谢和平，任世华，谢亚辰，等．碳中和目标下煤炭行业发展机遇［J］．煤炭学报，2021，46（7）：2197-2211.

[2] 中华人民共和国国家统计局．中国统计年鉴［M］．北京：中国统计出版社，2021.

[3] 王国法，任世华，庞义辉，等．煤炭工业“十三五”发展成效与“双碳”目标实施路径［J］．煤炭科学技术，2021，49（9）：1-8.

[4] 王国法，徐亚军，张金虎，等．煤矿智能化开采新进展［J］．煤炭科学技术，2021，49（1）：1-10.

[5] 贺佑国，刘文革，李艳强．世界煤炭工业发展综论［J］．中国煤炭，2021，47（1）：126-135.

[6] 王国法，刘峰，孟祥军，等．煤矿智能化（初级阶段）研究与实践［J］．煤炭科学技术，2019，47（8）：1-36.

[7] 张建国，朱同功，杨党委．深部煤层智能化大采长综采工作面关键技术研究［J］．煤炭科学技术，2020，48（7）：62-72.

[8] 孟祥军，李明忠，孙计爽，等．千万吨级矿井智能化综采成套装备及关键技术［J］．煤炭科学技术，2020，48（7）：47-54.

[9] 袁永，屠世浩，陈忠顺，等．薄煤层智能开采技术研究现状与进展［J］．煤炭科学技术，2020，48（5）：1-17.

[10] 于斌，徐刚，黄志增，等．特厚煤层智能化综放开采理论与关键技术架构［J］．煤炭学报，2019，44（1）：42-53.

[11] 宋选民，朱德福，王仲伦，等．我国煤矿综放开采 40 年：理论与技术装备研究进展［J］．煤炭科学技术，2021，49（3）：1-29.

[12] 马英．基于记忆放煤时序控制的智能放煤模式研究［J］．煤矿机电，2015（2）：1-5.

[13] 李伟．综放开采智能化控制系统研发与应用［J］．煤炭科学技术，2021，49（10）：128-135.

[14] 牛剑峰．综采放顶煤工作面自动放煤控制系统研究［J］．工矿自动化，2018，44（6）：27-30.

[15] PENG S S，DU F，CHENG J Y，et al. Automation in U. S. longwall coal mining：A state-of-the-art review［J］. International Journal of Mining Science and Technology，2019，29（2）：151-159.

[16] 杜锋，彭赐灯．美国长壁工作面自动化开采技术发展现状及思考［J］．中国矿业大学学报，2018，47（5）：949-956.

[17] 黄岚．德国煤炭工业发展趋势［J］．中国煤炭，2021，47（4）：94-101.

[18] 李首滨，李森，张守祥，等．综采工作面智能感知与智能控制关键技术与应用［J］．煤炭科学技术，2021，49（4）：28-39.

[19] WANG J H，HUANG Z Z. The recent technological development of intelligent mining in China［J］. Engineering，2017，3（4）：439-444.

[20] 高有进，杨艺，常亚军，等．综采工作面智能化关键技术现状与展望［J］．煤炭科学技术，2021，49（8）：1-22.

[21] 谢和平，王金华，申宝宏，等．煤炭开采新理念-科学开采与科学产能［J］．煤炭学报，2012，37（7）：1069-1079.

[22] 王国法，王虹，任怀伟，等．智慧煤矿 2025 情景目标和发展路径［J］．煤炭学报，2018，43（2）：295-305.

[23] 王国法，庞义辉，任怀伟．煤矿智能化开采模式与技术路径［J］．采矿与岩层控制工程学报，2020，2（1）：5-19.

[24] 宋振骐，夏洪春，卢国志．“中国制造 2025”背景下中厚煤层智能开采技术发展方向［J］．同煤科技，2016（1）：1-5，8-9.

[25] 康红普，王国法，姜鹏飞，等．煤矿千米深井围岩控制及智能开采技术构想［J］．煤炭学报，2018，43（7）：1789-1800.

[26] 葛世荣．智能化采煤装备的关键技术［J］．煤炭科学技术，2014，42（9）：7-11.

[27] 袁亮，张平松．煤炭精准开采地质保障技术的发展现状及展望［J］．煤炭学报，2019，44（8）：2277-2284.

[28] 李首滨．智能化开采研究进展与发展趋势［J］．煤炭科学技术，2019，47（10）：102-110.

[29] 李化敏，王伸，李东印，等．煤矿采场智能岩层控制原理及方法［J］．煤炭学报，2019，44（1）：127-140.

[30] 郭金刚，李化敏，王祖洸，等．综采工作面智能化开采路径及关键技术［J］．煤炭科学技术，2021，49（1）：128-138.

[31] 王国法，庞义辉，刘峰，等．智能化煤矿分类、分级评价指标体系［J］．煤炭科学技术，2020，48（3）：1-13.

[32] 王国法，徐亚军，孟祥军，等．智能化采煤工作面分类、分级评价指标体系［J］．煤炭学报，2020，45（9）：3033-3044.

[33] 廉自生，袁祥，高飞，等．液压支架网络化智能感控方法［J］．煤炭学报，2020，45（6）：2078-2089.

[34] 王世佳，王世博，张博渊，等．采煤机惯性导航定位动态零速修正技术［J］．煤炭学报，2018，43（2）：578-583.

[35] 方新秋，宁耀圣，李爽，等．基于光纤光栅的刮板运输机直线度感知关键技术研究［J］．煤炭科学技术，2019，47（1）：152-158.

[36] 王学文，谢嘉成，郝尚清，等．智能化综采工作面实时虚拟监测方法与关键技术［J］．煤炭学报，2020，45（6）：1984-1996.

[37] 毛明仓，张孝斌，张玉良．基于透明地质大数据智能精准开采技术研究［J］．煤炭科学技术，2021，49（1）：286-293.

[38] 王新苗，韩保山，宋焘，等．智能开采工作面三维地质模型构建及误差分析［J］．煤田地质与勘探，2021，49（2）：93-101，109.

[39] 范京道，李川，闫振国．融合 5G 技术生态的智能煤矿总体架构及核心场景［J］．煤炭

学报，2020，45（6）：1949-1958.

[40] 王国法，赵国瑞，胡亚辉．5G技术在煤矿智能化中的应用展望［J］．煤炭学报，2020，45（1）：16-23.

[41] 汪佳彪，王忠宾，张霖，等．基于以太网和CAN总线的液压支架电液控制系统研究［J］．煤炭学报，2016，41（6）：1575-1581.

[42] 葛世荣，王忠宾，王世博．互联网+采煤机智能化关键技术研究［J］．煤炭科学技术，2016，44（7）：1-9.

[43] 杨宝刚．变频一体机在8.8 m超大采高运输系统中的研究与应用［J］．煤炭科学技术，2019，47（S2）：74-78.

[44] 付翔，王然风，赵阳升．液压支架群组跟机推进行为的智能决策模型［J］．煤炭学报，2020，45（6）：2065-2077.

[45] 任怀伟，王国法，赵国瑞，等．智慧煤矿信息逻辑模型及开采系统决策控制方法［J］．煤炭学报，2019，44（9）：2923-2935.

[46] 方新秋，梁敏富，李爽，等．智能工作面多参量精准感知与安全决策关键技术［J］．煤炭学报，2020，45（1）：493-508.

[47] 杨健健，张强，吴淼，等．巷道智能化掘进的自主感知及调控技术研究进展［J］．煤炭学报，2020，45（6）：2045-2055.

[48] 王国法，张德生．煤炭智能化综采技术创新实践与发展展望［J］．中国矿业大学学报，2018，47（3）：459-467.

[49] 来存良．兖矿综放技术在澳大利亚的创新使用与推广-综放技术进入澳大利亚澳思达煤矿应用实例［C］//综采放顶煤技术理论与实践的创新发展-综放开采30周年科技本书集，2012：63-74.

[50] 王家臣．我国放顶煤开采的工程实践与理论进展［J］．煤炭学报，2018，43（1）：43-51.

[51] 王国法，刘俊峰．大同千万吨矿井群特厚煤层高效综放开采技术创新与实践［J］．同煤科技，2018（1）：2，6-13.

[52] 鲍永生．特厚煤层综放工作面智能控制关键技术研究［J］．煤炭科学技术，2020，48（7）：55-61.

[53] 吴亚军，王亚军，杨树新．特厚煤层综放工作面自动化放煤研究及应用［J］．山东煤炭科技，2021，39（5）：199-201，204.

[54] 秦文光．王家岭矿综放工作面智能化协同控制方案设计与实现［J］．煤炭科学技术，2021，49（S1）：53-58.

[55] 马英．综放工作面自动化放顶煤系统研究［J］．煤炭科学技术，2013，41（11）：22-24，94.

[56] 刘清，孟峰，牛剑峰．放煤工作面支架姿态记忆控制方法研究［J］．煤矿机械，2015，36（5）：89-92.

[57] 牛剑峰．综采放顶煤工作面自动放煤控制系统研究［J］．工矿自动化，2018，44（6）：27-30.

[58] 马英．基于尾梁振动信号采集的煤矸识别智能放煤方法研究 [J]. 煤矿开采，2016，21 (4)：25，40-42.
[59] 崔志芳，牛剑峰．自动化放煤控制系统研究 [J]. 工矿自动化，2018，44 (12)：39-42.
[60] 宋庆军，肖兴明，姜海燕，等．多传感器信息融合的放煤过程参数化研究 [J]. 自动化仪表，2015，36 (5)：23-26.
[61] 宋庆军，肖兴明，张天顺，等．基于声波的放顶煤过程自动控制系统 [J]. 计算机工程与设计，2015，36 (11)：3123-3127.
[62] 王国法，庞义辉，马英．特厚煤层大采高综放自动化开采技术与装备 [J]. 煤炭工程，2018，50 (1)：1-6.
[63] 吴桐，尉瑞，刘清，等．综放工作面智能放煤工艺研究及应用 [J]. 工矿自动化，2021，47 (3)：105-111.
[64] 李伟．综放开采智能化控制系统研发与应用 [J]. 煤炭科学技术，2021，49 (10)：128-135.
[65] 范志忠，王耀辉，黄志增．支架压力和位态模糊识别的综放放煤模式 [J]. 辽宁工程技术大学学报（自然科学版），2016，35 (11)：1205-1211.
[66] YANG Y, LI X W, LI H M, et al. Deep Q-network for optimal decision for top-coal caving [J]. Energies, 2020, 13 (7): 1-14.
[67] 张守祥，张学亮，刘帅，等．智能化放顶煤开采的精确放煤控制技术 [J]. 煤炭学报，2020，45 (6)：2008-2020.
[68] 潘卫东，李新源，员明涛，等．基于顶煤运移跟踪仪的自动化放煤技术原理及应用 [J]. 煤炭学报，2020，45 (S1)：23-30.
[69] 许永祥，李申龙，王国法，等．特厚坚硬煤层超大采高综放首采工作面智能化技术 [J]. 煤炭科学技术，2020，48 (7)：186-194.
[70] 李化敏，郭金刚，张旭和，等．智能放顶煤控制系统及方法 [P]. CN107091107A，2017-08-25.
[71] 郑行周．综放工作面采放系统设备能力的合理配套 [J]. 煤炭学报，1998 (5)：56-60.
[72] 罗善明，连永平．论综放工作面设备的选型配套 [J]. 矿山机械，2001 (8)：4，12-13.
[73] 罗善明，师文林．综放工作面前、后运输机能力匹配研究 [J]. 煤炭学报，2000 (6)：632-635.
[74] 白占芳，翟新献，李光，等．综放面采放系统设备生产能力配套技术研究 [J]. 采矿与安全工程学报，2006，23 (3)：350-353.
[75] 罗善明，缪协兴，张东升．超长综放工作面设备与工序的组合优化分析 [J]. 煤炭科学技术，2000 (7)：35-37.
[76] 王越，李建伟，杨玉亮．西川煤矿厚煤层综放开采采煤工艺协调性研究 [J]. 煤炭工程，2014，46 (11)：50-53.
[77] 郑忠友，朱磊，程海星，等．综放工作面采放协调关系及智能装备研究 [J]. 煤矿机械，2021，42 (1)：54-56.
[78] 吴健．我国放顶煤开采的理论研究与实践 [J]. 煤炭学报，1991 (3)：1-11.

[79] 李荣福. 椭球体放矿理论的几个主要问题-类椭球体放矿理论建立的必要性 [J]. 中国钼业, 1994 (5): 39-43.

[80] 于斌, 朱帝杰, 陈忠辉. 基于随机介质理论的综放开采顶煤放出规律 [J]. 煤炭学报, 2017, 42 (6): 1366-1371.

[81] 陶干强, 杨仕教, 任凤玉. 随机介质放矿理论散体流动参数试验 [J]. 岩石力学与工程学报, 2009, 28 (S2): 3464-3470.

[82] 王家臣, 富强. 低位综放开采顶煤放出的散体介质流理论与应用 [J]. 煤炭学报, 2002 (4): 337-341.

[83] 王家臣, 张锦旺. 综放开采顶煤放出规律的 BBR 研究 [J]. 煤炭学报, 2015, 40 (3): 487-493.

[84] 黄炳香, 刘长友, 吴锋锋, 等. 极松散细砂岩顶板下放煤工艺散体试验研究 [J]. 中国矿业大学学报, 2006 (3): 351-355.

[85] WANG J C, WEI W J, ZHANG J W, et al. Numerical investigation on the caving mechanism with different standard deviations of top coal block size in LTCC [J]. International Journal of Mining Science and Technology, 2020, 30 (5): 583-591.

[86] 张锦旺, 王家臣, 魏炜杰, 等. 块度级配对散体顶煤流动特性影响的试验研究 [J]. 煤炭学报, 2019, 44 (4): 985-994.

[87] 白庆升, 屠世浩, 王沉. 顶煤成拱机理的数值模拟研究 [J]. 采矿与安全工程学报, 2014, 31 (2): 208-213.

[88] WANG J C, WEI W J, ZHANG J W. Theoretical description of drawing body shape in an inclined seam with longwall top coal caving mining [J]. International Journal of Coal Science and Technology, 2020, 7 (4): 182-195.

[89] YANG S L, ZHANG J W, CHEN Y, et al. Effect of upward angle on the drawing mechanism in longwall top-coal caving mining [J]. International Journal of Rock Mechanics and Mining Sciences, 2016, 85: 92-101.

[90] LIU C, LI H M. Numerical simulation of realistic top coal caving intervals under different top coal thicknesses in longwall top coal caving working face [J]. Scientific Reports, 2021, 11 (1): 13254.

[91] ZHANG N B, LIU C Y, YANG P J. Flow of top coal and roof rock and loss of top coal in fully mechanized top coal caving mining of extra thick coal seams [J]. Arabian Journal of Geosciences, 2016, 9 (6): 1-9.

[92] 富强, 闫少宏, 吴健. 综放开采松软顶煤落放规律的理论研究 [J]. 岩石力学与工程学报, 2002 (4): 568-572.

[93] 陶干强, 任凤玉, 刘振东, 等. 随机介质放矿理论的改进研究 [J]. 采矿与安全工程学报, 2010, 27 (2): 239-243.

[94] 刘闯, 李化敏, 周英, 等. 综放工作面多放煤口协同放煤方法 [J]. 煤炭学报, 2019, 44 (9): 2632-2640.

[95] YANG S L, WEI W J, ZHANG J W. Top coal movement law of dynamic group caving method

in LTCC with an inclined seam [J]. Mining Metallurgy and Exploration, 2020, 37 (5): 1545-1555.

[96] LIU Y, LI L H, WEI W J, et al. Optimization of caving technology in an extra thick seam with longwall top coal caving mining [J]. Advances in Materials Science and Engineering, 2021, 48 (2): 1-4.

[97] 杜龙飞，解兴智，赵铁林．多放煤口综放开采起始放煤顶煤时空场耦合分析 [J]. 煤炭科学技术，2019，47 (11)：56-62.

[98] 张謇．麻家梁4号煤层综放开采放煤方法优化研究 [J]. 煤，2021，30 (5)：33-34.

[99] 王家臣．厚煤层开采理论与技术 [M]. 北京：冶金工业出版社，2009.

[100] 王家臣，陈祎，张锦旺. 基于BBR的特厚煤层综放开采放煤方式优化研究 [J]. 煤炭工程，2016，48 (2)：1-4.

[101] 陶干强，杨仕教，刘振东，等．基于Bergmark-Roos方程的松散矿岩放矿理论研究 [J]. 煤炭学报，2010，35 (5)：750-754.

[102] 刘闯．综放工作面多放煤口协同放煤方法及煤岩识别机理研究 [D]. 焦作：河南理工大学，2018.

[103] 王伸，黄贞宇，李东印，等．特厚煤层分组间隔放煤顶煤运移规律研究 [J]. 煤炭科学技术，2021，49 (9)：17-24.

[104] 张伟宇．特厚煤层综放工作面单轮分组间隔放煤方式优化研究 [D]. 焦作：河南理工大学，2021.

[105] 王家臣，张锦旺，王兆会．放顶煤开采基础理论与应用 [M]. 北京：科学出版社，2018.

[106] 李荣福，郭跃平．类椭球体放矿理论及放矿理论检验 [M]. 北京：冶金工业出版社，2016.

[107] 徐永忻．煤矿开采学 [M]. 徐州：中国矿业大学出版社，2009.

[108] 郑行周．综采工作面设备能力配套计算 [J]. 煤炭科学技术，1993 (11)：46-49，64.

[109] 陈冬方，李首滨．基于液压支架倾角的采煤高度测量方法 [J]. 煤炭学报，2016，41 (3)：788-793.

[110] 曹贯强，赵文生．基于MEMS加速度计的高精度倾角传感器研制 [J]. 自动化仪表，2020，41 (3)：25-28，35.

[111] LIU X M, QIU C R, ZENG Q F, et al. Kinematics Analysis and Trajectory Planning of collaborative welding robot with multiple manipulators [J]. Procedia CIRP, 2019, 81 (C): 1034-1039.

[112] 周书华，张文辉，闻志，等．直角坐标机器人基于D-H参数的运动学建模与轨迹规划 [J]. 电工技术，2020 (24)：78-80，83.

[113] DONG Z F, WANG S F, CHANG H, et al. Mechanisms and kinematics of hydraulic support for top-coal caving [J]. Journal of China University of Mining & Technology, 2001 (2): 62-65.

[114] 孙君令．姿态数据驱动的液压支架运动状态监测技术研究 [D]. 徐州：中国矿业大

学，2019.

[115] CHEN K, ZHAN K, YANG X C, et al. Accuracy improvement method of a 3D laser scanner based on the D-H model [J]. Shock and Vibration, 2021 (10): 1-9.

[116] 张树齐，赵聪. 刮板运输机运行阻力的分析计算 [J]. 矿业研究与开发，2008 (4): 41-42, 76.

[117] 张学荣. 刮板运输机运行阻力的新计算方法 [J]. 煤炭科学技术，2005 (11): 46-48.

[118] 王艳萍. 刮板运输机-采煤机协同调速关键技术研究 [D]. 北京：中国矿业大学，2016.

[119] 周信. 综采装备协同控制关键技术研究 [D]. 徐州：中国矿业大学，2014.

[120] 李媛，武岩岩，王思琪. 基于混沌时间序列的 Elman 神经网络工业用电预测 [J]. 沈阳工业大学学报，2016, 38 (2): 196-200.

[121] 王俊松. 基于 Elman 神经网络的网络流量建模及预测 [J]. 计算机工程，2009, 35 (9): 190-191.

[122] 张国澎，陶海军，荆鹏辉，等. 一种放顶煤工作面后部刮板运输机煤量自动控制方法 [P]. CN111252498B, 2021-08-17.